轨道交通装备制造业职业技能鉴定指导丛书

常用电机检修工

中国北车股份有限公司　编写

中国铁道出版社

2015年·北京

图书在版编目(CIP)数据

常用电机检修工/中国北车股份有限公司编写．—北京：中国铁道出版社，2015.5

(轨道交通装备制造业职业技能鉴定指导丛书)

ISBN 978-7-113-20352-8

Ⅰ.①常…　Ⅱ.①中…　Ⅲ.①电机—检修—职业技能—鉴定—自学参考资料　Ⅳ.①TM307

中国版本图书馆CIP数据核字(2015)第092397号

书　　名： 轨道交通装备制造业职业技能鉴定指导丛书
常用电机检修工

作　　者： 中国北车股份有限公司

策　　划： 江新锡　钱士明　徐　艳

责任编辑： 张　瑜　　　　**编辑部电话：** 010-51873371

封面设计： 郑春鹏

责任校对： 王　杰

责任印制： 郭向伟

出版发行： 中国铁道出版社(100054，北京市西城区右安门西街8号)

网　　址： http://www.tdpress.com

印　　刷： 北京鑫正大印刷有限公司

版　　次： 2015年5月第1版　2015年5月第1次印刷

开　　本： 787 mm×1 092 mm　1/16　**印张：** 14.5　**字数：** 356千

书　　号： ISBN 978-7-113-20352-8

定　　价： 45.00元

序

在党中央、国务院的正确决策和大力支持下，中国高铁事业迅猛发展。中国已成为全球高铁技术最全、集成能力最强、运营里程最长、运行速度最高的国家。高铁已成为中国外交的新名片，成为中国高端装备“走出国门”的排头兵。

中国北车作为高铁事业的积极参与者和主要推动者，在大力推动产品、技术创新的同时，始终站在人才队伍建设的重要战略高度，把高技能人才作为创新资源的重要组成部分，不断加大培养力度。广大技术工人立足本职岗位，用自己的聪明才智，为中国高铁事业的创新、发展做出了重要贡献，被李克强同志亲切地赞誉为“中国第一代高铁工人”。如今在这支近5万人的队伍中，持证率已超过96%，高技能人才占比已超过60%，3人荣获“中华技能大奖”，24人荣获国务院“政府特殊津贴”，44人荣获“全国技术能手”称号。

高技能人才队伍的发展，得益于国家的政策环境，得益于企业的发展，也得益于扎实的基础工作。自2002年起，中国北车作为国家首批职业技能鉴定试点企业，积极开展工作，编制鉴定教材，在构建企业技能人才评价体系、推动企业高技能人才队伍建设方面取得明显成效。为适应国家职业技能鉴定工作的不断深入，以及中国高端装备制造技术的快速发展，我们又组织修订、开发了覆盖所有职业(工种)的新教材。

在这次教材修订、开发中，编者们基于对多年鉴定工作规律的认识，提出了“核心技能要素”等概念，创造性地开发了《职业技能鉴定技能操作考核框架》。该《框架》作为技能人才评价的新标尺，填补了以往鉴定实操考试中缺乏命题水平评估标准的空白，很好地统一了不同鉴定机构的鉴定标准，大大提高了职业技能鉴定的公信力，具有广泛的适用性。

相信《轨道交通装备制造业职业技能鉴定指导丛书》的出版发行，对于促进我国职业技能鉴定工作的发展，对于推动高技能人才队伍的建设，对于振兴中国高端装备制造业，必将发挥积极的作用。

中国北车股份有限公司总裁：[签名]

2015.2.7

前　言

鉴定教材是职业技能鉴定工作的重要基础。2002年，经原劳动保障部批准，中国北车成为国家职业技能鉴定首批试点中央企业，开始全面开展职业技能鉴定工作。2003年，根据《国家职业标准》要求，并结合自身实际，组织开发了《职业技能鉴定指导丛书》，共涉及车工等52个职业（工种）的初、中、高3个等级。多年来，这些教材为不断提升技能人才素质、适应企业转型升级、实施"三步走"发展战略的需要发挥了重要作用。

随着企业的快速发展和国家职业技能鉴定工作的不断深入，特别是以高速动车组为代表的世界一流产品制造技术的快步发展，现有的职业技能鉴定教材在内容、标准等诸多方面，已明显不适应企业构建新型技能人才评价体系的要求。为此，公司决定修订、开发《轨道交通装备制造业职业技能鉴定指导丛书》（以下简称《丛书》）。

本《丛书》的修订、开发，始终围绕促进实现中国北车"三步走"发展战略、打造世界一流企业的目标，努力遵循"执行国家标准与体现企业实际需要相结合、继承和发展相结合、坚持质量第一、坚持岗位个性服从于职业共性"四项工作原则，以提高中国北车技术工人队伍整体素质为目的，以主要和关键技术职业为重点，依据《国家职业标准》对知识、技能的各项要求，力求通过自主开发、借鉴吸收、创新发展，进一步推动企业职业技能鉴定教材建设，确保职业技能鉴定工作更好地满足企业发展对高技能人才队伍建设工作的迫切需要。

本《丛书》修订、开发中，认真总结和梳理了过去12年企业鉴定工作的经验以及对鉴定工作规律的认识，本着"紧密结合企业工作实际，完整贯彻落实《国家职业标准》，切实提高职业技能鉴定工作质量"的基本理念，在技能操作考核方面提出了"核心技能要素"和"完整落实《国家职业标准》"两个概念，并探索、开发出了中国北车《职业技能鉴定技能操作考核框架》；对于暂无《国家职业标准》、又无相关行业职业标准的40个职业，按照国家有关《技术规程》开发了《中国北车职业标准》。经2014年技师、高级技师技能鉴定实作考试中27个职业的试用表明：该《框架》既完整反映了《国家职业标准》对理论和技能两方面的要求，又适应了企业生产和技术工人队伍建设的需要，突破了以往技能鉴定实作考核中试卷的难度与完整性评估的"瓶颈"，统一了不同产品、不同技术含量企业的鉴定标准，提高了鉴定考核的技术含量，保证了职业技能鉴定的公平性，提高了职业技能鉴定工作质量和管理水平，将成为职业技能鉴定工作、进而成为生产操作者技能素质评价的新标尺。

本《丛书》共涉及98个职业（工种），覆盖了中国北车开展职业技能鉴定的所有职业（工种）。《丛书》中每一职业（工种）又分为初、中、高3个技能等级，并按职业技能鉴定理论、技能考试的内容和形式编写。其中：理论知识部分包括知识要求练习题与答案；技能操作部分包括《技能考核框架》和《样题与分析》。本《丛书》按职业（工种）分册，并计划第一批出版74个职业（工种）。

本《丛书》在修订、开发中，仍侧重于相关理论知识和技能要求的应知应会，若要更全面、系统地掌握《国家职业标准》规定的理论与技能要求，还可参考其他相关教材。

本《丛书》在修订、开发中得到了所属企业各级领导、技术专家、技能专家和培训、鉴定工作人员的大力支持；人力资源和社会保障部职业能力建设司和职业技能鉴定中心、中国铁道出版社等有关部门也给予了热情关怀和帮助，我们在此一并表示衷心感谢。

本《丛书》之《常用电机检修工》由太原轨道交通装备有限责任公司《常用电机检修工》项目组编写。主编崔卫东，副主编张建伟；主审孙勇，副主审许瑜；参编人员张爱芳。

由于时间及水平所限，本《丛书》难免有错、漏之处，敬请读者批评指正。

中国北车职业技能鉴定教材修订、开发编审委员会

二〇一四年十二月二十二日

目　　录

常用电机检修工(职业道德)习题

一、填 空 题

1. 劳动合同约定试用期最长不得超过(　　)个月。

2. 妇女享有与男子平等的就业(　　)。

3. 劳动合同是指用人单位和劳动者个人在(　　)基础上签订的明确双方权利和义务的合同。

4. 社会保险是指国家和社会对劳动者在生育、年老、疾病、工伤、待业、死亡等客观情况下给予(　　)帮助的一种法律制度。

5. 国家实行劳动者每日工作时间不超过八小时、平均每周工作时间不超过(　　)小时的工作制度。

6. 高处作业、电气检修、易燃易爆区域动火等危险作业必须严格执行"(　　)"制度,并落实各项安全措施。

7. 当有危及职工生命安全、可能造成伤亡事故时,必须采取安全措施,否则职工有权(　　)并及时上报。

8. 当发生工伤事故时,职工应积极采取(　　)措施,保护现场,立即报告,并如实反映事故经过。

9. 触电急救必须分秒必争,立即就地迅速用(　　)法进行抢救。

10. 劳动争议调解委员会是指依法成立的调解劳动争议的群众性组织,由(　　)、用人单位代表和工会代表组成。

11. 法定休假日安排劳动者工作的,支付不低于工资的(　　)的工资报酬。

12. 触电急救方法有(　　)法和胸外挤压法两种。

13. 我国消防工作的方针是:预防为主,(　　)结合。

14. 生产现场"(　　)"活动是指对生产现场各生产要素所处的状态不断地进行整理、整顿、清洁、清扫和提高素养的活动。

15. (　　)循环是一个标准的工作程序,它是通过计划、执行、检查、处理四个阶段构成一个工作循环。

16. 生产过程组织就是以最佳的方式将各种(　　)结合起来,对生产的各个阶段、环节、工序进行合理安排,使其形成一个协调的系统。

17. ISO 9000 系列标准是指(　　)。

18. 质量认证制度是指为进行认证工作而建立的一套(　　)制度。

19. 质量认证包括两个方面:产品和质量体系的认证、认证机构的(　　)。

20. (　　)职能是指为实现产品或服务满足规定或隐含要求所进行的一系列与质量有关活动的总和的效能。

21. 安全检查中的“三不伤害”是不伤害自己、不伤害他人、(　　)。

二、单项选择题

1. 在解救触电者脱离低压电源时，救护人不应(　　)。
(A)站在干燥的木板车上　(B)用木棒等挑开导线
(C)切断电源　(D)用金属杆套拉导线
2. 带电灭火时，不能选用(　　)来灭火。
(A)1211 灭火器　(B)二氧化碳灭火器
(C)水　(D)干粉灭火器
3. 下列灭火器使用时需要将筒身颠倒的是(　　)。
(A)二氧化碳灭火器　(B)1211 灭火器
(C)泡沫灭火器　(D)干粉灭火器

三、多项选择题

1. (　　)是科学技术发展的内在要求，是指导科研技术人员从事职业活动的行为理念，也是科研技术人员应该具有的高尚品德。
(A)规格创新　(B)尊重科学　(C)献身科学　(D)造福人类
2. 下列有关职业道德的说法，正确的是(　　)。
(A)服务群众是社会主义职业道德区别于其他社会职业道德的本质特征
(B)爱岗敬业是职业道德的基础和基本精神
(C)办事公道是职业道德的基本准则
(D)诚实守信是职业道德的根本
3. 加强职业纪律修养，(　　)。
(A)必须提高对遵守职业纪律重要性的认识，从而提高自我锻炼的自觉性
(B)要提高职业道德品质
(C)培养道德意志，增强自我克制能力
(D)要求对服务对象谦虚和蔼
4. 我国当前的安全生产方针是(　　)。
(A)安全第一　(B)预防为主　(C)综合治理　(D)报警处置
5. 下列属于保证安全的组织措施是(　　)。
(A)停电　(B)验电　(C)工作票制度　(D)工作监护制度
6. 全员安全教育活动中，“三不伤害”原则是指(　　)。
(A)不伤害他人　(B)不伤害自己　(C)不被别人伤害　(D)不让别人受伤害
7. 下列用具属于电气安全用具的是(　　)。
(A)安全带　(B)绝缘绳　(C)绝缘手套　(D)绝缘靴
8. 各类作业人员在发现直接危及人身、电网和设备安全的紧急情况时，有权(　　)。
(A)切断电源　(B)停止作业
(C)采取可能的紧急措施　(D)撤离作业场所
9. 在试验和推广(　　)的同时，应制定相应的安全措施，经本单位总工程师批准后执行。

(A)新技术 (B)新工艺 (C)新设备 (D)新材料

10. 社会主义核心价值体系是由经济价值观、(　　)等内容构成的，是内涵十分丰富的完整体系。

(A)政治价值观 (B)文化价值观 (C)社会价值观 (D)A、B、C都包括

11. 人生观大致包括的内容是(　　)。

(A)人生的意义，即人为什么而活着，人怎样生活才算值得

(B)人生的目的，人生最终追求的目的是什么，什么是人生的最高理想

(C)一个人待人处世的根本态度，也包括处世的方法，也可以说是一个如何做人的问题

(D)研究人的本质、人生的价值，给予人生观以一般观点和方法论的指导

12. 提高职业道德修养的方法主要有(　　)。

(A)学习的方法 (B)自我批评的方法

(C)积善的方法 (D)慎独的方法

13. 职业道德教育的原则有(　　)、持续教育原则等。

(A)正面引导原则 (B)说服疏导原则

(C)因材施教原则 (D)注重实践原则

14. 下列有关集体主义的说法，正确的是(　　)。

(A)集体主义最能体现社会主义社会的本质，摒弃了集体主义，社会主义道德建设将无从谈起

(B)集体主义，就是指一切言论和行为以合乎最广大人民群众的集体利益为根本出发点的思想

(C)集体主义原则是马克思主义关于个人与社会、个人与集体关系的科学原理在价值观上的必然要求

(D)集体主义是社会主义道德建设的唯一标准，是社会主义经济、政治关系的必然要求

15. 职业道德修养之所以必须经过实践这一途径，原因在于(　　)。

(A)积极参加职业实践是职业道德修养的根本途径

(B)从业人员的高尚的职业道德品质来源于实践

(C)在实践中进行职业道德修养是由道德自身的特点决定的

(D)职业道德修养是一种理智的、自觉的活动，它需要科学的世界观作指导

16. 集体主义作为社会主义的道德原则，其主要内涵是(　　)。

(A)集体利益高于个人利益，这是集体主义原则的出发点和归宿

(B)个人利益要服从集体利益和人民利益

(C)集体主义利益的核心是为人民服务

(D)在保障社会整体利益的前提下，个人利益与集体利益要互相结合，实现二者的统一

17. 加强诚信建设的工作重点是(　　)。

(A)继续推进生产和流通领域的诚信建设，从根本上遏制假冒伪劣商品的泛滥

(B)不断深化服务行业的诚信建设，努力做到规范服务、优质服务

(C)认真抓好中介组织的诚信建设，促进守法经营和公平竞争

(D)高度重视科教文化战线的诚信建设，为促进科技创新、教育发展、文化繁荣营造良好环境

18. 在室内高压设备上工作，下列(　　)位置应悬挂“止步，高压危险！”的标示牌。
(A)工作地点两旁运行设备间隔的遮栏(围栏)上
(B)工作地点对面运行设备间隔的遮栏(围栏)上
(C)禁止通行的过道遮栏(围栏)上
(D)进入工作地点的门外

19. 下列人员中，(　　)应经过安全知识教育后方可下现场参加指定的工作，并且不得单独工作。
(A)新参加电气工作　　(B)实习人员
(C)管理人员　　(D)临时工

20. 关于道德和法律，下列说法正确的是(　　)。
(A)道德可以要求人们“毫不利己，专门利人”，而法律只能规定人们不许损人利己或损公肥私
(B)道德对人的约束不是强制性的，法律对人的约束是强制性的
(C)法律是道德的底线，道德是法律的最高境界
(D)道德和法律都是对人的约束，约束方式是相同的

21. 民族素质主要内容包括(　　)。
(A)教育科学文化素质　　(B)思想道德素质
(C)心理素质　　(D)人的身体素质

22. 人生价值由两个相对交互的方面构成，这两个方面是(　　)。
(A)主体对于社会和人类生活的作用和意义，即人生价值的创造过程
(B)以价值关系为对象客体的认识，包括感性认识和理性认识
(C)社会对主体个人的主观目的和行为的肯定满足，即人生价值的享受过程
(D)构成人生价值的全部内涵

23. 职业道德教育的要求是(　　)。
(A)要配合党风廉政建设和反腐败斗争抓职业道德教育
(B)针对行业中当前突出的职业道德问题抓职业道德教育
(C)要首先抓职业责任心的培养
(D)领导要率先垂范

24. “修养”通常包含的含义是(　　)。
(A)指政治思想、道德品质、知识技术等方面所进行的勤奋学习和涵养锻炼的功夫以及所达到的水平
(B)从业人员的职业责任感
(C)指“修身养性”之道
(D)指逐渐养成的、有涵养的待人处世的态度

25. 社会主义职业道德必须以集体主义为原则，这是(　　)的必然要求。
(A)社会主义道德要求　　(B)社会主义经济建设
(C)社会主义政治建设　　(D)社会主义文化建设

26. 建设与社会主义市场经济相适应的(　　)环境，要求加强职业道德建设。
(A)公共道德　　(B)政治道德　　(C)职业道德　　(D)法制道德

四、判 断 题

1. 我国安全生产管理体制是:企业负责,行业管理,国家监察,民主监督,劳动者遵规守纪。(　　)

2. 新工人未经培训、不懂安全操作知识便上岗操作而发生事故,应由自己负责。(　　)

3. 产品销售是联系企业生产和社会需求的纽带。(　　)

4. 安排劳动者延长工作时间的,支付不低于工资的百分之二百的工资报酬。(　　)

常用电机检修工（职业道德）答案

一、填空题

1. 六　2. 权利　3. 自愿平等　4. 物质　5. 四十四　6. 两证一票　7. 拒绝危险作业　8. 抢救　9. 心肺复苏　10. 职工代表　11. 300%　12. 人工呼吸　13. 防消　14. 5S　15. PDCA　16. 生产要素　17.《质量管理和质量保证国际准则》　18. 程序和管理　19. 认可　20. 质量　21. 不被他人伤害

二、单项选择题

1. D　2. C　3. C

三、多项选择题

1. CD　2. ABCD　3. ABC　4. ABC　5. CD　6. ABC　7. BCD　8. BCD　9. ABCD　10. ABCD　11. ABC　12. ABCD　13. ABCD　14. ABC　15. BC　16. AD　17. ABCD　18. ABC　19. ABCD　20. ABC　21. ABCD　22. AC　23. ABCD　24. ACD　25. BCD　26. BD

四、判断题

1. ×　2. √　3. ×　4. ×

常用电机检修工(初级工)习题

一、填 空 题

1. 由正视、俯视、侧视三种图形组成的机械图称为(　　)。
2. 在兆欧表测量设备的绝缘电阻时,须在设备(　　)的情况下才能进行。
3. 安培表使用时(　　)联接入电路。
4. 绝缘材料在长期使用条件下,绝缘材料会发生(　　)现象。
5. 绝缘材料主要用于使电流仅沿(　　)流通。
6. 电流流通的路径称为(　　)。
7. 能持续供出电流的装置称为(　　)。
8. 导体对电流的阻碍作用称为(　　)。
9. 两个或两个以上的元器件首尾相接构成的无分支电路称为(　　)电路。
10. 随时间按正弦规律变化的电流称为(　　)。
11. 交流电完成一次完整的变化所需的时间称为交流电的(　　)。
12. 金属导体的电阻随着温度的提高而(　　)。
13. 纯电感电路中,电压(　　)电流90°相位角。
14. 纯电容电路中,电压(　　)电流90°相位角。
15. 在正弦交流电的一个周期内,随着时间变化而改变的是(　　)值。
16. 频率是指1 s内交流电变化的(　　)数。
17. (　　)不随时间变化的电流称为直流电。
18. 方向不变而大小随时间做周期性变化的电流叫作(　　)。
19. YJ85A型电机是逆变器供电的(　　)异步牵引电机。
20. 由欧姆定律知:一段电路中,流过电路的电流与电路两端的电压成(　　),与该段电路的电阻成反比。
21. 不引出中性线的星形接法和三角形接法只有三根相线,称为(　　)制。
22. 物体具有吸引铁、钴、镍的性质,就称该物体具有(　　)性。
23. 仪表经长期使用后,其(　　)会发生变化,因此要定期进行校验和维修。
24. 变化的磁场在导体中产生电动势的现象称为(　　)。
25. 钳工台虎钳的规格是用(　　)长度来表示的。
26. 起重用的钢丝绳,磨损部分超过(　　),即要报废。
27. 链条葫芦应定期加润滑油,但严防油渗进摩擦片内部而失去(　　)作用。
28. YJ85A型电机为滚抱结构,单端输出,采用(　　)的冷却方式。
29. YJ85A型电机采用三轴承结构,三个轴承均为(　　)。
30. 电机铭牌上的额定值是指达到国家标准规定条件下的(　　)值。

31. 电机的额定功率表示电机在实现能量转换时(　　)功率的大小。

32. 对电机的(　　)冷却有自然冷却、自扇冷、管道通风、他扇冷等数种。

33. 一对极的电动机,其电角度与机械角度(　　)。

34. 常用铁芯材料 D330、D310 中,代号“D”表示(　　)。

35. 异步电动机的转速越高,转差率(　　)。

36. 交流电机常用绕组形式除单叠绕组外,还有(　　)。

37. 牵引电动机的传动方式可分为个别传动和(　　)传动两大类。

38. 牵引电机是机车的重要部件之一,它安装在(　　)上,通过齿轮与轮对相连。

39. 劳动合同约定试用期最长不得超过(　　)个月。

40. 妇女享有与男子平等的就业(　　)。

41. 机车在牵引运行状态时,牵引电机将(　　),通过轮对驱动机车运行。

42. 我国安全生产的方针是:安全第一,(　　)为主。

43. 特种作业人员必须进行安全技术培训,考试合格后(　　)上岗。

44. 触电按受害程度可分为(　　)和电击两种。

45. 对于已切断电源的电气火灾扑救,可以使用水和各种(　　)。

46. 机车在电气制动状态运行时,牵引电机将(　　),产生机车的制动力,此时电机处于发电状态。

47. ZD120A 型牵引电动机的换向极主要由换向极铁芯和换向极线圈组成,为改善脉流换向性能,换向极铁芯采用(　　)结构。

48. 直流电动机主磁极气隙比换向极气隙(　　)。

49. 直流电动机电刷组的数目(　　)主磁极的数目。

50. 高压设备发生接地时,未穿绝缘靴者,室外不得接近故障点范围(　　)m 以内,以防止跨步电压。

51. 换向就是指旋转着的电枢绕组元件,从一条支路进入另一条支路时,元件中的电流从一个方向(　　)为另一个方向的过渡过程。

52. 换向器表面产生火花主要与(　　)和电磁两方面原因有关。

53. 环火是指牵引电动机的正负电刷之间被强烈的大电弧所(　　)的现象。

54. 出现环火时,电弧可能由换向器表面跨越到电枢、主磁极铁芯或机壳等处,使电机接地,这种现象称为(　　)。

55. 异步电动机转子转速(　　)于定子磁场的速度。

56. 三相异步电动机转子转速 n_2 与定子旋转磁场转速 n_1 的相对速度是(　　)。

57. 三相异步电动机的定子磁场是(　　)磁场。

58. 三相异步电动机的电源频率为 50 Hz、极对数为 4 时,则电动机的同步转速为(　　)r/min。

59. 异步电动机启动时,转差率最(　　)。

60. 三相异步电动机的磁极对数越多,其转速(　　)。

61. 电动机轴承新安装时,油脂应占轴承内容积的(　　)即可。

62. 用万用表测量正弦交流电电压,测得的值是(　　)值。

63. 在直流电路中,某点的电位等于该点与(　　)之间的电压。

64. 正弦交流电的三要素是幅度最大值、频率和(　　)。

65. 电枢接地故障的主要原因是电枢线圈里有异物或线圈存在薄弱点,常见的接地点是在(　　)。

66. 绝缘电阻低的主要原因是电机绕组和导电部分有油污或(　　)。

67. 三相交流电动机绕组末端连接成一点,始端引出,这种连接称为(　　)连接。

68. 异步电动机铭牌上所标定子额定电流是在额定运行时定子每相的(　　)电流。

69. 三相异步电动机在(　　)和空载下启动,其启动电流大小相等。

70. (　　)是指电动机正常工作时加在电动机两端的输入电压。

71. 按照电机运行的持续时间和顺序,电机的定额相应地分为连续定额、(　　)和断续定额三种。

72. 异步电动机的最大电磁转矩与(　　)的大小平方成正比。

73. 额定电压是指电动机在额定工作状况下工作时定子线端输入的电压,即定子(　　)电压。

74. 磁感应强度与介质磁导率的比值称为(　　)。

75. 当电动机绕组节距大于极距时,绕组被称为(　　)绕组。

76. ZD120A 型牵引电动机的补偿绕组与电枢绕组、换向极绕组串联,用来消除电枢反应对主极气隙磁通的(　　)影响。

77. 电动机的各部件应具有足够的(　　)强度,以保证各部件在恶劣的运行条件下仍能可靠工作。

78. 异步电动机工作时,其转差率的范围为(　　)。

79. 运行中的 380 V 交流电机绝缘电阻应大于(　　)MΩ 方可使用。

80. 深槽鼠笼型异步电动机的(　　)性能比普通鼠笼异步电动机好得多。

81. 三相星形绕组的交流电动机,其线电流(　　)相电流。

82. 热继电器对电动机主要是起(　　)作用。

83. 电动机的启动转矩大于负载转矩时,电动机就(　　)。

84. 异步电动机启动方法可分为直接启动和(　　)启动。

85. 异步电动机启动时,启动电流大,启动转矩(　　)。

86. 三相异步电动机能耗制动是利用(　　)电源和转子回路电阻组合完成的。

87. 在三相绕线型转子异步电动机的整个启动过程中,频敏变阻器的等效阻抗变化趋势是(　　)。

88. 单相异步电动机的电容启动,在启动绕组回路中串联有一只适量的(　　)再与工作绕组并联。

89. 单相异步电动机的电阻启动,在启动绕组中串联一只适当阻值的(　　)使工作绕组与启动绕组的电流在相位中相差近 90°电角度。

90. 0～25 mm 千分尺放置时,两测量面之间须(　　)。

91. 游标卡尺两量爪贴合时,尺身和游标的零线要(　　)。

92. ZD120A 型牵引电动机的前后端盖与机座相连并通过(　　)支撑电机转子。

93. 清扫电机机座上的灰尘和油垢,可以保证电机有良好的(　　)和散热性能。

94. 牵引电机各部件的标识是为了确保产品零配件的正确识别,所以要具备(　　)性。

95. 产品一般的标识方法为(　　)或定标牌。

96. ZD120A 型牵引电动机的前端盖上均布加强筋和(　　)。

97. 电机大小端盖标识在(　　)处打年号、序号。

98. 三相异步电动机为了使三相绕组产生对称的旋转磁场,各相对应边之间应保持(　　)电角度。

99. 电机在拆卸端盖时不得歪斜,并禁止用锤打棍撬,以防(　　)或损伤止口。

100. 电机铁芯常采用硅钢片叠装而成,是为了减少(　　)。

101. 电机线圈最常用 1032 浸渍漆是(　　)级绝缘漆。

102. 电枢轴有无结构缺陷一般采用超声波或(　　)检查,应无轴间裂纹。

103. 换向器直径用(　　)测量,测量值应符合限度要求。

104. 牵引电机机座止口椭圆度一般用(　　)测量,椭圆度不大于 0.15 mm。

105. 三相异步电动机在运行中断相,则负载转矩不变,转速(　　)。

106. 铸铝转子常见故障是断笼,断笼包括断条和(　　)。

107. 笼型电动机转子断条或脱焊,电动机能(　　)启动,但不能加负载运转。

108. 电力机车上,YFD-280S-4 型异步电动机的同步转速为(　　)r/min。

109. ZD120A 型牵引电动机的后端盖均布(　　)个扇形口作冷却空气出口。

110. ZD120A 型牵引电动机的轴承室油封采用(　　)结构。

111. ZD120A 型牵引电动机的电枢是用来感应电势、实现(　　)的部件。

112. 异步电动机空载启动困难,声音不均匀,说明转子(　　)。

113. 牵引电机电刷中心线可用(　　)和正反转电机法检测调整。

114. 主磁极极性排列应是(　　)排列。

115. 从换向器端看,发电机的换向极极性应与电枢旋转方向前面的主磁极极性(　　)。

116. 牵引电机的窜动量是用(　　)来测量的。

117. ZQ650-1 型牵引电机主磁极与换向极极间距最大值与最小值之差不大于(　　)mm。

118. ZD105 型牵引电机刷盒与换向器间径面距离限度为(　　)mm。

119. 轴承装配时要求轴承内外圈的字码(　　)。

120. 轴承装到轴颈上,一般采用热套或(　　)法。

121. 电动机轴承外圈和端盖轴承室一般是过渡配合,因此装配时最好采用压力法或(　　)法。

122. 牵引电机中目前大都采用(　　)润滑脂。

123. 电机转速高时可选用针入度(　　)的润滑脂。

124. 轴承内的游隙分为轴向游隙和(　　)游隙。

125. 在换向器上通入适当的直流电,将直流毫伏表依次接在两相邻的换向片上,如果表的读数比一般的小,甚至为零时,表示这两片间的绕组存在(　　)情况。

126. 用中频机组对绕组进行匝间短路检查时,绕组发生短路则电流会(　　)。

127. 整形及复形是保证磁极线圈(　　)的关键工序。

128. 绕组浸漆一般分为(　　)、浸漆和烘干三个步骤。

129. 电机嵌线,当槽满率较高时,将导线用(　　)压实,不可猛敲。

130. ZD120A 型牵引电动机的转轴是传递(　　)的受力部件,对其机械性能、表面粗糙度、加工精度要求较高。

131. 沿着铜排的宽边弯曲而绕成的线圈称为(　　)线圈。

132. 绕组的绝缘一般分为匝间绝缘、(　　)绝缘和外包绝缘。

133. 励磁线圈首末几匝的匝间绝缘应(　　)。

134. 高压电机定子绕组的出槽口处,包上或涂上电阻系数较低的材料是为了避免发生(　　)。

135. 影响绝缘材料绝缘电阻的主要因素是(　　)、湿度、杂质、电场强度。

136. 三相异步电动机进行烘干后,待其机壳温度下降至(　　)时才可浸渍。

137. 三相异步电动机浸漆后,在烘干过程中约每隔 1 h 用兆欧表测量绝缘电阻一次,开始绝缘电阻下降,然后上升,最后 3 h 内必须趋于稳定,一般在(　　)以上才算烘干。

138. 异步电动机将△连接成 Y,电动机能(　　)启动,但不能满载运行。

139. 划线平板平面是划线时的(　　)平面。

140. 为改善劈相机负载后三相电压的对称性,定子绕组采用(　　)。

141. 异步劈相机是交流电力机车中将单相交流电劈为(　　)的一种特殊电机。

142. ZD120A 型牵引电动机额定电压为(　　)。

143. 电刷顶部的压垫的作用是,为了保护刷顶和减小电刷在运行过程中的(　　)。

144. ZD120A 型牵引电动机额定电流为(　　)。

145. 为消除下刻毛刺需研磨换向器时,应当用刚性的表面将(　　)号细砂纸压在换向器上,电机以正常转速的 1/3 转动。

146. 电机运转过程中,铁芯和绕组中均有能量损耗,导致电机各部分温度升高,直至电机的发热量与散热量相等时,(　　)达到持续平衡。

147. 通风器装在冷却空气的入口端,将冷却空气压入电机内部的方式称为(　　)。

148. 电机常用电刷有石墨电刷、电化石墨电刷、(　　)石墨电刷三类。

149. 流入一个节点的电流的代数和为(　　)。

150. 电动机的额定功率是指轴端输出的(　　)功率。

151. 直流电表的符号标记为(　　)。

152. 单相交流电表的符号标记为(　　)。

153. 交直流电表的符号标记为(　　)。

154. ZD120A 型牵引电动机允许最高转速为(　　)r/min。

155. 仪表准确度按国标可分为(　　)级。

156. ZD120A 型牵引电动机的同一刷盒内 3 个压指(　　)不能偏差太大。

157. 标记为 0.2 级的仪表,其误差为(　　)。

158. 标记为 1.0 级的仪表,其误差为(　　)。

159. 电机运行原理基于(　　)和电磁力两个基本定律。

160. 电压表应以(　　)方式接入电路。

161. 分流器的图形符号是(　　)。

162. 过电流继电器的图形符号是(　　)。

163. 带灭弧装置的接触器图形符号是(　　)。

164. 自动开关的常开触点图形符号是(　　)。

165. 带换向极的电枢绕组图形符号表示为(　　)。

二、单项选择题

1. 三个频率相同、电势振幅相等、相位互差(　　)角的交流电路组成的电力系统,称为三相交流电。

(A)60°　(B)180°　(C)120°　(D)30°

2. 中频淬火设备是利用(　　)工作的。

(A)涡流　(B)集肤效应　(C)电磁感应　(D)磁性

3. 消除网状渗碳体的方法是(　　)。

(A)球化退火　(B)正火　(C)回火　(D)扩散退火

4. (　　)是防止普通低碳钢产生冷裂纹、热裂纹和热影响区出现淬硬组织的最有效措施。

(A)预热　(B)减小线能量　(C)间隙加工　(D)成型后热处理

5. 钢中含铬量大于(　　)的钢叫不锈钢。

(A)8%　(B)12%　(C)16%　(D)18%

6. 当零件外形有平面,也有曲面时,应选择(　　)作为装配基准面。

(A)平面　(B)曲面　(C)凸曲面　(D)凹曲面

7. (　　)加工是以工件旋转为主运动、以刀的移动为进给运动的切削加工方法。

(A)车削　(B)铣削　(C)磨削　(D)刨削

8. YJ85A 型电机转向不对是由(　　)与电源连接错误引起的。

(A)相引出线　(B)二相引出线　(C)三相引出线　(D)四相引出线

9. (　　)过程中,会使导热性差的工件表面产生裂纹。

(A)车削　(B)磨削　(C)铣削　(D)刨削

10. 韶山 1 型电力机车牵引电机采用(　　)悬挂方式。

(A)抱轴式　(B)轮对空轴式　(C)电机空轴式　(D)架承式

11. YJ85A 型电机转子的端环一侧车一较浅的环槽,导条与端环进行(　　),称为对接式结构。

(A)立式焊接　(B)平面焊接　(C)对接焊接　(D)定位焊接

12. 电力干线机车检修规程规定(　　)公里为一个架修周期。

(A)2.5 万～3.5 万　(B)30 万～45 万

(C)120 万～155 万　(D)17 万～21 万

13. 韶山 7D 型电力机车所用的牵引电动机为带有(　　)的 6 极他复励 ZD120A 型脉流牵引电动机。

(A)主极绕组　(B)换向极绕组　(C)电枢绕组　(D)补偿绕组

14. 牵引电动机转轴材质通常是(　　)。

(A)35CrMoA 高级优质合金锻压调质钢　(B)A3 钢

(C)45 号钢　(D)ZG25Mn 铸钢

15. 牵引电机在正常运行时允许的火花等级不能超过(　　)。

(A)1级 (B)$1\frac{1}{4}$级 (C)$1\frac{1}{2}$级 (D)2级

16. 电动机绕组的绝缘电阻额定电压在500～1 000 V之间，需用(　　)兆欧表进行测量。

(A)500 V (B)1 000 V (C)2 500 V (D)3 500 V

17. ZD120A型牵引电动机主要由定子、转子、(　　)等部分组成。

(A)电刷装置 (B)抱轴承装置 (C)换向器 (D)牵引装置

18. 直流电枢绕组的合成节距 y_0 是指相邻两元件对应边之间的距离，用(　　)数表示。

(A)满槽 (B)虚槽 (C)实槽 (D)半槽

19. 直流电枢绕组的换向节距 y_k 是指一个绕组元件两端所连接的换向片之间的换向片数，它与(　　)相等。

(A)第一节距 (B)第二节距 (C)第三节距 (D)合成节距

20. 从理论上说，直流电机(　　)。

(A)既能作电动机，又能作发电机 (B)只能作电动机

(C)只能作发电机 (D)只能作调相机

21. 直流电机定子装设换向极是为了(　　)。

(A)增加气隙磁场 (B)减小气隙磁场

(C)将交流电变成直流电 (D)改善换向

22. 将直流电机电枢绕组各并联支路中电位相等的点，即处于相同磁级下(　　)的点用导线连接起来(通常连接换向片)，就称该导线为均压线。

(A)相同位置 (B)不同位置 (C)任意位置 (D)相对位置

23. 同步电机是指转子转速与旋转磁场的转速(　　)的一种三相交流电机。

(A)相等 (B)大于 (C)小于 (D)无关

24. 异步电动机绕线型转子绕组与定子绕组形式基本相同，三相绕组的末端作(　　)连接。

(A)三角形 (B)星形 (C)延边三角形 (D)星三角形

25. 直流电机电刷装置的电刷组数目等于(　　)的数目。

(A)换向磁极 (B)电枢绕组并联支路

(C)补偿绕组并联支路 (D)主磁极

26. 当直流电动机刚进入能耗制动状态时，电动机由于惯性继续旋转，此时电机实际处于(　　)运行状态。

(A)直流电动机 (B)直流发电机 (C)交流电动机 (D)交流发电机

27. 将机械能变为电能的装置是(　　)。

(A)变压器 (B)电动机 (C)发电机 (D)变频机

28. 将电能变为机械能的装置是(　　)。

(A)电动机 (B)变压器 (C)发电机 (D)换流机

29. 他励发电机的调速特性曲线是一条(　　)曲线。

(A)下降的 (B)上升的 (C)有拐点的 (D)双

30. 直流电机电刷边缘仅小部分有微弱的点状火花，或有非放电性的红色小火花，属于

(　　)火花。

(A)1 级　(B)$1\frac{1}{4}$级　(C)$1\frac{1}{2}$级　(D)2 级

31. 下列属于单相异步电动机的启动方法的是(　　)。

(A)Y/△启动　(B)串电抗器启动　(C)罩极启动　(D)延边三角形启动

32. 一般滚动轴承运行(　　)后,应加一次润滑脂。

(A)1 000～1 500 h　(B)2 500～3 000 h

(C)3 500～4 000 h　(D)5 000～6 000 h

33. 一般滚动轴承运行(　　)后,应更换润滑油脂。

(A)1 000～1 500 h　(B)2 500～3 000 h

(C)3 500～4 000 h　(D)5 000～6 000 h

34. 装配滑动轴承时,要求密封环与轴颈的间隙在(　　)之间。

(A)0.1～0.2 mm　(B)1～2 mm　(C)1.5～2 mm　(D)2～3 mm

35. 在套装电动机轴承时,不允许用铁锤在轴承周围直接敲打,可采用特制的钢管套,钢管套一端镶一个(　　)后再敲打套装轴承。

(A)不锈钢圈　(B)铜圈　(C)木圈　(D)胶圈

36. ZD120A 型牵引电动机的定子是(　　)的重要通路并支撑电机。

(A)电场　(B)磁场　(C)电磁场　(D)电力场

37. ZD120A 型牵引电动机的转子是产生感应电势和(　　)以实现能量转换的部件。

(A)机械转矩　(B)电力转矩　(C)热力转矩　(D)电磁转矩

38. 下列电压中,可用作手提照明的是(　　)电压。

(A)220 V　(B)250 V　(C)380 V　(D)36 V 及以下

39. 火警电话号码是(　　)。

(A)110　(B)120　(C)114　(D)119

40. 1211 灭火器的灭火效率(　　)二氧化碳灭火器。

(A)高于　(B)低于　(C)等于　(D)相当于

41. 电功率的单位是(　　)。

(A)焦耳　(B)度电　(C)千卡　(D)瓦特

42. 铜排绕制后,由于组织变化而变硬,为了消除内应力必须经过(　　)处理。

(A)淬火　(B)回火　(C)退火　(D)正火

43. 电机运用中要经常检查电刷磨损情况,当发现某一电刷磨耗到限时,要(　　)。

(A)将已到限的电刷换掉,其余保留

(B)用同一型号的电刷将该电机电刷全部换掉

(C)更换到限电刷,并注意观察其他电刷情况

(D)注意观察、维持使用

44. 三相异步电动机与发电机的电枢磁场都是(　　)。

(A)旋转磁场　(B)脉振磁场　(C)波动磁场　(D)恒定磁场

45. ZD120A 型牵引电动机电刷装置的作用:一是电枢与外电路连接的部件,通过它使电流输入电枢或从电枢输出;二是与换向器配合实现(　　)。

(A)电磁换向　　(B)电压换向　　(C)电流换向　　(D)电阻换向

46. 同电源的交流电动机,磁极对数多的电动机其转速(　　)。

(A)恒定　　(B)波动　　(C)高　　(D)低

47. 异步电动机产生不正常的振动和异常的声音,主要有(　　)两方面的原因。

(A)机械和电磁　　(B)热力和动力

(C)应力和反作用力　　(D)摩擦和机械

48. 三相异步电动机若要稳定运行,则转差率(　　)。

(A)大于临界转差率　　(B)等于临界转差率

(C)小于临界转差率　　(D)大于或等于临界转差率

49. 三对极的异步电动机转速(　　)。

(A)小于 1 000 r/min　　(B)大于 1 000 r/min

(C)等于 1 000 r/min　　(D)为 1 000～1 500 r/min

50. 三相对称的交流电源采用星形连接时,线电压 U_{AB} 在相位上(　　)相电压 U_A。

(A)滞后 30°于　　(B)超前 30°于　　(C)等于　　(D)超前 90°于

51. 绕线式异步电动机的转子绕组(　　)。

(A)经直流电源闭合

(B)为鼠笼式闭合绕组

(C)可经电刷与滑环外接启动电阻或调速电阻

(D)是开路的

52. 鼠笼式异步电动机的转子绕组(　　)。

(A)是一个闭合的多相对称绕组　　(B)是一个闭合的单相绕组

(C)经滑环与电刷外接调速电阻而闭合　　(D)经滑环与电刷外接启动电阻而闭合

53. 修复电动机时,若无原有的绝缘材料,则(　　)。

(A)无法修复

(B)选用比原有绝缘等级低的绝缘材料代替

(C)选用等于或高于原有绝缘等级的绝缘材料

(D)任意选用绝缘材料

54. 当异步电动机负载启动时,其启动转矩将(　　)。

(A)愈大　　(B)愈小　　(C)变化　　(D)与负载轻重无关

55. 绕线式异步电动机转子回路串入适当大小的启动电阻(　　)。

(A)可以减小启动电流,但同时减小了启动力矩

(B)可以减小启动电流,但同时增大了启动力矩

(C)可以增大启动电流,但同时减小了启动力矩

(D)可以增大启动电流,但同时增大了启动力矩

56. 电机铁芯常采用硅钢片叠装而成,是为了(　　)。

(A)便于运输　　(B)节省材料　　(C)减少铁芯损耗　　(D)增强机械强度

57. 异步电动机启动时,虽然转差率最大,但因此时(　　),故启动电流大而启动转矩却不大。

(A)转子回路功率因数最低　　(B)负载最小

(C)负载最重　　(D)反电势尚未建立

58. 深槽型异步电动机启动时由于(　　)，所以转子电流主要从转子导体上部经过。

(A)涡流作用　　(B)电磁感应

(C)存在电磁力作用　　(D)集肤效应

59. 鼠笼式异步电动机的启动方法中，可以频繁启动的是(　　)。

(A)用自耦补偿器启动　　(B)星—三角形换接启动

(C)延边三角形启动　　(D)转子绕组串联启动电阻启动

60. 交流异步电动机(　　)直接启动方式。

(A)可以无条件的采用

(B)完全不能采用

(C)鼠笼式可以直接启动，绕线式不能采用

(D)在电动机的额定容量不超过电源变压器额定容量 20%～30%的条件下可以采用

61. 绕线式异步电动机的转子绕组为(　　)。

(A)三相对称绕组　　(B)单相绕组　　(C)对称多相绕组　　(D)鼠笼式绕组

62. 绕线式电动机转子回路串联电阻(　　)，启动转矩较大。

(A)适当　　(B)越大

(C)越小　　(D)随着转速增加而增加

63. ZD120A 型牵引电动机采用(　　)全悬挂，电机两端均悬挂在转向架的构架上。

(A)轴承式　　(B)抱轴式　　(C)架承式　　(D)滑动式

64. 异步电动机的最大电磁转矩与端电压的大小(　　)。

(A)平方成正比　　(B)成正比　　(C)成反比　　(D)无关

65. 三相异步电动机在运行中断相则(　　)。

(A)必将停止转动　　(B)负载转矩不变，转速不变

(C)负载转矩不变，转速下降　　(D)适当减少负载转矩，可维持转速不变

66. 深槽鼠笼式交流异步电动机的启动性能比普通鼠笼式异步电动机好得多，它是利用(　　)原理来改善启动性能的。

(A)磁滞效应　　(B)电动力效应　　(C)集肤效应　　(D)电磁感应

67. 通常情况下，发电机处于(　　)运行状态。

(A)空载　　(B)过载　　(C)滞相　　(D)进相

68. 鼠笼式异步电动机的转子绕组的相数(　　)。

(A)与定子绕组相数相同　　(B)小于定子绕组相数

(C)是变化的　　(D)等于转子槽数除以极数

69. 三相异步电动机合上电源后发现转向相反，这是因为(　　)。

(A)电源一相断开　　(B)电压过低

(C)定子绕组接地　　(D)定子绕组与电源连接时相序错误

70. 高压交流电动机定子三相绕组的直流电阻误差不应大于(　　)。

(A)2%　　(B)5%　　(C)10%　　(D)15%

71. 启动电动机时，自动开关立即分断的原因是过电流脱扣器瞬动整定值(　　)。

(A)太大　　(B)适中　　(C)太小　　(D)无关

72. 当三相异步电动机负载减少时,其功率因数(　　)。

(A)不变　　(B)增高

(C)降低　　(D)与负载多少成反比

73. 三相交流电动机初次启动时响声很大,启动电流很大,且三相电流相差很大,产生原因是(　　)。

(A)有一相的始端和末端接反　　(B)鼠笼转子断条

(C)定子绕组匝间短路　　(D)电源极性错误

74. 电机转子线圈铜排绕制后须退火处理,退火前铜排表面必须擦洗干净,铜排退火的温度为(　　),保温时间为 2 h。

(A)450 ℃～560 ℃　　(B)550 ℃～660 ℃

(C)650 ℃～760 ℃　　(D)750 ℃～860 ℃

75. 绕线式异步电动机的最大电磁转矩与转子回路电阻的大小(　　)。

(A)平方成正比　　(B)成正比　　(C)成反比　　(D)无关

76. 分相式单相异步电动机改变转向的具体方法是(　　)。

(A)对调两绕组之一的首末端　　(B)同时对调两绕组首末端

(C)对调电源的极性　　(D)同时对调两绕组首末端及电源极性

77. 三相绕线型转子异步电动机的调速控制采用(　　)的方法。

(A)改变电源频率　　(B)转子回路串联频敏变阻器

(C)转子回路串联可调电阻　　(D)改变电源电压

78. 三相异步电动机的最大转矩与漏电抗成反比,与转子回路电阻无关,但临界转差率与转子回路电阻成(　　)关系。

(A)平方　　(B)反比　　(C)相等　　(D)正比

79. ZD105 型脉流牵引电机的励磁方式采用(　　)。

(A)他励　　(B)串励　　(C)复励　　(D)并励

80. 滚动轴承外径与外壳孔的配合应为(　　)。

(A)基孔制　　(B)基轴制　　(C)非基制　　(D)间隙配合

81. 游标卡尺按其读数可分为(　　)、0.02 mm 和 0.05 mm 三种。

(A)0.01 mm　　(B)0.1 mm　　(C)0.2 mm　　(D)0.5 mm

82. 电工测量的方法有两类,即(　　)。

(A)直接测量法和比较测量法　　(B)交流测量法和直流测量法

(C)串联测量法和并联测量法　　(D)电流测量法和电阻测量法

83. 判断绕组对地绝缘状态时,最常用的仪表是(　　)。

(A)兆欧表　　(B)电桥　　(C)电压表　　(D)万用表

84. 发电机绕组绝缘电阻的额定电压在 380 V 以下时,所选用兆欧表的额定电压应为(　　)。

(A)500 V　　(B)1 000 V　　(C)2 500 V　　(D)2 500 V 以上

85. 桥式起重机的主钩电动机经常需要在满载下启动,并且根据负载的不同而改变提升速度,在吊起重物的过程中,速度亦需改变,则此电动机应选用(　　)。

(A)变级单笼三相异步电动机　　(B)双笼三相异步电动机

(C)绕线型转子三相异步电动机　(D)深槽型转子三相异步电动机

86. 使用游标卡尺，卡尺的两个脚合并时游标上的零线与主尺上的零线应(　　)。

(A)负一格　(B)正一格　(C)对准　(D)相差一格

87. 电动机原来为Y接的绕组，检修时误为△接，原来两相绕组承受380 V电压，错接后(　　)承受380 V电压，结果空载电流大于额定电流，绕组很快烧毁。

(A)一相　(B)两相　(C)三相　(D)多相

88. 电机解体时，首先必须拆除(　　)。

(A)外油封　(B)外轴承盖　(C)内油封　(D)内轴承盖

89. 通常清洗电枢用的水溶液温度大约在(　　)之间。

(A)50 ℃～60 ℃　(B)60 ℃～70 ℃　(C)70 ℃～80 ℃　(D)80 ℃～90 ℃

90. 换向器表面清洗常选用(　　)。

(A)水　(B)酒精　(C)酸溶液　(D)碱溶液

91. 从电机上拆下刷架装置时应先(　　)。

(A)拆除电刷　(B)解开刷架与定子连接线

(C)拆除刷盒　(D)调大刷盒间隙

92. 采用加热方法拆除旧绕线时，其加热温度不宜超过(　　)。

(A)150 ℃　(B)200 ℃　(C)300 ℃　(D)350 ℃

93. 牵引电机组装后转轴锥面相对两轴承内套公共轴线的径向跳动量最大允许为(　　)mm。

(A)0.1　(B)0.05　(C)0.02　(D)0.01

94. 滚动轴承内径的偏差是(　　)。

(A)正偏差　(B)负偏差　(C)正负偏差　(D)零偏差

95. 牵引电机轴承室与端盖止口的同轴度不能超过(　　)mm。

(A)0.05～0.1　(B)0.15～0.2　(C)0.2～0.3　(D)0.3～0.4

96. 使用短路侦察器检查绕组时，铁片应放在(　　)。

(A)与绕组相连的换向器片上　(B)侦察器所跨槽上

(C)绕组端部　(D)铁芯上

97. 低压熔断器在电动机控制线路中常起(　　)。

(A)过载保护作用　(B)欠压保护作用

(C)短路保护作用　(D)过电流保护作用

98. 通常牵引电动机封环的热套温度为(　　)。

(A)100 ℃　(B)120 ℃　(C)180 ℃　(D)200 ℃

99. 滚动轴承的配合游隙(　　)原始游隙。

(A)大于　(B)等于　(C)小于　(D)大于等于

100. 大中型电机的换向器工作表面的径向圆跳动不应超过(　　)。

(A)0～0.02 mm　(B)0.03～0.04 mm

(C)0.05～0.08 mm　(D)0.08～0.10 mm

101. 交流电动机鼠笼转子的笼条焊接一般采用(　　)焊接。

(A)铝合金　(B)银焊和磷铜　(C)锡焊　(D)电接触

102. 新安装电动机轴承时,油脂应占轴承内腔容积的(　　)即可。

(A)1/8　(B)1/6　(C)1/4　(D)1/3～2/3

103. 轴承工作温度应低于润滑脂的滴点温度(　　)。

(A)5 ℃　(B)10 ℃　(C)20 ℃～30 ℃　(D)50 ℃～60 ℃

104. 装配滚动轴承时,轴颈或壳体孔台肩处的圆弧半径应(　　)轴承的圆弧半径。

(A)大于　(B)小于　(C)等于　(D)小于等于

105. 轴承在安装前都要进行清洗,一般用(　　)清洗。

(A)煤油　(B)汽油　(C)水　(D)机油

106. 轴承代号后有字母"T"的轴承,加热温度不应超过(　　)。

(A)140 ℃　(B)160 ℃　(C)180 ℃　(D)200 ℃

107. 下列绝缘试验属于破坏性试验的是(　　)。

(A)介质损耗试验　(B)交流耐压试验

(C)直流泄漏试验　(D)绝缘电阻试验

108. 电机绕组预烘温度以比绝缘耐热等级高(　　)为宜。

(A)5 ℃～10 ℃　(B)15 ℃～20 ℃　(C)20 ℃～25 ℃　(D)20 ℃～30 ℃

109. 对大功率电动机,一般要求槽绝缘两端各伸出铁芯(　　)mm。

(A)3～5　(B)6～8　(C)8～10　(D)8～12

110. 槽楔一般比槽绝缘短(　　)mm。

(A)1.5～2　(B)2～3　(C)3～4　(D)6～8

111. 装配滚动轴承时,轴上的所有轴承内、外圈的轴向位置应该(　　)。

(A)有一个轴承的外圈不固定　(B)全部固定

(C)全不固定　(D)任意固定

112. 采用双层绕组的直流电机绕组元件数目和换向片的数目(　　)。

(A)无关　(B)多一倍　(C)少一倍　(D)相等

113. 线圈热压温度由绝缘材料的耐热等级而定,B级热压温度一般控制在(　　)。

(A)60 ℃～80 ℃　(B)100 ℃～120 ℃

(C)140 ℃～160 ℃　(D)180 ℃～200 ℃

114. 串励绕组所用的裸铜扁线一般比较宽而薄,进行重绕修理时,扁铜线需退火处理,退火时温度是(　　)。

(A)200 ℃　(B)350 ℃　(C)500 ℃　(D)600 ℃

115. 双速三相交流鼠笼式异步电动机常用的改变转速的方法是(　　)。

(A)改变电压

(B)改变极对数

(C)将定子绕组由三角形连接改为星形连接

(D)将定子绕组由星形连接改为三角形连接

116. 380 V交流电机的绝缘电阻大于(　　)MΩ时方可使用。

(A)3　(B)2　(C)1　(D)0.5

117. Y系列异步电动机常采用B级绝缘材料,B级绝缘材料的耐热极限温度是(　　)。

(A)95 ℃　(B)105 ℃　(C)120 ℃　(D)130 ℃

118. 异步电动机常采用E级绝缘材料，E级绝缘材料的耐热极限温度是(　　)。

(A)95 ℃　　(B)105 ℃　　(C)120 ℃　　(D)130 ℃

119. 三相交流电动机绕组末端连接成一点，始端引出，这种连接称为(　　)连接。

(A)三角形　　(B)圆形　　(C)星形　　(D)双层

120. 三相星形连接的交流电动机，其线电流与相电流(　　)。

(A)差$\sqrt{3}$倍　　(B)差$\sqrt{2}$倍　　(C)不相等　　(D)相等

121. 在交流电动机定子绕组拆卸时，为了便于取出绕组，可在待拆绕组中通以电流，注意电流值最大不超过该电动机额定电流的(　　)，使绕组发热软化。

(A)1倍　　(B)2倍　　(C)3倍　　(D)15倍

122. 对电动机绕组进行浸漆处理的目的是(　　)。

(A)加强绝缘强度，改善电动机的散热能力以及提高绕组机械强度

(B)加强绝缘强度，改善电动机的散热能力以及提高绕组的导电性能

(C)加强绝缘强度，提高绕组机械强度，但不利于散热

(D)改善电动机的散热能力以及提高绕组机械强度，并增加美观

123. 对三相异步电动机的绕组进行改接，(　　)，电机即可正常运转。

(A)把三相绕组串联后，可直接用在单相电源上

(B)把三相绕组并联后，可直接用在单相电源上

(C)三相绕组均串入相同大小的电容器，并联后接在单相电源上

(D)把电机其中两相绕组串联起来，再与串入适当电容器的另一相并联后，接在单相电源上

124. 滚动轴承采用定向装配法是为了减小主轴的(　　)量，从而提高主轴的旋转精度。

(A)同轴度　　(B)轴向窜动　　(C)径向圆跳动　　(D)径向窜动

125. 普通公制螺纹的牙型角为(　　)。

(A)55°　　(B)40°　　(C)60°　　(D)36°

126. 锉削推锉时要求两手(　　)。

(A)用力变化，保持锉刀平衡　　(B)用力相等，保持锉刀平衡

(C)推力稳定，保持锉刀平衡　　(D)底齿稳定，保持锉刀平衡

127. 锉削铜、铝等软金属材料时，应选用(　　)。

(A)5号纹锉刀　　(B)4号纹锉刀　　(C)3号纹锉刀　　(D)1号纹锉刀

128. 铰削结构钢深孔时应(　　)。

(A)连续铰孔不取出铰刀　　(B)要经常取出铰刀除屑并修光刃口

(C)要经常取出铰刀除屑　　(D)换铰刀轮流铰孔

129. 铰铸铁孔用煤油作润滑冷却液时孔会(　　)。

(A)缩小　　(B)增大　　(C)变形　　(D)降低精度

130. 在铰削有键槽的孔时，应选用(　　)铰刀。

(A)右旋槽　　(B)左旋槽　　(C)左旋或右旋槽　　(D)直槽

131. 划线时，应使划线基准与(　　)一致。

(A)设计基准　　(B)安装基准　　(C)测量基准　　(D)水平基准

132. 一般的划线精度为(　　)。

(A)0.1～0.2 mm　(B)0.2～0.25 mm　(C)0.25～0.5 mm　(D)0.5～0.6 mm

133. 确定几何体划线基准的类型有(　　)。

(A)点和线　(B)线和面　(C)点和面　(D)点、线和面

134. 在平台上对平面找正的原则是(　　)。

(A)先找正两对角　(B)先找正一侧两角

(C)先找正两侧三角　(D)先找正两侧四角

135. 机器装配后,加上额定负荷所进行的试验称为(　　)。

(A)性能试验　(B)寿命试验　(C)负荷试验　(D)型式试验

136. 故障的类型很多,由于操作人员操作不当所引发的故障可归纳为(　　)。

(A)技术性故障　(B)规律性故障　(C)偶发性故障　(D)常规性故障

137. 对同一台电机,电刷压力应尽量均匀,其差值不应超过(　　)。

(A)10%　(B)15%　(C)20%　(D)25%

138. 研磨后的电刷与换向器的接触面积要大于(　　)。

(A)50%　(B)60%　(C)70%　(D)80%

139. 牵引电机换向器工作面的径向跳动量冷态时不得大于(　　)mm。

(A)0.02　(B)0.03　(C)0.04　(D)0.05

140. 测定产品及其部件的性能参数而进行的各种试验称为(　　)。

(A)性能试验　(B)型式试验　(C)超速试验　(D)平衡试验

141. 电机中的热源有绕组、铁芯、换向器和轴承等,其中发热最多的是(　　)。

(A)绕组　(B)铁芯　(C)换向器　(D)轴承

142. 电机某部分的温升是指(　　)。

(A)该部分的温度　(B)该部分温度与冷却介质温度之和

(C)该部分温度与冷却介质温度之差　(D)冷却介质温度

143. 异步劈相机的启动方式是(　　)。

(A)得电自动启动　(B)启动电路控制启动

(C)机械启动　(D)外力启动

144. 电阻制动是将电制动产生的电能转变为(　　)。

(A)电能　(B)机械能　(C)化学能　(D)热能

145. 为了防止触电事故的发生,各种运行电器设备(如电动机、变压器等)的金属外壳必须(　　)。

(A)妥善接地或接零　(B)妥善绝缘或隔离

(C)保持适当的安全距离　(D)加装安全防护、防雷设备

146. 检查绕组是否开路时,常用的仪表是(　　)。

(A)万用表　(B)毫伏表　(C)兆欧表　(D)电流表

147. 在环境温度 30 ℃下运行的电动机,测得电动机绕组温度为 100 ℃,则电动机的温升是(　　)。

(A)100 ℃　(B)70 ℃　(C)30 ℃　(D)130 ℃

148. 流入电路中一个节点的电流之和(　　)流出该节点的电流之和。

(A)大于　(B)等于　(C)小于　(D)近似等于

149. 测量一个 380 V 的电路绝缘电阻应选择(　　)电压等级的兆欧表。

(A)1 500 V　(B)1 000 V　(C)500 V　(D)2 500 V

150. 测量电机的绝缘电阻时，应选用(　　)检测。

(A)万用表　(B)电压表　(C)兆欧表　(D)电流表

151. 若直流电机电枢线圈匝间短路，在和短路线圈相连接的换向片上测得的电压值(　　)。

(A)显著增长　(B)相等　(C)显著降低　(D)不确定

152. 直流电机大修后，绕组的对地交流耐压为(　　)V。

(A)0.75×(2 倍额定电压＋1 000)　(B)0.85×(2 倍额定电压＋1 000)

(C)0.95×(2 倍额定电压＋1 000)　(D)1×(2 倍额定电压＋1 000)

153. 扩大电流表量程应(　　)。

(A)串联电容　(B)串联电感　(C)串联电阻　(D)并联电阻

154. 扩大电压表量程应(　　)。

(A)串联电容　(B)串联电感　(C)串联电阻　(D)并联电阻

155. 电压表 A 内阻为 2 000 Ω，电压表 B 内阻为 1 000 Ω，量程都是 15 V，当它们串联在 15 V 的电源上时，电压表 B 的读数是(　　)。

(A)15 V　(B)10 V　(C)5 V　(D)1 V

156. 三相交流电动机各绕组始末端相连后引出，这种连接称为(　　)连接。

(A)三角形　(B)圆形　(C)星形　(D)菱形

157. 电感线圈在直流回路中相当于(　　)。

(A)阻抗　(B)短路　(C)开路　(D)电抗

158. 电容器在直流回路中相当于(　　)。

(A)阻抗　(B)短路　(C)开路　(D)容抗

159. 大型电机测量绝缘电阻时，应不低于(　　)。

(A)0.5 MΩ　(B)1 MΩ　(C)2 MΩ　(D)5 MΩ

160. 同步电动机的启动方法有辅助电动机启动法、调频启动法和(　　)。

(A)异步启动法　(B)频敏变阻器启动法

(C)串接电阻启动法　(D)调压器启动法

161. (　　)直流电动机的特点是启动转矩和过载能力较大，且转速随着负载的变化而变化。

(A)并励　(B)复励　(C)串励　(D)他励

162. 在发电机降低频率运行时，要维持发电机的端电压不变，则必须增加转子的(　　)，这会导致转子及励磁回路的温升过高。

(A)励磁电流　(B)励磁电压　(C)转速　(D)电动势

163. 单相异步电动机的定子绕组是单相的，转子绕组为笼型，单相异步电动机的定子铁芯有两个绕组，一个是工作绕组，另一个是启动绕组，两个绕组空间上相差(　　)电角度。

(A)90°　(B)60°　(C)50°　(D)30°

164. 单相异步电动机的电容启动，在启动绕组回路中串联有一只适当容量的(　　)再与工作绕组并联。

(A)电阻　(B)电感　(C)电容　(D)电容和电阻

165. 单相异步电动机的电阻启动,在启动绕组中串联一只适当阻值的(　　)使工作绕组与启动绕组的电流在相位中相差近 90°电角度。

(A)电阻　　(B)电感　　(C)电容　　(D)电抗器

三、多项选择题

1. ZD120A 型牵引电动机主要由(　　)等部分组成。

(A)定子　　(B)转子　　(C)电刷装置　　(D)挡圈

2. ZD120A 型牵引电动机的换向极主要由(　　)组成,为改善脉流换向性能,换向极铁芯采用叠片结构。

(A)主极铁芯　　(B)主极线圈　　(C)换向极铁芯　　(D)换向极线圈

3. 当电动机发生下列(　　)情况之一,应立即断开电源。

(A)发生人身事故时　　(B)所带设备损坏到危险程度时

(C)电动机出现绝缘烧焦气味、冒烟火等　　(D)出现强烈振动

4. 深孔加工的关键技术是(　　)。

(A)背吃刀量　　(B)深孔钻的几何形状

(C)冷却、排屑问题　　(D)切削速度

5. 直流电动机的电磁制动有(　　)。

(A)能耗制动　　(B)反接制动　　(C)回馈制动　　(D)电阻制动

6. 直流电机不能启动或达不到启动转速的原因有(　　)。

(A)进线开路　　(B)励磁绕组开路或极性接错

(C)过载　　(D)换向极或串励绕组反接

7. 下列可能是直流电机换向不良的原因是(　　)。

(A)换向器表面状态不佳　　(B)换向器变形

(C)电压降低　　(D)电枢绕组或换向片间短路

8. 在车细长轴时,可采用(　　)来防止工件的热变形伸长。

(A)弹性回转顶夹　　(B)充分冷却液　　(C)保持刀刃锐利　　(D)跟刀架

9. 切削三要素是(　　)。

(A)质量　　(B)切削速度　　(C)进给量　　(D)背吃刀量

10. 电动机外壳带电的原因是(　　)。

(A)未接地(零)或接地不良

(B)绕组受潮绝缘有损坏,有脏物或引出线碰壳

(C)电机绕组对地短路

(D)电源电压太高

11. 电动机不能启动或达不到额定参数的原因可能是(　　)。

(A)熔断器内熔丝烧断,开关或电源有一相在断开状态,电源电压过低

(B)定子绕组中有相断线

(C)鼠笼转子断条或脱焊电动机能空载启动,但不能带负荷正常运转

(D)应接成“Y”接线的电动机接成“△”接线,因此能空载启动,但不能满载启动

12. 电流表、电流互感器及其他测量仪表的接线和拆卸,需要断开高压回路者,应将此回

路所连接的(　　)全部停电后，始能进行。

(A)设备　(B)仪器　(C)开关　(D)刀闸

13. 直流电动机额定功率的数值与(　　)有关。

(A)额定电压　(B)额定电流　(C)额定频率　(D)额定效率

14. 生产机械按负载转矩的特性分类一般可以分为(　　)。

(A)恒转矩负载　(B)恒功率负载　(C)风机类负载　(D)恒转速负载

15. 并励直流发电机发电的条件是(　　)。

(A)并励发电机内部必须有一定的剩磁　(B)励磁绕组接线极性要正确

(C)励磁电阻 R_f≤临界电阻 R_{fLj}　(D)必须先给励磁通电

16. 下列属于直流电机可变损耗的是(　　)。

(A)机械损耗　(B)电枢绕组本身电阻的损耗

(C)电刷摩擦损耗　(D)电刷接触损耗

17. 电动机空载或加负载时，三相电流不平衡，其原因可能是(　　)。

(A)三相电源电压不平衡　(B)定子绕组中有部分线圈短路

(C)大修后，部分线圈匝数有错误　(D)大修后，部分线圈的接线有错误

18. 下列属于复励直流电机不变损耗的是(　　)。

(A)轴承损耗、通风损耗　(B)机械损耗

(C)电刷接触损耗　(D)电刷摩擦损耗、周边风阻损耗

19. 影响他励直流发电机端电压下降的因素是(　　)。

(A)电枢电阻(内阻)的影响　(B)电枢反应的影响

(C)他励的接线方式的影响　(D)励磁电阻的影响

20. 影响并励直流发电机端电压下降的因素是(　　)。

(A)电枢电阻(内阻)的影响　(B)电枢反应的影响

(C)并励的接线方式的影响　(D)励磁电阻的影响

21. 力的三要素是(　　)。

(A)大小　(B)方向　(C)作用点　(D)摩擦力

22. 主轴轴向窜动超差，精车端面时会产生端面的(　　)超差。

(A)平面度　(B)圆跳动　(C)位置度　(D)端面跳动

23. 常用的(　　)都是国际标准锥度。

(A)莫氏锥度　(B)公制锥度　(C)罗氏锥度　(D)标准锥度

24. 细长轴的加工应抓住(　　)等三个关键技术问题。

(A)防止工件的热变形伸长　(B)中心架、跟刀架的使用

(C)转速　(D)合理选择车刀几何形状

25. 下列焊接方法属于熔焊的是(　　)。

(A)电弧焊　(B)摩擦焊　(C)电渣焊　(D)气焊

26. 按焊缝断续情况不同，焊缝可分为(　　)。

(A)定位焊缝　(B)断续焊缝　(C)角焊缝　(D)连续焊缝

27. 下列焊缝符号名称中，(　　)是为了补充说明焊缝的某些特征而采用的符号。

(A)平面符号　(B)尾部符号　(C)现场符号　(D)三面焊缝符号

28. 焊缝尺寸符号标注时,(　　)标在基本符号的左侧。
(A)钝边高度 P　(B)焊脚尺寸 K　(C)焊缝宽度 c　(D)焊缝余高 h
29. 乙炔瓶口着火时的正确处理方法有(　　)。
(A)水泼　(B)覆盖　(C)关阀　(D)灭火器喷
30. 因焊接过程中未做好劳动保护工作,可能造成的职业病有(　　)等。
(A)焊工尘肺　(B)电光性眼炎　(C)血液疾病　(D)皮肤病
31. 焊条药皮是由(　　)组成的。
(A)稳弧剂　(B)造渣剂　(C)造气剂　(D)脱氧剂
32. 不锈钢焊条型号中,数字后的字母"R"表示(　　)。
(A)磷含量较低　(B)碳含量较高　(C)硅含量较低　(D)硫含量较低
33. 管道或管板定位焊焊缝是正式焊缝的一部分,因此不得有(　　)缺陷。
(A)裂纹　(B)夹渣　(C)冷缩孔　(D)未焊透
34. 焊前预热的主要目的是(　　)。
(A)减少焊接应力　(B)防止冷裂纹
(C)有利于氢的逸出　(D)降低淬硬倾向
35. 当焊接电流较大时,钨极氩弧焊必须用水冷却(　　)。
(A)焊接电源　(B)控制系统　(C)焊枪　(D)钨极
36. CO_2 焊主要优点有(　　)。
(A)生产率高　(B)成本低
(C)焊缝含氢量少,焊缝质量高　(D)焊接变形和焊接应力小
37. 目前CO_2 焊主要用于(　　)的焊接。
(A)低碳钢　(B)低合金钢　(C)不锈钢　(D)铝及铝合金
38. CO_2 焊的电弧电压一般根据(　　)来选择。
(A)焊丝直径　(B)焊接电流　(C)熔滴过渡形式　(D)电源极性
39. 对焊机按工艺方法分为(　　)。
(A)通用对焊机　(B)专用对焊机　(C)电阻对焊机　(D)闪光对焊机
40. 焊接外部缺陷位于焊缝外表面,用肉眼或低倍放大镜就可看到,如(　　)等。
(A)焊缝尺寸不符合要求　(B)咬边
(C)弧坑缺陷　(D)表面气孔
41. 关于 ZD114 型牵引电机,下列说法正确的是(　　)。
(A)ZD114 型电机为全 H 级绝缘结构
(B)ZD114 型电机为 6 极中压电机
(C)ZD114 型电机为圆锥滚子轴承整体式抱轴悬挂
(D)ZD114 型电机为单边斜齿刚性传动
42. 下列有关 ZD114 型牵引电机的技术参数,正确的是(　　)。
(A)额定功率 800 kW　(B)额定电压 1 020 V
(C)定子、转子均为 C 级绝缘　(D)励磁方式为复励
43. 关于 ZD120A 型牵引电机轴承内圈与转轴的配合过盈量,正确的是(　　)。
(A)换向器端 0.030～0.060 mm　(B)换向器端 0.035～0.065 mm
(C)非换向器端 0.030～0.060 mm　(D)非换向器端 0.035～0.065 mm

44. 关于 ZD114 型牵引电机铁芯，下列说法正确的是(　　)。
(A)铁芯外圆均布 93 个矩形槽，用于放置电枢线圈
(B)冲片有三层通风孔用于散热
(C)铁芯与转轴为过渡配合
(D)铁芯冲片两面均涂有绝缘层
45. 关于 ZD114 型牵引电机换向器的工艺特点，下列说法正确的是(　　)。
(A)换向器云母环是在连续加压、加热条件下制成的
(B)换向器片装的最终确认是在计算给出的压力下，测量加压时片装夹具外环 4 个方向的变化量后进行
(C)换向器装配后要进行 35 h 的高温高速旋转烘焙、动压成型，在这个过程中要进行三热一冷的加压拧紧螺钉的工作
(D)换向器螺钉下不用垫圈，而是在超速合格后将螺钉与压圈焊死
46. 关于 ZD114 型牵引电机的电枢绕组，下列说法正确的是(　　)。
(A)每个电枢有 93 个电枢绕组　　(B)电枢绕组为波绕组
(C)绕组槽节距为 16　　(D)绕组在槽内排列形式为一列 4 段 2 层
47. 在焊缝中存在焊接缺陷，可引起的危害有(　　)。
(A)减小了焊缝有效承载截面积　　(B)削弱焊缝的强度
(C)产生很大的应力集中　　(D)造成材料开裂
48. 根据 X 射线探伤胶片评定焊缝质量时，Ⅰ级焊缝表示焊缝内无(　　)焊接缺陷。
(A)裂纹　　(B)未焊透　　(C)未熔合　　(D)条形夹渣
49. 铸铁开深坡口焊补时，由于(　　)，因此常采用栽丝法。
(A)缺陷体积大　　(B)焊接层数多
(C)焊接应力大　　(D)容易引起焊缝与母材剥离
50. 铜及铜合金焊接时，为了获得成型均匀的焊缝，(　　)接头是合理的。
(A)对接　　(B)搭接　　(C)十字接　　(D)端接
51. 铸铁冷焊时，为了减小焊接应力，防止裂纹，采取的工艺措施主要有(　　)。
(A)分散焊　　(B)断续焊　　(C)选用细焊条　　(D)小电流
52. 灰铸铁的焊接方法主要有(　　)。
(A)焊条电弧焊　　(B)气焊　　(C)钎焊　　(D)埋弧焊
53. 下列铜及铜合金的牌号中，属于紫铜的牌号有(　　)。
(A)T2　　(B)TUP　　(C)H62　　(D)TU2
54. 研磨常用的液态润滑剂有(　　)。
(A)机油　　(B)煤油　　(C)汽油　　(D)工业用甘油
55. 扩孔钻的特点有(　　)。
(A)导向性较好　　(B)增大进给量　　(C)改善加工质量　　(D)吃刀深度小
56. 锪孔的主要类型有(　　)。
(A)圆柱形沉孔　　(B)圆锥形沉孔　　(C)锪孔的凸台面　　(D)阶梯形沉孔
57. 铰刀选用的材料是(　　)。
(A)中碳钢　　(B)高速钢　　(C)高碳钢　　(D)铸铁

58. 锥铰刀的锥度有(　　)。

(A)1∶10　(B)1∶30　(C)莫氏　(D)1∶50

59. 钳工常用钻孔设备有(　　)。

(A)台钻　(B)立钻　(C)车床　(D)摇臂钻

60. 常用钻床钻模夹具的类型有(　　)。

(A)固定式　(B)可调式　(C)移动式　(D)组合式

61. (　　)是科学技术发展的内在要求,是指导科研技术人员从事职业活动的行为理念,也是科研技术人员应该具有的高尚品德。

(A)规格创新　(B)尊重科学　(C)献身科学　(D)造福人类

62. 下列有关职业道德的说法,正确的是(　　)。

(A)服务群众是社会主义职业道德区别于其他社会职业道德的本质特征

(B)爱岗敬业是职业道德的基础和基本精神

(C)办事公道是职业道德的基本准则

(D)诚实守信是职业道德的根本

63. 加强职业纪律修养,下列说法正确的是(　　)。

(A)必须提高对遵守职业纪律重要性的认识,从而提高自我锻炼的自觉性

(B)要提高职业道德品质

(C)培养道德意志,增强自我克制能力

(D)要求对服务对象谦虚和蔼

64. 下列结构部件属于直流电动机旋转部件的是(　　)。

(A)主磁极　(B)电枢绕组　(C)换向器　(D)电刷

65. 下列结构部件属于直流发电机旋转部件的是(　　)。

(A)主磁极　(B)电枢绕组　(C)换向器　(D)电刷

66. 直流电动机电枢反应的结果为(　　)。

(A)总的励磁磁势被削弱

(B)磁场分布的波形发生畸变

(C)与空载相比,磁场的物理中性线发生偏移

(D)物理中性线逆旋转方向偏移

67. 直流发电机电枢反应的结果为(　　)。

(A)总的励磁磁势被削弱

(B)磁场分布的波形发生畸变

(C)与空载相比,磁场的物理中性线发生偏移

(D)物理中性线顺旋转方向偏移

68. 下列材料属于导体的有(　　)。

(A)银　(B)铁　(C)铜　(D)铝

69. 焊接产生的有毒气体主要指(　　)。

(A)臭氧　(B)氟化氢　(C)一氧化碳　(D)氮氧化物

70. 电弧切割主要有(　　)等。

(A)火焰切割　(B)碳弧气割　(C)碳弧刨割条　(D)等离子弧切割

71. (　　)是气割常用的可燃气体。

(A)氧气　(B)乙炔　(C)液化石油气　(D)氢气

72. 焊接作业会产生的有害因素有(　　)。

(A)金属烟尘　(B)有毒气体　(C)弧光辐射　(D)高频电磁场

73. 对接接头的坡口形式可分为(　　)。

(A)Ⅰ型坡口　(B)V形坡口　(C)X形坡口　(D)U形坡口

74. 二氧化碳气体保护焊的熔滴过渡形式主要有(　　)两种。

(A)滴状过渡　(B)喷射过渡　(C)短路过渡　(D)接触过渡

75. 药芯焊丝电弧焊采用不同的焊丝和保护气体相配合可以进行(　　)。

(A)平焊　(B)仰焊　(C)压力焊　(D)全位置焊

76. 药芯焊丝电弧焊通常用于焊接(　　)。

(A)碳钢　(B)低合金钢　(C)不锈钢　(D)铸铁

77. 焊缝金属中氢的危害有(　　)。

(A)引起氢脆　(B)产生白点　(C)产生气孔　(D)引起冷裂纹

78. 电弧焊时氢的来源有(　　)。

(A)焊条药皮和焊剂中的水分　(B)工件和焊丝锈中的结晶水

(C)空气中的水蒸气　(D)工件和焊丝表面油污

79. 关于ZD120A型牵引电机直流小时温升，正确的是(　　)。

(A)定子绕组180 K　(B)轴承55 K

(C)电枢绕组160 K　(D)换向器105 K

80. 影响转子电动势大小的因素，除了与影响定子电动势大小因素相同的外，还有(　　)。

(A)转子的转速　(B)转差率　(C)电源的电压　(D)电源的频率

81. 标准螺纹包括(　　)。

(A)普通螺纹　(B)管螺纹　(C)梯形螺纹　(D)锯齿形螺纹

82. 关于ZD120A型牵引电机电刷装置，下列说法正确的是(　　)。

(A)刷盒与换向器表面的距离应保持在1.5～3 mm之间

(B)电刷压力范围(28.4±2)N

(C)电刷与刷盒轴向间隙为0.1～0.3 mm

(D)A、B、C都对

83. 关于ZD120A型牵引电机绝缘电阻的检测，下列说法正确的是(　　)。

(A)用2 500 V兆欧表测量

(B)各绕组对机座及各绕组之间冷态绝缘电阻应大于50 MΩ

(C)各绕组对机座及各绕组之间热态绝缘电阻应大于1 MΩ

(D)刷架装置对地绝缘电阻不低于10 MΩ

84. 关于ZD120A型牵引电机直流高压泄漏电流试验，下列说法正确的是(　　)。

(A)这是一种有损检测，可进行对地和匝间测量

(B)随着测量电压的升高，泄漏电流值应线性增长

(C)泄漏电流应不超过80 μA

(D)A、B、C说法都对

85. ZD114 型牵引电机后端盖轴承装配时,下列操作错误的是(　　)。

(A)后端盖用专用吊具吊起,止口应向下

(B)装配轴承外圈时,轴承内、外套不能直接用手接触

(C)后端盖加热前,用棉布蘸汽油擦洗干净

(D)轴承室加热温度为 100 ℃～110 ℃

86. ZD114 型牵引电机后端盖轴承装配时,装脂量正确的是(　　)。

(A)轴承内约 210 g　　(B)端盖内约 330 g

(C)轴承盖内约 560 g　　(D)A、B、C 都对

87. ZD120A 型牵引电机定子绕组、电枢绕组及刷架装置检修后,应进行 1 min 工频耐压试验,下列试验电压正确的是(　　)。

(A)主极绕组 5 100 V　　(B)他励绕组 2 100 V

(C)刷架装置 5 600 V(旧品按 85%)　　(D)电枢绕组 3 800 V

88. ZD115 型牵引电机定子绕组、电枢绕组及刷架装置检修后,应进行 1 min 工频耐压试验,下列试验电压正确的是(　　)。

(A)定子绕组 4 475 V　　(B)电枢绕组 3 804 V

(C)刷架装置 5 600 V(旧品按 85%)　　(D)电枢绕组 4 300 V

89. 下列有关 ZD120 型牵引电机他励线圈检修的主要技术要求,正确的是(　　)。

(A)包对地绝缘后,内侧尺寸为 331 mm×221 mm

(B)线圈中线距引线头距离不超过 268 mm 和 250 mm

(C)匝间中频耐压 400 V,历时 15 s,无击穿、闪络现象

(D)对地工频耐压 3 800 V,历时 1 min,无击穿、闪络现象

90. 下列有关 ZD114 型牵引电机补偿线圈制造的主要技术要求,正确的是(　　)。

(A)线圈直线部分应保持平直

(B)引线头与线圈用银基焊料焊牢

(C)匝间检查用脉冲电压 250 V,历时 3 s,无击穿、闪络现象

(D)A、B、C 都对

91. 关于 ZD114 型牵引电机电枢检修,下述正确的是(　　)。

(A)直流泄露试验应在电枢清洗并真空干燥后进行

(B)工频耐压试验应在直流泄露电流试验之前进行

(C)匝间做 2 500 Hz、50 V 耐压试验,历时 3 s,无击穿、闪络现象

(D)电枢轴应进行探伤检查,不许焊修

92. 下列有关 ZD120 型牵引电机后端轴承盖检修的技术要求,正确的是(　　)。

(A)端盖轴承室的圆柱度不大于 0.15 mm

(B)端盖轴承室的垂直度不大于 0.05 mm

(C)端盖止口对轴承室的同轴度不大于 ϕ0.05 mm

(D)后端盖与机座配合过盈量为 0.01～0.165 mm

93. 下列有关 ZD120 型牵引电机转轴检修的技术要求,正确的是(　　)。

(A)轴两端中心孔清洁,中心孔 60°锥面粗糙度不大于 3.2 μm

(B)轴应进行超声波探伤和磁粉探伤检查

(C)锥面对中心线的径向跳动量不大于 0.5 mm

(D)轴端锥面用 1∶10 环规检测其接触面积不小于 80%

94. 下列有关 ZD120 型牵引电机机座检修的技术要求，正确的是(　　)。

(A)空心轴孔止口面长度尺寸 670H10(mm)，宽度尺寸 520H7(mm)

(B)机座电枢中心孔与空心轴套止口端面距离为 450 mm

(C)机座后压圈止口 ϕ850H7(mm)

(D)悬挂面止口尺寸 130H11(mm)

95. 下列有关 ZD120 型牵引电机油封检修的主要技术要求，正确的是(　　)。

(A)油封的径向跳动量不得大于 0.8 mm

(B)油封 ϕ208 mm 面拉伤面积不得大于 10%，拉伤深度不得大于 0.5 mm

(C)用煤油清洗油封，使其各表面及迷宫槽不得有油污、毛刺

(D)A、B、C 都对

96. 下列有关 ZD120 型牵引电机前端轴承盖检修的主要技术要求，正确的是(　　)。

(A)前端轴承盖的径向跳动量不得大于 0.1 mm

(B)前端轴承盖与轴承配合的端面跳动量不得大于 0.1 mm

(C)各表面及迷宫槽不得有油污、毛刺

(D)加工面要涂防锈油

97. 下列有关 ZD115 型牵引电机刷架装配的技术要求，正确的是(　　)。

(A)电刷及刷盒中心线在 ϕ500 圆周上分布偏差不大于±0.35 mm

(B)每一个刷杆用 1 000 V 兆欧表测量，绝缘电阻应大于 200 MΩ

(C)挑选出 6 个合格的刷握为一组，同一组的刷握高度一致，相差应不大于 1 mm

(D)装配后，以刷盒刷架圈为两极，须能承受工频 8 500 V、持续 1 min 的耐压试验

98. ZD115 型牵引电机电枢嵌线时，应多次进行对地耐压及匝间耐压检查，下列说法正确的是(　　)。

(A)嵌线前，对地 7 000 V、1 min 工频试验；匝间 500 V、2 s 工频试验

(B)嵌均压线后，对地 6 500 V、1 min 工频试验；匝间 1 200 V、2 s 工频试验

(C)嵌电枢线后，对地 6 000 V、1 min 工频试验；匝间 500 V、5～20 s 脉冲试验

(D)电枢浸漆后组装前，对地 5 000 V、1 min 工频试验；匝间 500 V、5～20 s 脉冲试验

99. 关于 ZD115 型牵引电机空转检查试验，下列说法正确的是(　　)。

(A)空转试验在电机转速(1 946±30)r/min 下进行

(B)要求空转时间为正反转各 30 min

(C)空转后检测轴承温升，应不大于 30 K

(D)空转时轴承应无异声

100. 关于 ZD115 型牵引电机直流小时温升试验，下列说法正确的是(　　)。

(A)应在空转试验之前进行

(B)应在校正电刷中性位之后进行

(C)采用双机互馈线路，被试电机达到额定工况时开始计时，运行 1 h

(D)试验时冷却空气温度在 10 ℃～40 ℃以外时，温升计算需进行修正

四、判 断 题

1. 用于将零部件按一定要求装配起来的图称为装配图。(　　)

2. 如果电动机运行正常,就无需对其进行维护与检查。(　　)

3. 若电动机的保护装置动作,一定是电动机发生了故障。(　　)

4. 异步电动机的转速越高,转差率越大。(　　)

5. 一对极的电动机,其电角度与机械角度相等。(　　)

6. 电气用的相位色中黄色代表A相,绿色代表B相,红色代表C相。(　　)

7. 电流互感器相当于在副边短路的状态下运行。(　　)

8. 电压互感器相当于在空载状态下运行。(　　)

9. 直流电机的电枢绕组的节距,是指被连接起来的两个元件边或换向片之间的距离。(　　)

10. 测量大电阻时,可选用兆欧表。(　　)

11. 三相负载对称是指每一相负载阻抗相同。(　　)

12. 电流表测电流时必须串入被测电路中。(　　)

13. 电压表测电压时必须串入被测电路中。(　　)

14. 电压表测交流电压时必须红表笔接火线,黑表笔接地线。(　　)

15. 电气作业时必须断开电源。(　　)

16. 发生触电事故时,可立即将触电者用手拉开。(　　)

17. 对于机车上许可触及的电气仪表和器具均需可靠接地。(　　)

18. YJ85A型电机轴承拆装时,严禁直接锤击。加热温度不得超过120 ℃,采用电磁感应加热时剩磁感应强度不大于3×10^{-4} T。轴承内圈与轴的接触电阻值不大于统计平均值的3倍。(　　)

19. YJ85A型电机转向不对是由三相引出线与电源连接错误引起的。(　　)

20. 左手定则可以判断电动机的旋转方向。(　　)

21. 右手定则可以判断发电机的感应电势方向。(　　)

22. A级绝缘材料的最高允许工作温度为105 ℃。(　　)

23. C级绝缘材料的最高允许工作温度为155 ℃。(　　)

24. 直流电压表内阻越大,测量越准确。(　　)

25. 正火实际是退火的一种特殊形式。(　　)

26. 回火的目的是细化晶粒,减少内应力。(　　)

27. 金属经受永久变形而不断裂的能力叫作韧性。(　　)

28. YJ85A型电机转子的端环一侧车一较浅的环槽,导条与端环进行对接焊接,称为对接式结构。(　　)

29. 装配基准面的选择应根据零件的用途,通常以不重要的面为基准面。(　　)

30. 车削适合于加工各种内、外表面。(　　)

31. 韶山7D型电力机车所用的牵引电动机为带有换向极绕组的6极他复励ZD120A型脉流牵引电动机。(　　)

32. ZD120A型牵引电动机主要由定子、转子、换向器等部分组成。(　　)

33. 在不知顶升重物重量的情况下,为省力可以加长千斤顶的压把。(　　)

34. 平面划线时,一般应选择两个划线基准,即确定两条相互平行的线为基准就可以将平面上的其他线的位置确定下来。(　　)

35. 锉刀的粗细等级号数越小越细,号数越大越粗。(　　)

36. 使用倒链起吊电机,允许多人拉链。(　　)

37. 锯割时,推力由右手(后手)控制,压力由左手(前手)控制,左、右手配合扶正锯弓。(　　)

38. ZD120A 型牵引电动机的定子是电场的重要通路并支撑电机。(　　)

39. 牵引电动机电刷的刷辫通常是柔韧的铜线编织线。(　　)

40. 介质损耗大、介质发热严重是导致电介质发生热击穿的根源。(　　)

41. 交流异步电动机转子转速 n_1 与旋转磁场转速 n_2 之间的转速差 Δn 与 n_1 的比值就称为速比。(　　)

42. 因为电动机启动电流很大,所以要限制连续启动间隔时间和次数。(　　)

43. 修理电动机铁芯故障时,需对铁芯冲片涂绝缘漆。(　　)

44. 根据国际电工协会(IEC)颁布的国际标准,电机外壳的防护型或防护标志的表示由字母 IP 及四位数组成。(　　)

45. 新工人未经培训、不懂安全操作知识便上岗操作而发生事故,应由自己负责。(　　)

46. 电击伤人的程度由流过人体电流的频率、大小、途径、持续时间长短以及触电者本身的情况而决定。(　　)

47. 对于无法切断电源的电气火灾,扑救时只能使用二氧化碳灭火机。(　　)

48. 质量管理常用的统计方法有波士顿矩阵、排列图、直方图等。(　　)

49. 产品销售是联系企业生产和社会需求的纽带。(　　)

50. ZD120A 型牵引电动机的转子是产生感应电势和电磁转矩以实现能量转换的部件。(　　)

51. 产品和质量体系的认证是质量认证中很重要的一个方面。(　　)

52. 工序间加工余量应采用最大的加工余量,以求缩短加工周期,降低零件制造费用。(　　)

53. 换向器表面应经常保持清洁。(　　)

54. 测量绝缘电阻时,可选用兆欧表。(　　)

55. 在选择仪表时,仪表的准确度越高越好。(　　)

56. 直流电机换向极接地会引起电枢发热。(　　)

57. 补偿绕组应与电枢绕组串联。(　　)

58. 游标卡尺是一种常用量具,能测量各种不同精度要求的零件。(　　)

59. 三相异步电动机的磁极对数越多,其转速越快。(　　)

60. 鼠笼式异步电动机的启动性能比绕线式好。(　　)

61. 绕线式三相异步电动机只有适当增加转子回路电阻才能增大启动转矩,转子回路电阻过大,启动转矩反而下降。(　　)

62. 鼠笼式电动机在冷态下允许启动的次数,在正常情况下是两次,每次间隔时间不小于 5 min。(　　)

63. 电动机定子槽数与转子槽数一定是相等的。( )

64. 为保证三相电动势对称,交流电机三相定子绕组在空间布置上,其三相轴线必须重合。( )

65. 异步电动机应在三相电源电压平衡的条件下工作,但一般规定三相电源电压中的任何一相电压与三相电压的平均值之差不应超过三相电压平均值的5%。( )

66. 三相异步电动机转子只有鼠笼式一种结构形式。( )

67. 双鼠笼型异步电动机的转子上有两个鼠笼分层放置,其中外笼为运行笼。( )

68. 有一台异步电动机,如果把转子卡住不动,定子输入额定电压,其电流与该电机额定电流相同。( )

69. 绕线式三相异电动机常采用降低端电压的方法来改善启动性能。( )

70. 三相异步电动机降压启动是为了减小启动电流,同时也增加启动转矩。( )

71. 一台定子绕组星形连接的三相异步电动机,若在空载运行时A相绕组断线,则电动机必将停止转动。( )

72. 一般交流电动机定子槽数越多,转速就越低,反之则转速越高。( )

73. 启动性能好的双鼠笼电动机,转子上笼用电阻率较大的黄铜或青铜。( )

74. 双鼠笼型异步电动机上笼称为运行笼,下笼称为启动笼。( )

75. 当三相对称绕组通入不对称电流时,三相合成磁势只存在正序旋转磁势,而无负序旋转磁势。( )

76. 三相交流电动机绕组因制造质量问题造成过载烧坏,在修理前一定要仔细检查气隙配合情况、铁芯质量,并采取相应的措施,例如适当增加匝数而导线截面不减少、采用耐温较高的聚脂薄膜等。( )

77. 电动机绕组重绕改压时,须使电机的绝缘在改后能保证安全运行,绕组的电流密度尽可能保持原数,每线匝所承受的电压维持不变。( )

78. 异步电动机定子绕组重绕时,在拆除损坏的电动机绕组前,除记录铭牌外,对定子绕组应记录的数据有总槽数、节距和一个绕组的匝数、并联支路数、绕组端部伸出铁芯的长度等。( )

79. 交流电机定子绕组形式可分为单层绕组和双层绕组两大类。( )

80. 三相异步电动机负载启动电流和空载启动电流幅值一样大。( )

81. 并励直流发电机的输出电流等于电枢电流与励磁电流之和,而并励直流电动机的输入电流等于电枢电流与励磁电流之差。( )

82. 交流绕组采用短距布置或分散布置都是为了增大电动势。( )

83. 交流电动机功率越大,其铁芯截面越大,铁芯截面越小,功率也越小,因此无铭牌的电动机需要重新更换绕组时,必须计算出其功率大小。( )

84. 绕组采用三角形连接的三相交流电动机在运行中或在启动时发生断相(如发生一相电源或一相绕组断线)时,电动机均能转动。( )

85. 交流电机的多相绕组,只要通过多相电流就能产生旋转磁势,若电流不对称,则将产生非圆形旋转磁势。( )

86. 电动机正常运行的放置方向就是电磁转矩的方向。( )

87. 三相异步电动机启动电流越大,启动性能越好。( )

88. 三相异步电动机启动转矩越大，启动性能越好。（ ）

89. 一般新的或经过修理的电动机可以直接带负载运行。（ ）

90. 电动机空载启动时，出现无声响又不转动的现象，一定是电源没有接通。（ ）

91. 电动机空载启动时，出现有较大的撞击和嗡嗡声，电动机不启动，使保护电器动作的故障，一定是机械方面的原因。（ ）

92. 在绕线模上绕制的一组线圈即为一个极相组。（ ）

93. 异步电动机的额定容量越大，额定效率就越高。（ ）

94. 异步电动机降压启动，启动转矩随电压的降低而增加。（ ）

95. 千分尺活动套管转一周，测微螺杆就移动 1 mm。（ ）

96. 冲洗、擦洗后的机座，电枢铁芯及磁极铁芯中，基本是以露出本色、无残留漆膜或氧化物为宜。（ ）

97. 电机铭牌应清晰、牢固，不得随意更改。（ ）

98. 除可追溯性标识外，电机零件因组装需要标明次序及编号时，应用彩色记号笔在产品醒目位置标识。（ ）

99. 牵引电机解体后，端盖、油箱无需做标识。（ ）

100. 牵引电机的刷架调整过中性位后，必须用醒目的白油漆线标识刷架与机座相对位置。（ ）

101. 牵引电机的小齿轮拆卸可以用氧炔焰加热。（ ）

102. 拆卸联轴器和小齿轮时，必须在轴端加轴头挡板，以防工件伤人。（ ）

103. 刷盒检修时，清洗表面的污垢和铜锈，可以进行酸洗。（ ）

104. 电机零件外观检查及配件检查的记录必须按要求如实填报。（ ）

105. ZD120A 型牵引电动机的电刷装置作用：一是电枢与外电路连接的部件，通过它使电流输入电枢或从电枢输出，二是与换向器配合实现电流换向。（ ）

106. 油封的检查一般用深度尺和游标卡尺，要求应无变形、拉伤。（ ）

107. 低压电动机的绝缘电阻不小于 0.5 MΩ。（ ）

108. 对绕组进行耐压试验时，试验电压不能超过规定值。（ ）

109. 电机本身引起的振动往往是由于电枢的平衡不好。（ ）

110. 直流电机的电刷放置位置，在静态时按几何中性线放置。（ ）

111. 从换向器端看，发电机与电动机的换向极极性与电枢旋转方向前面的主极极性相同。（ ）

112. 电动机空载启动时，将 Y 误接成△，电动机可以转动，不会出现故障。（ ）

113. 在电动机装配过程中，可用小铜棒垫硬木板、铜板或直接用铜棒轻敲。（ ）

114. 直流电动机顺着电枢转向换向极的极性要和下一个主极极性相同。（ ）

115. 主极气隙比换向极气隙大。（ ）

116. 轴承的内、外圈都可互换使用。（ ）

117. 在整个轴承装配的过程中，轴承的清洁度都很重要。（ ）

118. 一般电机轴承的加热温度在 100 ℃～110 ℃之间。（ ）

119. 封环热套时加热温度与轴承内圈相同。（ ）

120. 一般绝缘材料的绝缘电阻随着温度的升高而减小，而金属导体的电阻却随着温度的

升高而增大。(　　)

121. 运用中的电机要定期检查轴承状况并补充润滑脂。(　　)

122. 直流电动机电刷组的数目一般等于主极的数目。(　　)

123. 使用绕线机绕线时,绕线前要检查减速箱油面高度,油面高度不够时要加油。(　　)

124. 使用绕线机前要先接通电源使床子空转,检查有无噪声及其他不正常现象。(　　)

125. ZD120A 型牵引电动机的补偿绕组与电枢绕组、换向极绕组串联,用来消除电枢反应对主极气隙磁通的畸变影响。(　　)

126. 牵引电机的绝缘杆清洗可以采用煤油或汽油。(　　)

127. 轴承室内润滑脂太多,会因过多的搅拌而发热。(　　)

128. 半叠绕包绝缘时,绝缘实际层数与名义层数相同。(　　)

129. 当垫两层以上匝间绝缘时,中间有接缝处必须错开。(　　)

130. 直流电动机电枢绕组短路会使转速变慢。(　　)

131. ZD120A 型牵引电动机的前、后端盖与机座相连并通过轴承支撑电机转子。(　　)

132. ZD120A 型牵引电动机的主极铁芯与定子磁轭冲制成一体,铁芯冲片极靴部分有 8 个向心半闭口补偿槽,用以安装补偿绕组。(　　)

133. 绕制线圈时,导线拉力应根据绕线机速度、导线粗细进行调整。(　　)

134. 整形的目的是为了校准线圈的几何尺寸,并使各匝平整一致。(　　)

135. 电刷应有良好的集流性能和换向能力。(　　)

136. 电刷越耐磨越好。(　　)

137. 刷盒底面到换向器表面的距离一般为 2～4 mm。(　　)

138. 换向器云母下刻时,下刻宽度应比云母板厚度大。(　　)

139. 换向器片两侧的倒角一般为 0.5×45°。(　　)

140. 由于电机运行时不可避免地因损耗而发热,因此使用的绝缘材料必须具有良好的耐热性。(　　)

141. 绝缘材料的耐热性直接决定了电机运行的允许温升。(　　)

142. 通过调换任意两相电枢绕组电源线的方法,即可以改变三相鼠笼式电机的转向。(　　)

143. 当电机绕组节距正好等于极距时,绕组被称为整距绕组。(　　)

144. 三相异步电动机定子绕组按每槽中线圈的匝数不同,其种数可分为两种,即单叠绕组和复叠绕组。(　　)

145. 交流电机通常采用短距绕组以消除相电势中的高次谐波。(　　)

146. 若绕组的节距小于极距,即 $y_1<\tau$,则称为短距绕组。(　　)

147. 三相交流电动机定子绕组是三相对称绕组,每相绕组匝数相等,每相轴线间隔 180°。(　　)

148. 三相交流电机当定子绕组引出线字母顺序与电源电压的相序顺序相同,从电动机轴伸端看应按逆时针方向旋转。(　　)

149. 对于任何一个回路,沿任意方向绕行一周,各电源电动势的代数和等于各电阻电压降的代数和。(　　)

150. 大小和方向都不停变化的电流称为交流电流。( )

151. 导线越长,电阻越大;截面越大,电阻也越大。( )

152. 三个相同的电容并联,总电容容量为一个电容的3倍。( )

153. 正弦交流电的有效值是其最大值的$1/\sqrt{2}$倍。( )

154. 1.0级仪表主要用于出厂试验的测量。( )

155. 0.2级仪表主要用于计量和精密试验。( )

156. 扩大电流表的量程应并联分流器。( )

157. 扩大电压表的量程应串联倍率器。( )

158. 直流电动机额定电流是指轴上带有机械负载的输出电流。( )

159. 直流电动机转速不正常,通过检查发现励磁电阻太小,此时应加大回路电阻。( )

160. 电池两极间电压为12 V,当正极接地时,则负极电位为12 V。( )

161. 不论是电压互感器还是电流互感器,其二次绕组均必须有一点接地。( )

162. 通常电气元件常开常闭触点方向为上开下闭、左开右闭。( )

163. 机车劈相机启动电阻在劈相机启动后就断开。( )

164. 目前机车用整流机组均采用强迫风冷方式。( )

165. 牵引电机的磁削程度不受限制。( )

五、简 答 题

1. 一般零件图的绘制步骤要求有哪些?
2. 什么叫划线基准?
3. 什么是单层绕组?
4. 提高功率因数的主要措施有哪些?
5. 简述完全退火的目的。
6. 任意对调三相异步电动机的两根电源线为什么能改变电动机的旋转方向?
7. 简述直流电机的特点。
8. 简述直流电机的基本结构。
9. 如何改变直流电动机的转向?
10. 电动机的额定数据有哪些?
11. 三相异步电动机的转子有哪些类型?
12. 什么是双层绕组?
13. 异步电动机启动方法可分为哪两大类?
14. 同步电机的“同步”是什么意思?
15. 何谓异步电动机的额定电流?
16. 简述异步电动机的工作原理。
17. 直流电机电枢绕组断路故障及接错故障怎样检修?
18. 试比较异步电动机直接启动与降压启动的优缺点。
19. 补偿绕组的作用是什么?
20. 常用的硅钢片绝缘漆有哪些?

21. 直流电动机的制动的方法有哪些?

22. 电机中常用绝缘可分几级? 各级允许最高工作温度各是多少?

23. 电机温升试验常用的测量方法有哪些?

24. 怎样监听运行中电动机滚动轴承的响声? 应怎样处理?

25. 异步电动机产生不正常的振动和异常声音,在机械方面的原因一般是什么?

26. 电动机绕组重绕改压的注意事项是什么?

27. 在电气设备上的工作人员,保证安全的组织措施是什么?

28. 简述 YJ85A 型电机端盖的检修过程。

29. 简述 YJ85A 型电机的试验过程。

30. ZD120A 型牵引电动机怎么形成的负压?

31. 简述 ZD120A 型牵引电动机的结构。

32. 什么原因会造成异步电动机"扫膛"?

33. 电动机不能转动的原因主要有哪些方面?

34. 电动机轴承在装配前为什么必须对轴承进行仔细地清洗?

35. 电动机转轴常见故障有哪几种?

36. 电力机车大修规程对电枢轴的检修有哪些要求?

37. ZD120A 型牵引电动机的通风路径是怎样的?

38. ZD120A 型牵引电动机在环境条件或内部出现缺陷时会使换向器表面受到破坏而出现哪些异常现象?

39. 预防直流电机的环火故障有哪些措施?

40. 定子装配主极、换向极校正的基本要求是什么?

41. 刷盒离换向器表面距离远近对电机有何影响?

42. 组装前定子内腔如何清理?

43. 电机换向器的接地故障产生的原因是什么? 怎样修理?

44. 异步发电机温升过高或冒烟的主要原因有哪些? 如何处理?

45. 异步电动机启动时,为什么启动电流大而启动转矩不大?

46. 常用焊接接头有哪些形式?

47. 简述异步电动机的启动方法。

48. 焊缝内部缺陷有哪些? 试分析产生气孔的原因。

49. 直流电机电枢绕组接地故障检查出来后怎样处理?

50. 电动机定子绕组短路故障常采用哪些检查方法?

51. 根据大修规程要求,对电枢应做几次直流泄漏试验? 分别在何时做?

52. 简述刷架的拆卸顺序。

53. 简述前端盖的拆卸顺序。

54. 简述轴承游隙对轴承运转的影响。

55. 怎样测量轴承温度?

56. 为什么要采用中频对绕组进行匝间短路检查?

57. 电机嵌线时常用垫打板有何作用? 通常用何材料制作?

58. 拱式换向器的主要部件有哪些?

59. 电刷装置的作用是什么?

60. 电刷材质的主要要求有哪些?

61. 简述牵引电机的解体拆卸顺序。

62. 简述牵引电机转子与端盖的装配过程。

63. 简述刷架装配的工艺过程。

64. 牵引电机前、后端盖处采用什么密封形式?为什么?

65. 耐压试验的目的是什么?

66. 牵引电机为什么采用分裂式结构的电刷?

67. 试述直流电机空转试验的程序及数据记录。

68. 简述直流电机的出厂试验项目。

69. 简述交流电机的出厂试验项目。

70. 某异步电动机额定电压为220 V/380 V,额定电流为4.7 A/8.49 A,接法为△/Y,请说明该异步电机应怎样连线。

六、综 合 题

1. 如图1所示,在380 V/220 V系统中画出单相负载(220 V)及三相负载(380 V)的接线图。

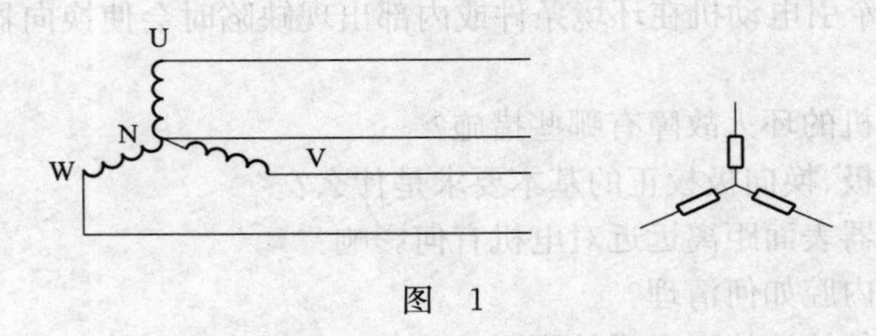

图 1

2. 根据图2两个极相组两路并联图,画出两个极相组串联的接线。

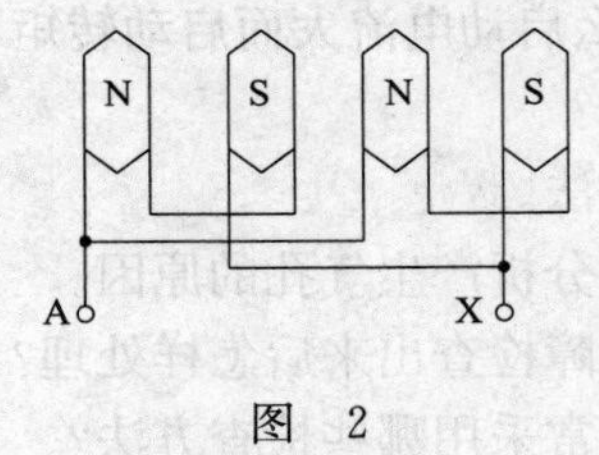

图 2

3. 如图3所示,补画工频高压试验接线图,并标出各试验设备名称。

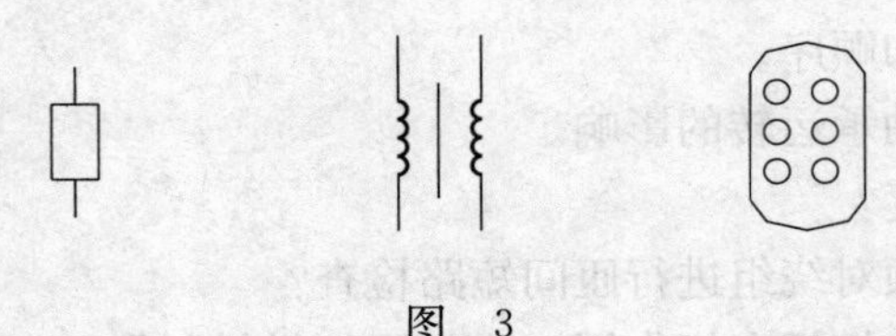

图 3

4. 根据立体图,如图 4 所示,补画三视图。

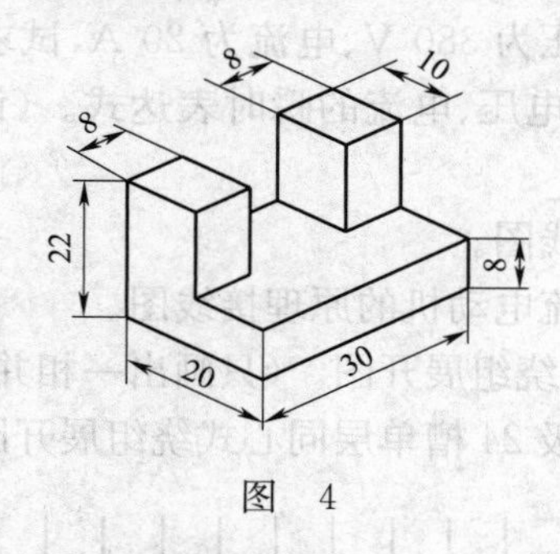

图 4

5. 画出复励直流发电机电路接线示意图。

6. 如图 5 所示,试求电路中各支路电流分别是多少?

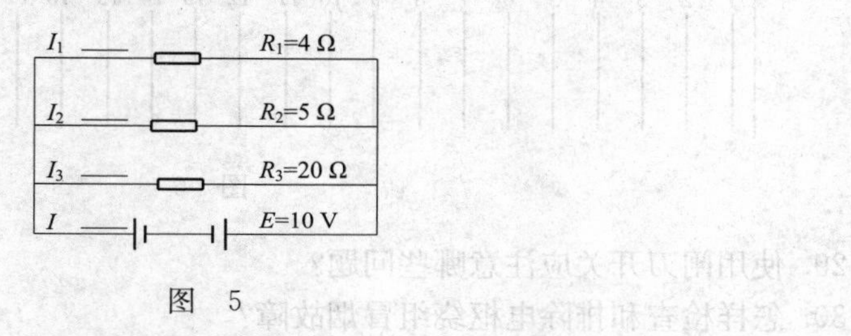

图 5

7. 频率为 50 Hz 的工频交流电,其周期是多少?

8. 有三个阻值均为 $R=5\ \Omega$ 的电阻接于三相四线制电路中,电源线电压为 $U=380$ V,试求各电阻电流大小。

9. 有一块最大量程为 $U_0=250$ V 的电压表,其内阻为 $r_0=250\ 000\ \Omega$,如果想用它测量 450 V 的电压,应采取什么措施才能使用?

10. 某额定功率 $P_N=1.5$ kW 的直流电动机接到 220 V 的直流电源上时,从电源取得的电流 $I=8.64$ A,试求:(1)输入电动机的电功率 P_1 是多少?(2)电动机的效率 η 是多少?(3)功率损耗是多少?

11. 有一台 4 kW、220 V、效率 $\eta_N=84\%$的直流电动机,求电机的额定电流 I_N是多少?

12. 画出功率表测量直流或单相交流电路功率的电路图。

13. 画出用伏安法测量直流电阻(大和小)的两种电路图。

14. 画出直流串励电动机串励接法的空转试验线路。

15. 主极铁芯同心度及内径对电机有什么影响?

16. 主极铁芯不垂直度超差对电机有什么影响?

17. 换向极内径及同心度与电机性能的关系如何?

18. 换向极铁芯与主极铁芯极尖距偏差对电机有何影响?

19. 画出用互感器测量三相交流电流的示意图。

20. 画出开关直接启动三相异步电动机的电路原理图。

21. 电机运转时,轴承温度过高应从哪些方面找原因?

22. 单叠绕组的数据为 $Z_d=Z=K=S=16$,$2P=4$,试计算第一节距 y_1 及第二节距 y_2。

23. 一台带水泵的电动机运行时,消耗电功率为 2.8 kW,每天运行 6 h,试求该电动机在

一个月里将消耗多少电能？（一个月按 30 d 计算）

24. 通过测量某电动机的电压为 380 V、电流为 20 A，试求电压、电流的最大值分别是多少？若电压超前电流 30°，试写出电压、电流的瞬时表达式。（设电源频率为 50 Hz，且电压初相角为 0°）

25. 画出日光灯线路原理接线图。

26. 试绘出电容分相单相交流电动机的原理接线图。

27. 画出 4 极 24 槽单层同心绕组展开图。（只画出一相并标出首尾端头）

28. 请在图 6 上画出三相 2 极 24 槽单层同心式绕组展开图。

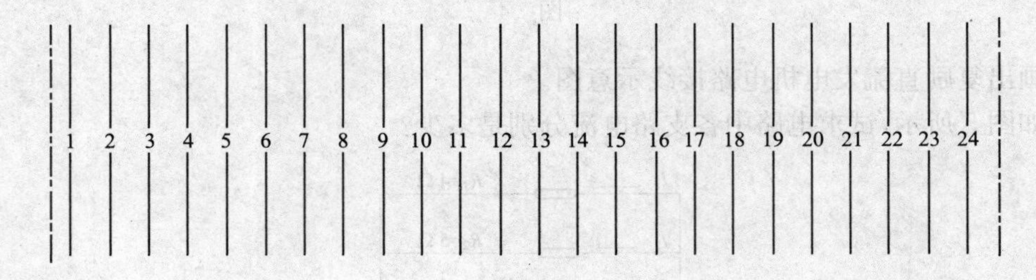

图 6

29. 使用闸刀开关应注意哪些问题？

30. 怎样检查和排除电枢绕组冒烟故障？

31. 低压电动机绕组嵌线前应注意哪些事项？

32. 如何用电阻加热器干燥大型封闭式电动机？

33. 已知：螺栓公称长度 $L=40$ mm，螺纹长度 $L_0=25$ mm，螺纹为普通细牙螺纹，螺纹大径（公称直径）为 12 mm，螺距为 1.5 mm，右旋螺纹端部倒角为 1×45°（即 C_1），请绘出螺栓图并标注。

34. 试画出单臂电桥检测电阻值的电路原理图，并列出计算公式。

35. 为什么直流电动机启动电流会很大？

常用电机检修工(初级工)答案

一、填 空 题

1. 三视图　2. 不带电　3. 串　4. 老化
5. 导体　6. 电路　7. 电源　8. 电阻
9. 串联　10. 正弦交流电　11. 周期　12. 增大
13. 超前　14. 落后　15. 瞬时　16. 周期
17. 方向　18. 脉动直流电　19. 三相鼠笼式　20. 正比
21. 三相三线　22. 磁　23. 准确度　24. 电磁感应
25. 开口　26. 40%　27. 自锁　28. 强迫外通风
29. 绝缘轴承　30. 正常允许　31. 输出　32. 表面
33. 相等　34. 冷轧　35. 越小　36. 复叠绕组
37. 组合　38. 转向架　39. 六　40. 权利
41. 电能转换成机械能　42. 预防　43. 持证　44. 电伤
45. 灭火器　46. 机械能转换成电能　47. 叠片　48. 小
49. 等于　50. 8　51. 变换　52. 机械
53. 短路　54. 飞弧　55. 低　56. n_1-n_2
57. 旋转　58. 750　59. 大　60. 越慢
61. 1/3～2/3　62. 有效　63. 参考点　64. 初相角
65. 电枢线圈出槽口处　66. 绝缘受潮　67. 星形　68. 线
69. 负载　70. 额定电压　71. 小时定额　72. 端电压
73. 线　74. 磁场强度　75. 长距　76. 畸变
77. 机械　78. $0<S\leqslant 1$　79. 0.5　80. 启动
81. 等于　82. 过载保护　83. 启动　84. 降压
85. 小　86. 直流　87. 由大变小　88. 电容
89. 电阻　90. 保持一定间隙　91. 对齐　92. 轴承
93. 绝缘　94. 可追溯　95. 打钢印号　96. 观察孔
97. 端盖油槽　98. 120°　99. 端盖变形　100. 铁芯损耗
101. B　102. 磁粉探伤　103. 外径千分尺　104. 内径千分尺
105. 下降　106. 断环　107. 空载　108. 1 500
109. 12　110. 迷宫式　111. 能量转换　112. 笼条断裂
113. 感应法　114. 相间　115. 相同　116. 游标卡尺
117. 0.6　118. 2～4　119. 朝外　120. 压入
121. 感应加热　122. 锂基　123. 较大　124. 径向

125. 短路　126. 增大　127. 几何尺寸　128. 预烘
129. 压线板　130. 电机功率　131. 平绕　132. 对地
133. 加强　134. 电晕现象　135. 温度　136. 60 ℃～70 ℃
137. 5 MΩ　138. 空载　139. 基准　140. 三相不对称绕组
141. 三相交流电　142. 910 V　143. 振动　144. 940 A
145. 400　146. 温升　147. 强迫通风　148. 金属
149. 零　150. 机械　151. —　152. ～
153. ≂　154. 1 840　155. 七　156. 弹簧压力
157. ±0.2%　158. ±1%　159. 电磁感应　160. 并联
161. 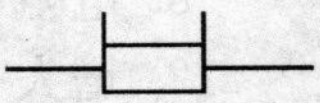　162.  I >　163. 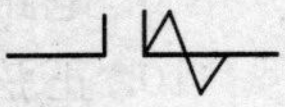　164. 
165. 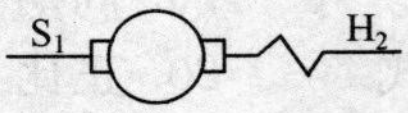 S_1 H_2

二、单项选择题

1. C　2. B　3. B　4. A　5. B　6. A　7. A　8. C　9. B
10. A　11. C　12. B　13. D　14. A　15. C　16. B　17. A　18. B
19. D　20. A　21. D　22. A　23. A　24. B　25. D　26. B　27. C
28. A　29. B　30. B　31. C　32. A　33. B　34. A　35. B　36. B
37. D　38. D　39. D　40. A　41. D　42. C　43. B　44. A　45. C
46. D　47. A　48. C　49. A　50. A　51. C　52. A　53. C　54. D
55. B　56. C　57. A　58. D　59. A　60. D　61. A　62. A　63. C
64. A　65. C　66. C　67. C　68. D　69. D　70. A　71. C　72. C
73. A　74. B　75. D　76. A　77. C　78. D　79. B　80. B　81. B
82. A　83. A　84. A　85. C　86. C　87. A　88. A　89. D　90. B
91. B　92. B　93. C　94. A　95. A　96. B　97. C　98. C　99. C
100. B　101. B　102. D　103. C　104. B　105. B　106. A　107. B　108. A
109. D　110. B　111. A　112. D　113. B　114. D　115. B　116. D　117. D
118. C　119. C　120. D　121. C　122. A　123. D　124. C　125. C　126. A
127. D　128. B　129. A　130. B　131. A　132. B　133. D　134. B　135. C
136. C　137. A　138. D　139. C　140. A　141. A　142. C　143. B　144. D
145. A　146. A　147. B　148. B　149. C　150. C　151. C　152. A　153. D
154. C　155. C　156. A　157. B　158. C　159. B　160. A　161. C　162. A
163. A　164. C　165. A

三、多项选择题

1. ABC　2. CD　3. ABCD　4. BC　5. ABC　6. ABCD　7. ABD
8. ABC　9. BCD　10. AB　11. ABC　12. AB　13. ABD　14. ABC
15. ABC　16. BD　17. ABCD　18. ABD　19. AB　20. ABC　21. ABC

22. AB　23. AB　24. ABD　25. ACD　26. ABD　27. BCD　28. ABCD
29. BCD　30. ABCD　31. AD　32. ACD　33. ABCD　34. ABCD　35. CD
36. ABCD　37. AB　38. ABC　39. CD　40. ABCD　41. BC　42. ABC
43. AD　44. ABD　45. ABCD　46. BD　47. ACD　48. ABCD　49. ABCD
50. AD　51. ABCD　52. ABC　53. ABD　54. ABCD　55. ABCD　56. ABC
57. BC　58. ABCD　59. ABD　60. AC　61. CD　62. ABCD　63. ABC
64. BC　65. BC　66. ABCD　67. ABCD　68. ABCD　69. ABCD　70. BCD
71. BCD　72. ABCD　73. BCD　74. AC　75. ABD　76. ABCD　77. ABCD
78. ABCD　79. ACD　80. AB　81. ABCD　82. AC　83. CD　84. BC
85. AC　86. ABCD　87. BD　88. AB　89. CD　90. ABCD　91. ABD
92. BCD　93. ABD　94. ACD　95. BC　96. ABCD　97. ABC　98. ABCD
99. ABCD　100. ABCD

四、判 断 题

1. √　2. ×　3. ×　4. ×　5. √　6. √　7. √　8. √　9. √
10. √　11. ×　12. √　13. ×　14. ×　15. √　16. ×　17. √　18. √
19. √　20. √　21. √　22. √　23. ×　24. √　25. √　26. √　27. ×
28. √　29. ×　30. √　31. ×　32. ×　33. ×　34. ×　35. ×　36. ×
37. √　38. ×　39. √　40. √　41. ×　42. √　43. √　44. ×　45. ×
46. √　47. ×　48. √　49. √　50. √　51. √　52. ×　53. √　54. √
55. ×　56. √　57. √　58. ×　59. ×　60. ×　61. √　62. √　63. ×
64. ×　65. √　66. ×　67. ×　68. ×　69. ×　70. ×　71. ×　72. √
73. √　74. ×　75. ×　76. √　77. √　78. √　79. √　80. ×　81. ×
82. ×　83. √　84. √　85. √　86. √　87. √　88. √　89. ×　90. ×
91. ×　92. ×　93. ×　94. ×　95. ×　96. √　97. √　98. √　99. ×
100. √　101. ×　102. √　103. √　104. √　105. √　106. √　107. √　108. √
109. √　110. √　111. ×　112. ×　113. √　114. √　115. ×　116. √　117. √
118. √　119. ×　120. √　121. √　122. √　123. √　124. √　125. √　126. ×
127. √　128. ×　129. √　130. √　131. √　132. √　133. √　134. √　135. √
136. ×　137. √　138. ×　139. √　140. √　141. √　142. √　143. √　144. ×
145. √　146. √　147. ×　148. √　149. √　150. √　151. ×　152. √　153. ×
154. √　155. √　156. √　157. √　158. √　159. ×　160. ×　161. √　162. √
163. √　164. √　165. ×

五、简 答 题

1. 答:(1)应从主视图入手,先画主要部分后画次要部分(1 分);(2)先画可见部分,后画不可见部分(1 分);(3)先画圆和圆弧,再画直线(1 分);(4)先用细线打底稿轻描,检查确认无误后,清洁图面后按标准线型加粗描深(2 分)。

2. 答:划线时用来确定零件上其他点、线、面位置的依据称为划线基准(5 分)。

3. 答:单层绕组是在每个槽中只放置一个线圈边,由于一个线圈有两个边,故电机的总线圈数即为总槽数的一半(5分)。

4. 答:(1)合理使用感应电动机和变压器,使其达到合理运行(2分);(2)采用同步电动机,使其运行于过励状态(2分);(3)采用电容器进行人工补偿(1分)。

5. 答:完全退火的目的是在加热过程中使钢的组织全部转变为奥氏体(2分),在冷却过程中奥氏体转变为细小而均匀的平衡组织,从而降低钢的强度,细化晶粒,充分消除内应力(3分)。

6. 答:异步电动机的旋转磁场方向是由三相绕组中电流的相序决定的(2分)。任意对调两根电源线就是改变了电流的相序,也即改变旋转磁场的方向,转子方向也随之改变(3分)。

7. 答:直流电动机是将直流电能转变为机械能输出,具有良好的启动性和调速性能,是交流异步电动机所不可比拟的,因而在生产机械中得到比较广泛的应用(2分)。直流发电机作为主要的直流电源,具有过载能力较强、调节电压较方便等特点,所以在需要大功率的场合应用较多。近年来由于硅整流技术的发展,不少地方已采用硅整流设备来替代直流发电机(3分)。

8. 答:直流电机包括定子和转子两大部分(1分)。定子由主磁极、换向极、机座与端盖以及电刷装置四大部分组成(2分)。转子由电枢铁芯、电枢绕组、换向器三大部分组成(2分)。

9. 答:改变直流电动机转向的方法:(1)改变电枢绕组电流方向(2分);(2)改变励磁绕组电流方向(2分)。两者只可改变其一,如果都改变,则转向不变(1分)。

10. 答:(1)额定小时功率(1分);(2)额定连续功率(1分);(3)额定电压(1分);(4)额定电流(1分);(5)额定转速(1分)。

11. 答:三相异步电动机的转子可分为鼠笼式和绕线式两种类型(5分)。

12. 答:双层绕组是在每个槽中放置两个线圈边,中间隔有层间绝缘,每个线圈的两个边,一个在某槽的上层,另一个则在其他槽的下层,故双层绕组的总线圈数等于总槽数(5分)。

13. 答:直接启动与降压启动(5分)。

14. 答:同步是指电枢绕组流过电流后,将在气隙中形成一旋转磁场,而该磁场的旋转方向及旋转速度均与转子转向、转速相同,故因二者同步而得名(5分)。

15. 答:额定电流是指电动机在额定工作状况下运行时,定子线端输入的电流即为定子线电流。如果铭牌上有两个电流数据,则表示定子绕组在两种不同接法下的输入电流(5分)。

16. 答:当电枢(定子)绕组通入三相对称交流电流时,便产生了旋转磁场,闭合的转子绕组与旋转磁场存在相对运动,切割电枢磁场而感应电动势产生电流,转子电流的有功分量与电枢磁场相互作用形成电磁转矩,推动转子沿旋转磁场相同的方向运动(5分)。

17. 答:(1)电枢绕组断路时可采用电压检查法(2分)。(2)电枢绕组接错,用毫伏表检查换向片间的电压即可确定接错的绕组,用毫伏表测量两换向片间的电压,若毫伏表指针反转,表明两换向片间绕组接反;若毫伏表指针时动时不动,无一定的规律,则表明接线严重错误,应将所有的绕组重新接线(3分)。

18. 答:直接启动的设备与操作均简单,但启动电流大,对电机本身以及同一电源提供的其他电气设备,将会因为大电流引起电压下降过多而影响正常工作,在启动电流以及电压下降许可的情况下,对于异步电动机尽可能采用直接启动方法。降压启动电流小,但启动转矩也大幅下降,故一般适用于轻、空载状态下启动,同时降压启动还需增加设备设施的投入,也增加了操作的复杂程度(5分)。

19. 答:补偿绕组的作用在于尽可能地消除由于电枢反应所引起的气隙磁场的畸变,从而减小最大片间电压的数值和改善电机的电位特性(5分)。

20. 答:常用品种有:油性漆(1分)、醇酸漆(1分)、环氧酚醛(1分)、有机硅漆(1分)和聚酯胺酰亚胺漆(1分)。

21. 答:有能耗制动(2分)、反接制动(2分)、反馈制动(1分)等三种方法。

22. 答:有七级,Y、A、E、B、F、H、C(2分)。它们的允许最高工作温度分别为95 ℃、105 ℃、120 ℃、130 ℃、155 ℃、180 ℃、180 ℃以上(3分)。

23. 答:有四种(1分):温度计法、电阻法、埋置检温计法、红外线测温法(4分)。

24. 答:监听运行中电动机滚动轴承的响声可用一把螺钉旋具,尖端抵在轴承外盖上,耳朵贴近螺钉旋具木柄,监听轴承的响声(1分)。如滚动体在内、外圈中有隐约的滚动声,而且声音单调而均匀,使人感到轻松,则说明轴承良好,电机运行正常(2分)。如果滚动体声音发哑,声调低沉则可能是润滑油脂太脏或有杂质侵入,故应更换润滑油脂,清洗轴承(2分)。

25. 答:(1)电动机风叶损坏或螺丝松动,造成风叶与端盖碰撞,它的声音随着进击声时大时小(1分);(2)轴承磨损或转子偏心严重时,定、转子相互摩擦,使电机产生剧烈振动或有磁振声(1分);(3)电动机地脚螺丝松动或基础不牢而产生不正常的振动(1分);(4)轴承内缺少润滑油或钢珠损坏,使轴承室内发出异常的"嗞嗞"声或"咯咯"声响(2分)。

26. 答:电动机绕组重绕改压时,须使电机的绝缘在改压后能保证安全运行,绕组的电流密度尽可能保持原数,每线匝所承受的电压维持不变(5分)。

27. 答:保证安全的组织措施有:(1)工作票制度(1分);(2)工作许可制度(1分);(3)工作监护制度(1分);(4)工作间断、转移和终结制度(2分)。

28. 答:(1)检查端盖的螺栓孔、油槽等状况良好,端盖有裂纹,允许焊修加固处理(2分);(2)端盖轴承安装孔座或内油封磨损拉伤时,可用金属喷涂或电刷镀方法修复,恢复至原形尺寸(3分)。

29. 答:(1)空转试验:电机在50 Hz正弦、1 500 V电源驱动下,正、反转各30 min,测量轴承温升不超过35 K(2分);(2)热态绝缘电阻测定:用1 000 V兆欧表测量定子绕组对地绝缘电阻应不低于10 MΩ,用500 V兆欧表测量定子对转轴绝缘电阻应不低于5 MΩ(2分);(3)电机检修各项数据均按检修记录表要求详细记录(1分)。

30. 答:电机运行时,由于转子转动,特别是电枢绕组后端鼻部的转动,在轴承室附近造成空气外散,而此处前后皆有部件阻隔,空气不能及时补充,形成负压(5分)。

31. 答:ZD120A型牵引电动机主要由定子、转子、电刷装置等部分组成(1分)。(1)定子是磁场的重要通路并支撑电机,由主极、换向极、机座、补偿绕组、端盖、轴承等组成(1分);(2)转子是产生感应电势和电磁转矩以实现能量转换的部件,由电枢铁芯、电枢绕组、换向器和转轴等组成(1分);(3)电刷装置:一是电枢与外电路连接的部件,通过它使电流输入电枢或从电枢输出;二是与换向器配合实现电流换向。电刷装置由电刷、刷握、刷杆、刷杆座和汇流排等组成(2分)。

32. 答:造成电动机"扫膛"的主要原因有:(1)电动机装配时异物遗落留在定子内腔(1分);

(2)绕组绝缘损坏后的焚落物进入定子与转子间的间隙(2分);(3)由于机械原因造成转子“扫膛”,如轴承损坏、主轴磨损等(2分)。

33. 答:电动机不能转动的原因主要有四个方面:(1)电源方面(1分);(2)启动设备方面(1分);(3)机械故障方面(1分);(4)电动机本身的电气故障(2分)。

34. 答:清洗的目的是:(1)洗去轴承上的防锈剂(2分);(2)洗去轴承中由于不慎而可能进入的脏物、杂物,因为杂物将明显地增大电机的振动与轴承噪声,加速轴承的磨损(3分)。

35. 答:(1)转轴弯曲(1分);(2)键槽磨损(1分);(3)轴承挡磨损(1分);(4)转轴出现裂纹或断裂(2分)。

36. 答:电枢轴不许有裂纹,不准焊修、加套;各配合面不许有锈蚀,配合尺寸须符合图纸要求(5分)。

37. 答:ZD120A型牵引电动机采用强迫通风冷却,冷却空气从换向器端上部进风口进入换向器室,然后分成两路(1分):一路经过换向器表面,通过电枢表面和主极、换向极之间的间隙到传动端(2分);另一路经换向器套筒风道、电枢铁芯通风孔道和电枢后支架的径向及轴向风道到传动端,两路汇合后由后端盖出风口排出(2分)。

38. 答:(1)黑片(1分);(2)条纹和沟槽(1分);(3)电刷轨痕(1分);(4)铜毛刺(1分);(5)电刷表面高度磨光(1分)。

39. 答:(1)采用补偿绕组:解决换向极饱和问题,改善电流换向;抵消横轴电枢反应;有利于抑制电刷火花和片间电弧的扩展;对于无法采用补偿绕组的小型电动机,采用不同心气隙,也可削弱气隙磁场的畸变(1分);(2)改善换向器表面处理质量,加强换向器的维护(1分);(3)限制换向器圆周上单位长度的电位差,并适当降低片间电压(1分);(4)在刷架之间的空间,用耐弧隔板进行挡隔(1分);(5)在线路上装设保护装置:在线路上装设速断保护装置;对并联工作的电动机分别进行保护;采用火花放电器来限制换向器片间电压(1分)。

40. 答:(1)磁极固定螺栓须紧固可靠(2分);(2)装配精度符合图样要求,保证电机性能(3分)。

41. 答:当刷盒离换向器表面距离大时,电刷容易跳动,产生火花(2.5分);距离小时,容易使刷盒和换向器相碰,而且有异物时容易卡住,拉伤换向器(2.5分)。

42. 答:清除定子表面高出铁芯的绝缘物;清除定子配合止口等部位的漆瘤、漆膜;用剪刀剪去烘干后发硬的对地外包绝缘,然后用高压风吹扫干净(5分)。

43. 答:V形云母环尖角端在压装时绝缘损坏或有金属屑、灰尘等未清除干净,都会造成换向器接地故障(2分)。修理时先将击穿烧坏处的斑点、灰尘等清除干净,用云母绝缘材料及虫胶干漆填补,然后用0.25 mm厚的可塑云母板覆贴1～2层,并加热压入。如果换向器接地是因换向片V形角配合不当使压装时绝缘损坏而造成的,则应改变换向片的V形角或者调换V形压环(3分)。

44. 答:异步发电机温升过高或冒烟的主要原因及处理方法:(1)长期过负荷,应调整负荷额定值(1分);(2)定子绕组有接地或短路故障,应检查修复定子绕组(1分);(3)发电机的转动部分与固定部分相摩擦,可检查轴承有无松动及损坏,定子及转子之间有无不良装配,可进行相应修复处理(2分);(4)发电机通风散热不良,清理风道及绕组上的污垢和灰尘,改善通风散热条件(1分)。

45. 答:当异步电动机启动时,由于转子绕组与电枢磁场的相对运动速度最大,所以转子绕组感应电动势与电流均最大，但此时转子回路的功率因数却很小，因而启动转矩不大(5分)。

46. 答：常用焊接接头有对接接头、T形接头、角接接头、搭接接头(5分)。

47. 答：异步电动机主要有鼠笼式和绕线式两大类(1分)，其中鼠笼式异步电动机常用启动方法有直接启动与降压启动，降压启动又分为自耦变压器降压启动、Y形—△形换接启动以及延边三角形启动等(2分)，绕线式异步电动机主要采用转子回路串入适当电阻的启动方法(2分)。

48. 答：焊缝的内部缺陷有气孔、夹渣、未焊透、未熔合、裂纹等(2分)。产生气孔的主要原因是：焊材潮湿或烘干温度不够；母材表面有油污、水锈等污物；电弧太长、焊条质量不良等(3分)。

49. 答：绕组接地多发生在槽底或槽口，一般是由于槽绝缘破裂或铁芯叠片在某处戳入线圈而造成的。如果故障点明显可见，重新加绝缘或调整铁芯叠片位置即可(2分)；若故障点在槽底，则需要重绕绕组(1分)，另外也可采取应急办法，将接地绕组的引线从换向片上拆下，再将原来接绕组的换向片短路，但这种方法的缺点是电动机的额定功率有所降低(2分)。

50. 答：(1)外部检查法(1分)；(2)兆欧表检查法(1分)；(3)电流平衡检查法(1分)；(4)短路侦察器检查法(2分)。

51. 答：做两次直流泄漏试验，解体拆出电枢后做一次，电枢清洗烘干后再做一次(5分)。

52. 答：(1)卸下换向极及接线盒与刷架间的软编绕线的连接螺栓(1分)；(2)用专用扳手松开刷架紧固螺母，并顺时针方向拧动刷架双头紧固螺栓，使刷架收紧到合适程度(1分)；(3)拔出刷架定位销，并旋转90°(1分)；(4)从观察孔拔出所有电刷(1分)；(5)在刷架上套挂钢丝绳，用天车将其吊出放置在检修台上，吊出时要平稳，以防损伤换向器面(1分)。

53. 答：(1)拆除所有扇形盖板(1分)；(2)在后轴端装上护轴用的轴颈顶套，用两个螺栓将专用挡板紧固(1分)；(3)将电机吊至翻转台，使其前端朝上，垂直平放(1分)；(4)松开前端盖，紧固螺栓，并用四个端盖螺栓拧入顶丝孔内，对称均匀拧紧，使端盖上口分离，拧上吊环，吊下前端盖(2分)。

54. 答：轴承游隙太小，会使运转中的轴承发热，内圈外圈温度升高，吃掉原来间隙，轴承发热烧损(2.5分)；轴承间隙太大，受力滚子少，受力情况不均匀，轴承提前损坏，而且电机振动大、噪声大(2.5分)。

55. 答：轴承温度可用埋置检温计法或红外线测温仪等方法进行测量(2分)。测量时，应保证检温计与被测部位之间有良好的热传递，所有气隙应以导热涂料填充(3分)。

56. 答：由于绕组的电感和电阻是定值，而且很小(2分)。采用中频的目的就是为了在不加大电流的情况下提高加在绕组上的试验电压(3分)。

57. 答：垫打板是在绕组嵌线和嵌完线后对线圈整形的工具，它能保护绕组绝缘不致在嵌线和整形时损伤(4分)。垫打板通常用硬木材料制成(1分)。

58. 答：拱式换向器的主要部件包括换向片、云母片、V形云母环、绝缘套筒、换向器套筒、压圈和紧固螺栓等(5分)。

59. 答：电刷装置的作用是通过电刷和换向器工作表面的滑动接触，将转动的电枢绕组与外电路连接起来(5分)。

60. 答：对电刷材质的主要要求是：电阻率高、换向性能好、润滑性能好、机械强度高和磨损小(5分)。

61. 答:(1)拆卸外油封,用专用工具将两端封环分别取下(1分);(2)拆前端轴承外盖(0.5分);(3)拆前端盖(0.5分);(4)拆刷架装置(0.5分);(5)吊出电枢(0.5分);(6)拆卸后端盖及其轴承外盖(1分);(7)用专用工具分别将两端盖轴承外圈及轴承内盖压出(1分)。

62. 答:(1)吊定子至翻转台,使其后端朝上,垂直放于基座(1分);(2)用吊环将后端盖吊至机座上,按记号对入止口,对称均匀拧紧紧固螺栓,使其止口贴合(1分);(3)装轴承外盖,用螺栓紧固(1分);(4)将电机在翻转台上翻180°,使前端朝上(1分);(5)用翻转靴吊起电枢,缓缓放入定子内,不得碰伤绝缘和轴承(1分)。

63. 答:(1)将刷架圈放在刷据校正模上,然后装上刷据和刷座,调整刷盒底面至刷架距离达到图纸要求,插入通止规校正等分度,调整刷盒底面至校正模外圆的距离为321 mm,上述校正在刷架张紧状态下进行(2分);(2)装电刷固定刷辫,研磨碳刷(1分);(3)安装刷架联线,固定联线卡子(1分);(4)对地耐压,工频电压试验(1分)。

64. 答:牵引电机前、后端盖处采用迷宫式密封结构(1分),其原因是电机转动时,由于转动部分特别是电枢绕组端接部分的抽风作用,使电机内部轴承室附近的气压低于大气压,这种负压作用会把齿轮箱内的润滑油吸入电机的轴承室,并进一步窜入电机内部,玷污电机,损害电机绝缘并使轴承发热(4分)。

65. 答:通过耐压试验可以鉴定部件的绝缘性能是否符合运行要求(3分),同时耐压试验还可以帮助寻找绝缘击穿点(2分)。

66. 答:采用分裂式结构的电刷,两电刷间的接触电阻将使换向元件短路回路的总电阻增大,从而减小换向元件内的附加换向电流,改善换向(5分)。

67. 答:(1)首先选择合适的直流电源(1分);(2)直流电机按串励或他励方式连线(1分);(3)逐步升高直流电压,使直流电机转速达到最高值,电机正转运行30 min(1分);(4)改变电机励磁方向(即对调励磁绕组接线),使电机反转30 min(1分);(5)检测并记录电机最高速时的电流、电压、轴承温升等数据(1分)。

68. 答:直流电机的出厂试验项目有:(1)绕组对机壳及相互间绝缘电阻测定(0.5分);(2)冷态直流电阻测定(0.5分);(3)空载试验(0.5分);(4)小时温升试验(1分);(5)换向试验(0.5分);(6)超速试验(0.5分);(7)速率特性试验(0.5分);(8)交流耐压试验(0.5分);(9)匝间耐压试验等(0.5分)。

69. 答:交流电机的出厂试验项目主要有:(1)绕组绝缘电阻测定(0.5分);(2)绕组直流电阻测量(0.5分);(3)短路电流和损耗测量(1分);(4)空载电流和空载损耗的测量(1分);(5)定子绕组匝间绝缘介电强度试验(1分);(6)定子绕组对机壳及相互间绝缘介电强度试验等(1分)。

70. 答:这表明对不同的电源电压,应采用不同的接线方式(1分)。若电源电压为220 V,电动机则应接成△形,此时电流为4.7 A(2分);若电源电压为380 V,则应接成Y形接法,这时电流为8.49 A(2分)。

六、综 合 题

1. 答:如图1所示。(10分)

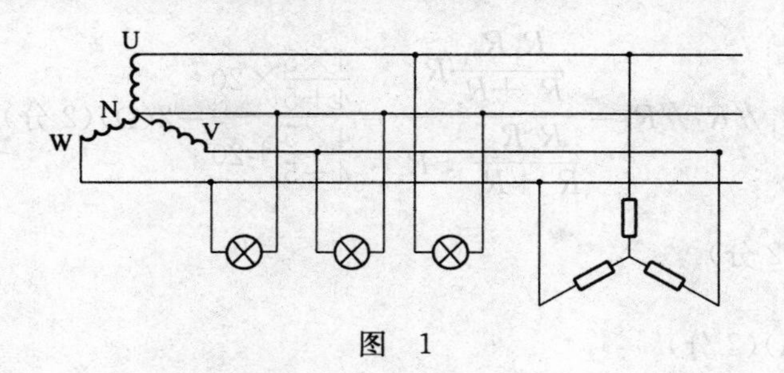

图 1

2. 答:如图 2 所示。(10 分)

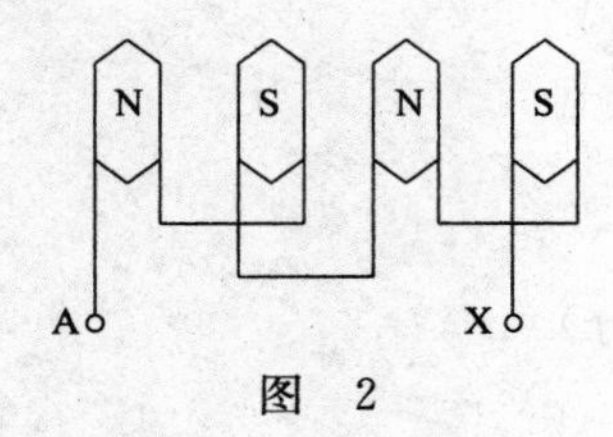

图 2

3. 答:如图 3 所示。(10 分)

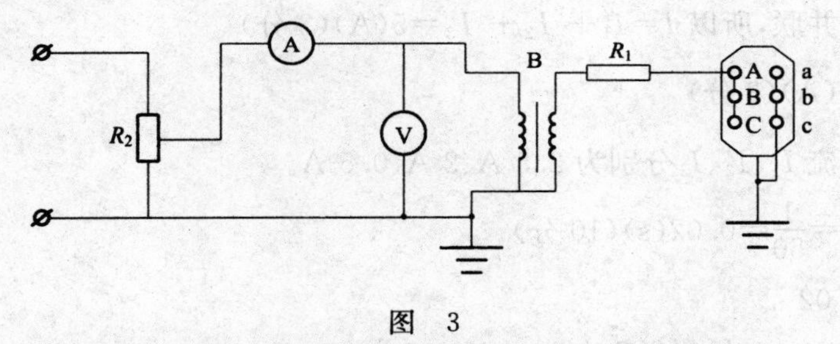

图 3

R_1—限流电阻;R_2—变阻器;Ⓐ—电流表;Ⓑ—试验变压器;Ⓥ—电压表

4. 答:如图 4 所示。(10 分)

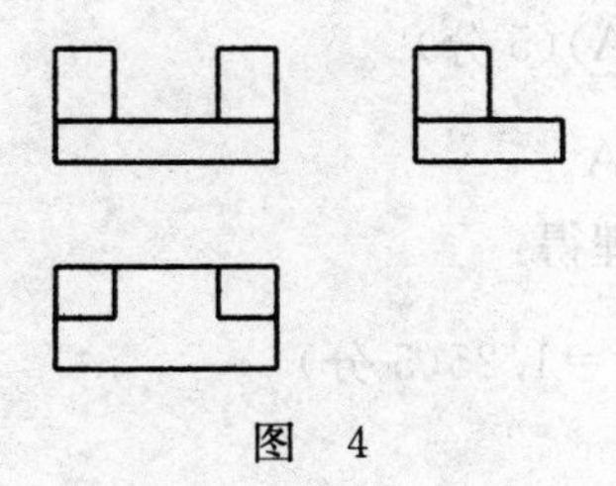

图 4

5. 答:如图 5 所示。(10 分)

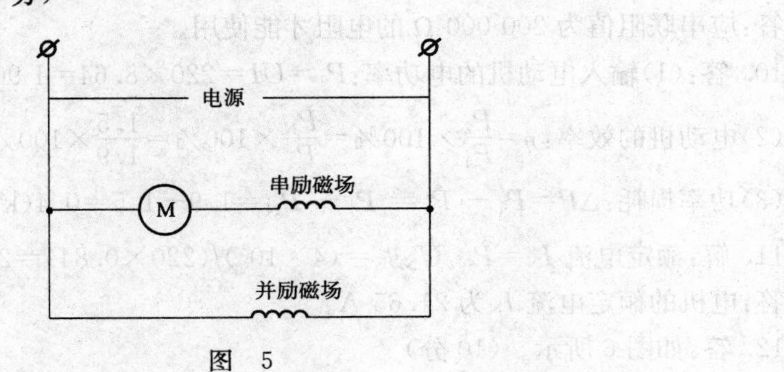

图 5

6. 解一：$R_{\Sigma}=R_1/\!/R_2/\!/R_3=\dfrac{\dfrac{R_1R_2}{R_1+R_2}R_3}{\dfrac{R_1R_2}{R_1+R_2}+R_3}=\dfrac{\dfrac{4\times5}{4+5}\times20}{\dfrac{4\times5}{4+5}+20}=2(\Omega)$(2 分)

$I=\dfrac{E}{R_{\Sigma}}=5(\mathrm{A})$(2 分)

$I_1=\dfrac{E}{R_1}=2.5(\mathrm{A})$(2 分)

$I_2=\dfrac{E}{R_2}=2(\mathrm{A})$(2 分)

$I_3=\dfrac{E}{R_3}=0.5(\mathrm{A})$(2 分)

解二： $I_1=\dfrac{E}{R_1}=2.5(\mathrm{A})$(2 分)

$I_2=\dfrac{E}{R_2}=2(\mathrm{A})$(2 分)

因 R_1、R_2、R_3 并联，所以 $I=I_1+I_2+I_3=5(\mathrm{A})$(3 分)

$I_3=\dfrac{E}{R_3}=0.5(\mathrm{A})$(3 分)

答：各支路电流 I_1、I_2、I_3 分别为 2.5 A、2 A、0.5 A。

7. 解：$T=\dfrac{1}{f}=\dfrac{1}{50}=0.02(\mathrm{s})$(10 分)

答：周期为 0.02 s。

8. 解：相电压 $U_{\mathrm{ph}}=\dfrac{U}{\sqrt{3}}=\dfrac{380}{\sqrt{3}}\approx220(\mathrm{V})$(5 分)

相电流 $I_{\mathrm{ph}}=\dfrac{U_{\mathrm{ph}}}{R}=\dfrac{220}{5}\approx44(\mathrm{A})$(5 分)

答：各电阻电流大小均为 44 A。

9. 解：据串联电路的分压原理得：

$\dfrac{r_0}{R_c}=\dfrac{U_0}{U_c}=\dfrac{U_0}{U-U_0}=\dfrac{250}{450-250}=1.25$(5 分)

$R_c=\dfrac{r_0}{1.25}=\dfrac{250\ 000}{1.25}=200\ 000(\Omega)$(5 分)

答：应串联阻值为 200 000 Ω 的电阻才能使用。

10. 答：(1)输入电动机的电功率：$P_1=UI=220\times8.64=1\ 900.8(\mathrm{W})\approx1.9(\mathrm{kW})$(3 分)

(2)电动机的效率：$\eta=\dfrac{P_2}{P_1}\times100\%=\dfrac{P_N}{P_1}\times100\%=\dfrac{1.5}{1.9}\times100\%\approx78.95\%$(3 分)

(3)功率损耗：$\Delta P=P_1-P_2=P_1-P_N=1.9-1.5=0.4(\mathrm{kW})$ (4 分)

11. 解：额定电流 $I_N=P_N/U_N\eta_N=(4\times10^3)/(220\times0.84)=21.65(\mathrm{A})$(10 分)

答：电机的额定电流 I_N 为 21.65 A。

12. 答：如图 6 所示。(10 分)

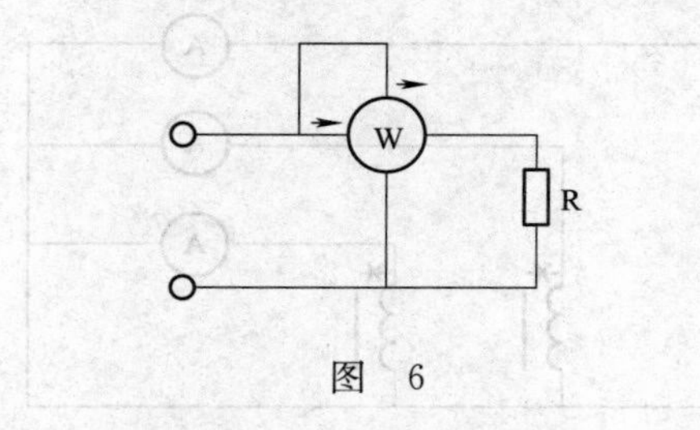

图　6

13. 答:测量大电阻的电器图如图 7(a)所示(5 分),测量小电阻的电路图如图 7(b)所示(5 分)。

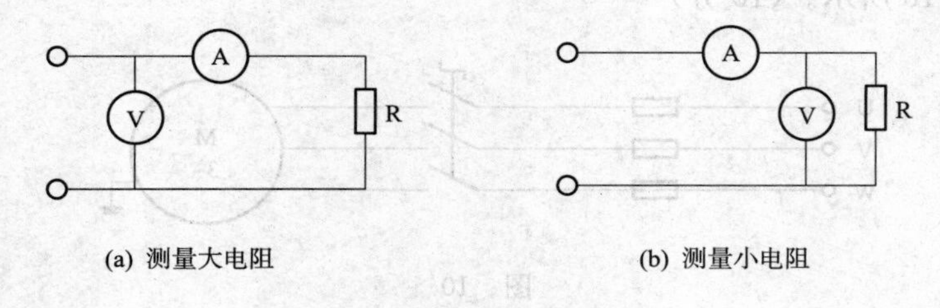

图　7

14. 答:如图 8 所示。(10 分)

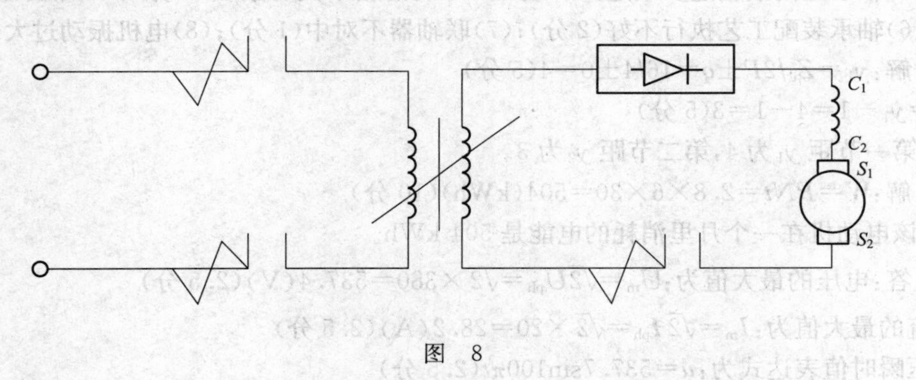

图　8

15. 答:内径大,则气隙大,电机速率偏高,内径小,则相反,而且主极气隙过大过小都会产生电枢反应的变化,使换向极补偿性能变差,换向火花增大(5 分)。同心度偏差过大时,电机气隙不均匀,主磁场不对称,电枢支路电流分配不均,换向恶化,而且造成单边磁拉力,使电机振动加剧,轴承受力情况变坏(5 分)。

16. 答:主极配装时,主极铁芯侧面对机座端面的不垂直度要求不大于 0.5 mm(3 分)。如果主极装配歪斜,不垂直度超差,会使电机中性区变窄,电机换向恶化(7 分)。

17. 答:控制换向极内径及同心度,是为了控制换向极气隙的偏差。换向极气隙大,则换向极补偿偏弱;气隙过小,则换向极补偿强。换向极补偿强与弱都会使换向恶化(10 分)。

18. 答:如果换向极不是装在主极中间,偏差大时,换向极偏离中性区,换向极补偿性能变差,而且离主极太近时,漏磁增加,都使换向恶化(10 分)。

19. 答:如图 9 所示。(10 分)

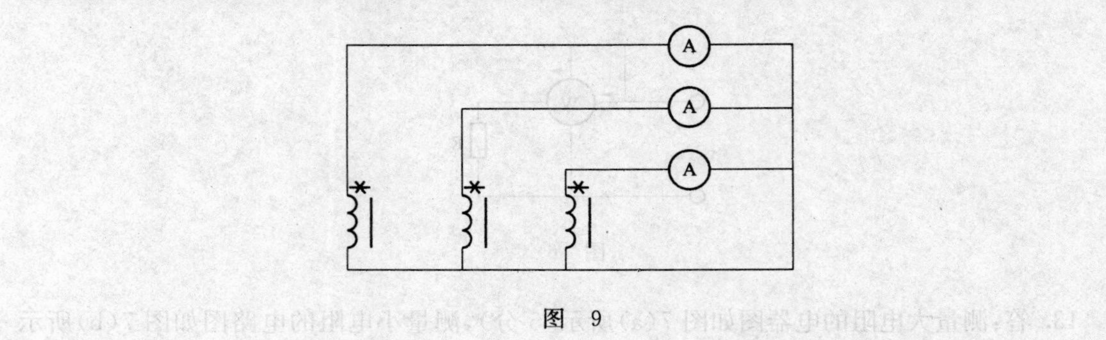

图 9

20. 答:如图 10 所示。(10 分)

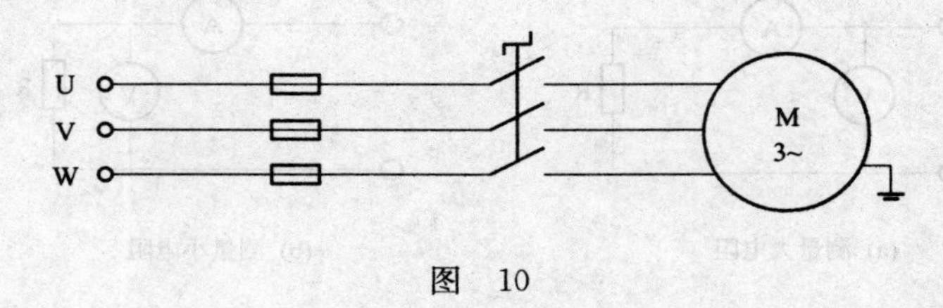

图 10

21. 答:应从下述方面找原因:(1)润滑脂牌号不合适(1 分);(2)润滑脂质量不好或变质(1 分);(3)轴承室内油脂过多或过少(1 分);(4)润滑脂中夹有杂质(1 分);(5)轴承质量不好(2 分);(6)轴承装配工艺执行不好(2 分);(7)联轴器不对中(1 分);(8)电机振动过大(1 分)。

22. 解:$y_1=Z_d/2P\pm q=16/4\pm 0=4$(5 分)

$y_2=y_1-1=4-1=3$(5 分)

答:第一节距 y_1 为 4,第二节距 y_2 为 3。

23. 解:$W=PNt=2.8\times 6\times 30=504$(kWh)(10 分)

答:该电动机在一个月里消耗的电能是 504 kWh。

24. 答:电压的最大值为:$U_m=\sqrt{2}U_{ph}=\sqrt{2}\times 380=537.4$(V)(2.5 分)

电流的最大值为:$I_m=\sqrt{2}I_{ph}=\sqrt{2}\times 20=28.2$(A)(2.5 分)

电压瞬时值表达式为:$u=537.7\sin 100\pi t$(2.5 分)

电流瞬时值表达式为:$i=28.2\sin(100\pi t+30°)$(2.5 分)

25. 答:日光灯一般形式接线如图 11 所示。(10 分)

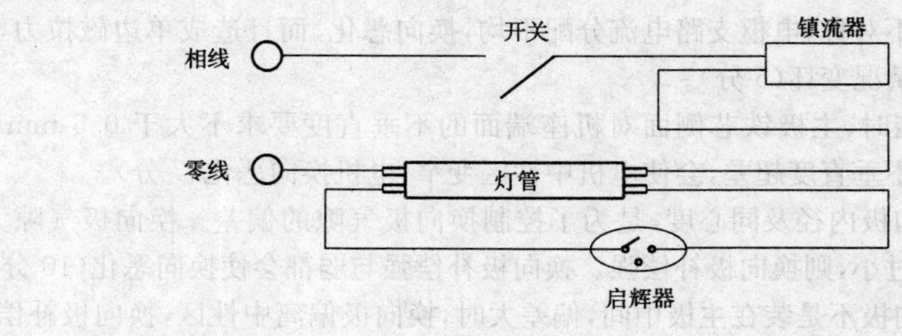

图 11

26. 答:电容分相单相交流电动机的原理接线图如图 12 所示。(10 分)

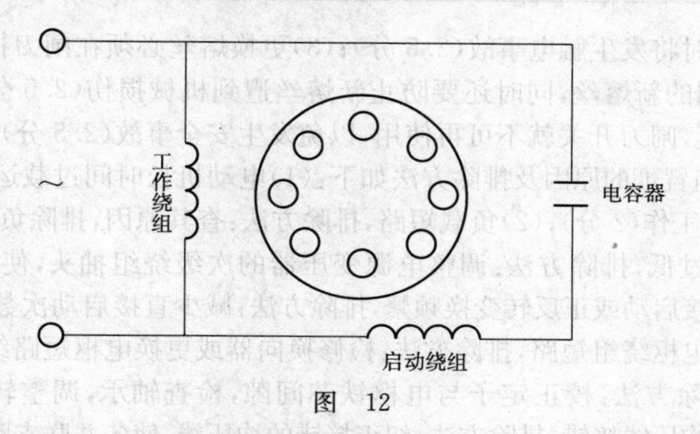

图 12

27. 答:4 极 24 槽单层同心绕组展开图如图 13 所示。(10 分)

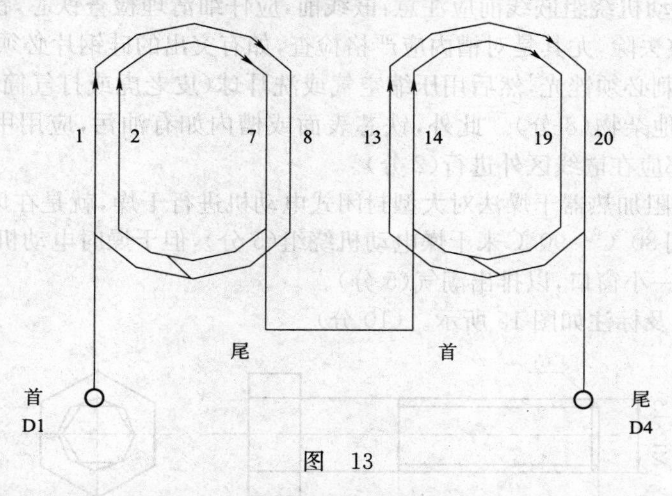

图 13

28. 答:三相 2 级 24 槽单层同心式绕组展开图如图 14 所示。(10 分)

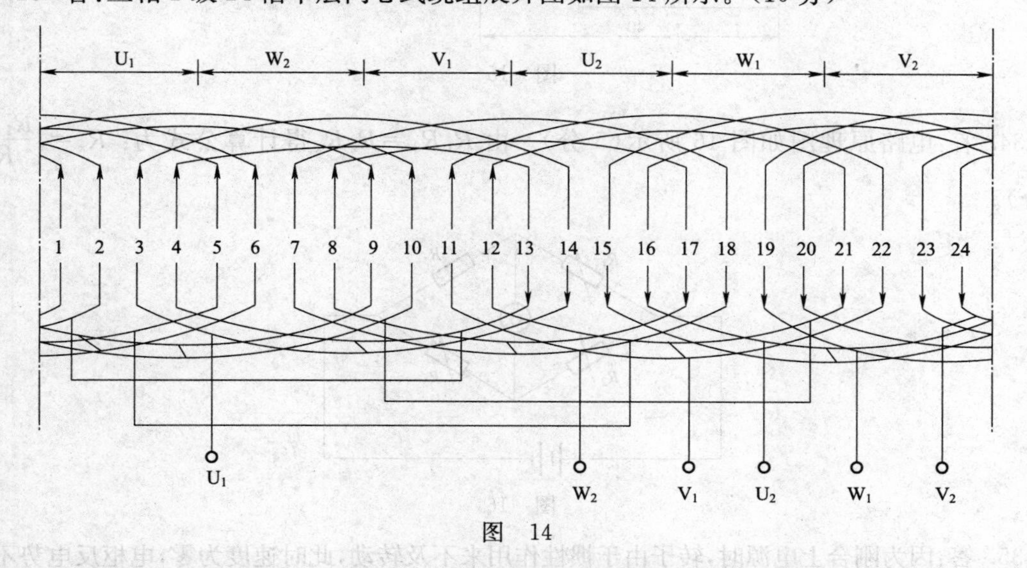

图 14

29. 答:使用闸刀开关时,应注意:(1)将它垂直地安装在控制屏或开关板上,决不允许漫不经心地任意搁置,这会很不安全(2.5 分);(2)进线座应在上方,接线时不能把它与出线座接反，否则在更换熔丝时将发生触电事故(2.5 分)；(3)更换熔丝必须在闸刀拉开后进行，并换上与原用熔丝规格相同的新熔丝，同时还要防止新熔丝遭到机械损伤(2.5 分)；(4)若胶盖和瓷底座损坏或胶盖失落，闸刀开关就不可再使用，以免发生安全事故(2.5 分)。

30. 答：电枢绕组冒烟的原因及排除方法如下：(1)电动机长时间过载运行，排除方法：控制电动机在额定负载下工作(2 分)；(2)负载短路，排除方法：查其原因，排除负载短路故障(1 分)；(3)电动机电源电压过低，排除方法：调整电源变压器的次级绕组抽头，使电源电压为额定值(2 分)；(4)电动机直接启动或正反转变换频繁，排除方法：减少直接启动次数及正反转变换次数(2 分)；(5)换向器或电枢绕组短路，排除方法：检修换向器或更换电枢短路绕组(1 分)；(6)定子与电枢铁芯相擦，排除方法：校正定子与电枢铁芯间隙，检查轴承，调整转轴，使其气隙均匀(1 分)；(7)电枢绕组均压线接错，排除方法：纠正接错的均压线，使各并联支路电流均匀(1 分)。

31. 答：低压电动机绕组嵌线前应注意：嵌线前，应仔细清理检查铁芯，铁芯内圆表面如有突出处，应加以修整去除，尤其是对槽内应严格检查，如有突出的硅钢片必须锉平或铲平，铁芯槽口如有不平或毛刺必须锉光，然后用压缩空气或洗耳球(皮老虎或打气筒等)吹去铁芯表面和槽内的铁屑和其他杂物(8 分)。此外，铁芯表面或槽内如有油污，应用甲苯或酒精擦除干净，而且上述工作都应在嵌线区外进行(2 分)。

32. 答：采用电阻加热器干燥法对大型封闭式电动机进行干燥，就是在风道里设置电阻加热器，将空气加热到 80 ℃～90 ℃来干燥电动机绕组(5 分)，但干燥时电动机机壳必须保温，同时电动机上端打开一小窗口，以排出潮气(5 分)。

33. 答：螺栓图及标注如图 15 所示。(10 分)

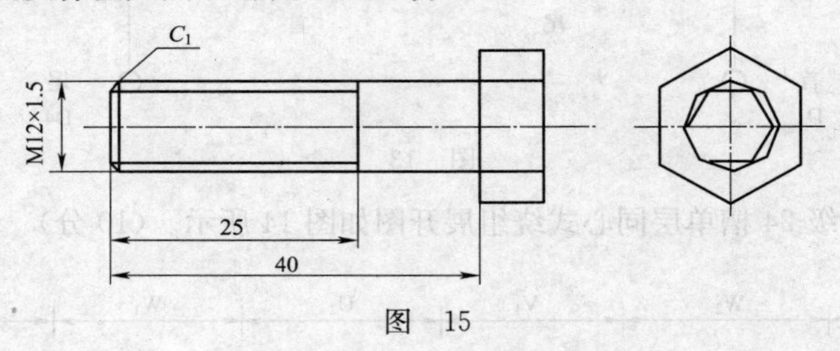

图 15

34. 答：电路原理图如图 16 所示(5 分)。由 $R_1R_3=R_2R_x$ 得计算公式为：$R_x=\dfrac{R_1R_3}{R_2}$(5 分)。

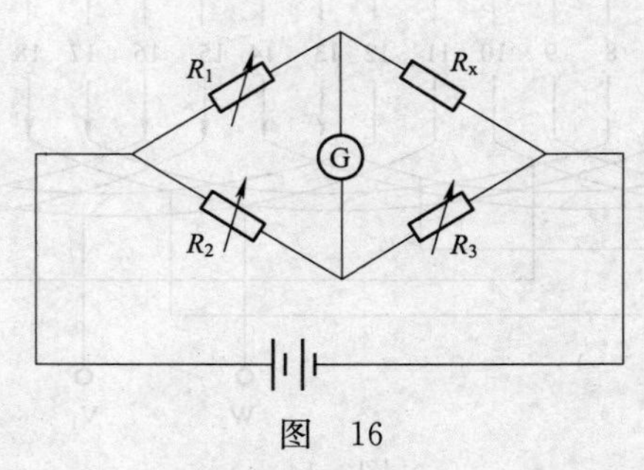

图 16

35. 答：因为刚合上电源时，转子由于惯性作用来不及转动，此时速度为零，电枢反电势不能建立，故启动电流 $I_{st}=U/R_a$，由于 R_a 为电枢内阻，其数值很小，故启动电流将会很大(10 分)。

常用电机检修工(中级工)习题

一、填 空 题

1. 图样中线性尺寸与实际相应要素尺寸之比称为(　　)。
2. 引出中性线的星形接法连同三根相线共有四根电源线,称为(　　)。
3. 对称三相负载星形连接时,线电流同相电流的关系是(　　)。
4. 把原来没有磁性的铁磁物质,在外磁场作用下而产生磁性的性质称为(　　)。
5. 将机械能变为电能的装置是(　　)。
6. 将电能变为机械能的装置是(　　)。
7. 旋转磁场的转向取决于电源的(　　)。
8. 磁感应强度与介质磁导率的比值称为(　　)。
9. 涡流是指导体在变化磁场中切割磁力线,在导体中产生(　　)的感应电流。
10. 电源连成三角形时,线电压同相电压的关系是(　　)。
11. 对于交流变频调速异步牵引电机来说,要在(　　)的、含有大量谐波和尖峰脉冲的、非标准的正弦波电源供电下工作。
12. 公差中的基本偏差不表示公差带的(　　)。
13. 消除偶然误差的根本方法是(　　)。
14. 万用表的表头为(　　)系测量机构。
15. 粗钻孔一般能达到的表面粗糙度 R_a 值为(　　)。
16. 硅钢片漆能增强硅钢片的(　　)和耐腐蚀能力。
17. 浸渍漆主要用以填充间隙和(　　),并使线圈粘结成一个结实的整体。
18. 机械传动分为摩擦传动和(　　)传动两大类型。
19. YJ85A 型电机与机车的连接为滚动(　　)结构。
20. 他励发电机的调整特性曲线是一条(　　)的曲线。
21. 他励发电机的负载特性曲线是一条低于(　　)特性的曲线。
22. 电动机的额定功率是指轴端输出(　　)功率。
23. YJ85A 型电机转子为(　　)结构,鼠笼由专用铜合金导条与锻纯铜的端环用感应焊焊接而成。
24. 公母套配锉一般应先锉好(　　)面。
25. 划线钻孔的样冲眼不但要打准,而且要打(　　)。
26. 百分表的表盘上共刻 100 格,每格表示(　　)mm。
27. 电压互感器严禁(　　)运行。
28. 我国干线机车一个架修期约能维持(　　)年以上使用时间。
29. 个别传动是指一台牵引电动机只驱动一个(　　)。

30. 劳动合同是指用人单位和劳动者个人在(　　)基础上签订的明确双方权利和义务的合同。

31. 社会保险是指国家和社会对劳动者在生育、年老、疾病、工伤、待业、死亡等客观情况下给予(　　)帮助的一种法律制度。

32. 国家实行劳动者每日工作时间不超过八小时、平均每周工作时间不超过(　　)小时的工作制度。

33. 錾削一般钢料和中等硬度的材料时,錾子楔角取(　　)。

34. YJ85A 型电机为单端外锥轴斜齿轮输出,输出面锥度为(　　)。

35. 高处作业、电气检修、易燃易爆区域动火等危险作业必须严格执行"(　　)"制度,并落实各项安全措施。

36. 当有危及职工生命安全和可能造成伤亡事故情况时,必须采取安全措施,否则职工有权(　　)并及时上报。

37. 当发生工伤事故时,职工应积极采取(　　)措施,保护现场,立即报告,并如实反映事故经过。

38. 触电急救必须分秒必争,立即就地迅速用(　　)法进行抢救。

39. 刃磨錾子切削刃时,为保证磨平刃口而要求錾子沿砂轮宽方向做(　　)。

40. YJ85A 型电机的定子根据接线需要,绕组的引出线做成(　　)种长度形式。

41. YJ85A 型电机的定子的三相引出线接成(　　)形。

42. 旋转劈相机一般采用(　　)启动方式启动。

43. 直流牵引电机的换向绕组是用来(　　)的。

44. 直流电机的换向极绕组和补偿绕组均应与(　　)串联。

45. 直流电机电枢线圈换向时,在电刷与(　　)的接触处往往会产生火花。

46. 退火的目的是消除铸、锻件的(　　)和组织不均匀及晶粒粗大等现象。

47. 在修理电机绕组时,若原来选用的是 E 级绝缘材料,则重新包装时应选用 E 级或(　　)绝缘材料。

48. 三相交流电机常用的单层绕组有(　　)、链式和交叉式。

49. 三相异步电动机的定子绕组,若采用单层绕组,则总线圈数等于(　　)。

50. 淬火的目的是使零件得到(　　)。

51. 测量电机绕组的直流电阻时,电枢应静止不动,然后用双臂电桥或(　　)测定。

52. 测量电机绕组的直流电阻时,为了减小误差,输入绕组中的电流不应大于额定电流的(　　)。

53. 对绕组额定电压在 500 V 以下的电机,可用(　　)的兆欧表测量绕组的绝缘电阻。

54. 用兆欧表测量绕组绝缘电阻时,摇表的摇速应为每分钟(　　)转。

55. 深槽鼠笼型异步电动机的启动性能比普通鼠笼异步电动机好得多,它是利用(　　)原理来改善启动性能的。

56. 在绕线式异步电动机转子回路中串入电阻,则该电动机的(　　)性能得到改善。

57. 异步电动机产生不正常的振动和异常的声音,主要有机械和(　　)两方面的原因。

58. 当异步电动机的负载(　　)时,其启动转矩将与负载轻重无关。

59. 绕线式异步电动机转子回路串入适当大小的启动电阻,既可以(　　)启动电流,又可以增加启动转矩。

60. 斜视图是将机件向(　　)任何基本投影面的平面投影所得到的视图。

61. 异步电动机的最大电磁转矩与端电压的(　　)成正比。

62. 绕线式异步电动机的最大电磁转矩与转子回路电阻的大小(　　)。

63. 异步电动机启动时,转差率(　　),但因此时转子回路功率因数最低,故启动电流大而启动转矩却不大。

64. 精车后的换向器表面光洁度应达到(　　)以上。

65. 厂修更换绕组绝缘时,要保证(　　)和绝缘厚度符合原规范要求。

66. 电枢浸漆后烘干时,以测电枢绕组(　　)来判断是否已烘干。

67. 大修牵引电机时,电枢泄漏电流超过规定值时应(　　)。

68. 牵引电机大修时,轴承需(　　)。

69. 当三相异步电动机负载减小时,其功率因数(　　)。

70. 1 000 V或以上电压的交流电动机,在接近运行温度时定子绕组绝缘电阻值一般不低于(　　)。

71. 运行中的380 V交流电机绝缘电阻应大于(　　)MΩ方可使用。

72. 电力机车用三相异步电动机定子三相绕组,直流电阻误差不应大于(　　)。

73. 根据YJ85A型电机需在较高频率下运行的特点,绕组采用(　　)带熔敷的导线两根并绕而成。

74. 对电动机绕组进行浸漆处理的目的是:加强绝缘强度、改善电动机的散热能力以及提高绕组(　　)强度。

75. 异步电动机的三相绕组中,如果一相绕组头尾接反,则电动机启动转矩(　　)。

76. 对于正在使用的电动机,若实际负载为额定负载的(　　)时,可以考虑采用△—Y变换运行。

77. 异步电动机过载时造成(　　)损耗增加。

78. 在额定恒转矩下运行的三相异步电动机,若电源电压下降,则电机的温度将会(　　)。

79. ZD120A型牵引电动机采用(　　)全悬挂,电机两端均悬挂在转向架的构架上。

80. ZD120A型牵引电动机的机座导磁部分采用1 mm冷轧钢板冲制成(　　)边形。

81. SS_4电力机车用JD305型制动通风机,其电机额定功率为(　　)kW。

82. 三相异步电动机最大转矩与漏电抗成反比,与转子回路电阻无关,但临界转差率与转子回路电阻成(　　)关系。

83. 负载倒拉反转运行也是三相异步电动机常用的一种制动方式,但这种制动方式只适用于(　　)式转子的异步电动机。

84. 运行中的异步电动机发生缺相故障,在负载(　　)时,电动机仍能继续运行,绕组会发热,甚至烧毁,发现时应立即停机检修。

85. 换电刷时,应对电刷研磨,使电刷与换向器或集电环的接触面达到(　　)以上。

86. 铁芯重新压装后,铁芯端面与各侧面应互相(　　)。

87. 铁芯重新压装后安装绕组的槽形应(　　)。

88. 调整同步电机轴向窜动间隙,可通过移动(　　)来实现。

89. 电机气隙的均匀程度反映定、转子轴线之间的安装误差的大小，两端气隙都完全均匀的电机，其定、转子中心轴线是(　　)。

90. 直流电机电枢对地短路，一种是电枢绕组对地短路，另一种是(　　)。

91. 同步电动机的启动方法有辅助电动机启动法、异步启动法和(　　)。

92. 运行中的三相异步电动机转子磁场为(　　)磁场。

93. 鼠笼式异步电动机的转子绕组的相数等于转子槽数除以(　　)。

94. 异步电动机的转子磁场的转速(　　)定子磁场的转速。

95. 不论异步电动机转速如何，其定子磁场与转子磁场总是相对(　　)的。

96. 异步电动机工作时，其(　　)的范围为 $0<S\leqslant 1$。

97. 异步电动机转子速度(　　)定子磁场的速度。

98. 三相交流电动机在容量允许范围内，当供电系统对称时，接成△形比接成Y形的功率将(　　)。

99. 带有绝缘层的铜导线称为(　　)。

100. 电磁线根据耐热等级、绝缘材料、结构和用途的不同分为(　　)个系列。

101. 导线 TBR 表示该导线为(　　)。

102. 漆包线的绝缘层是(　　)。

103. 用环氧树脂作粘结剂时，需加入聚酰胺树脂作为固化剂，环氧树脂和聚酰胺脂的配制比例为(　　)。

104. 固体绝缘材料分为热固性和(　　)两类。

105. 聚四氟乙烯有很高的(　　)，因此常用来作换向器V形绝缘伸出部分的保护绝缘。

106. 电机解体吊出电枢前，应先在气隙中(　　)，以防擦伤线圈。

107. 拆除电机绕组后，应清除槽内绝缘残物并(　　)。

108. 在铁芯装配时，对转子铁芯来说，不同(　　)的冲片不能混用装配。

109. 在电机的铁芯装配中，与通风冷却有关的是(　　)。

110. 冷却风路有两种，即(　　)通风和径向通风。

111. 采用加热方法拆除旧绕组时，其加热温度不宜超过(　　)℃。

112. 电力机车用三相异步电动机定、转子均采用 0.5 mm 厚(　　)硅钢片叠压而成。

113. 扁绕机常用于主磁极线圈和(　　)的绕制。

114. ZD120A 型牵引电动机的定子两端放置铸钢前后压圈，两压圈通过(　　)条螺栓紧固，并用 12 根筋板将两压圈焊接成一个整体。

115. 配合的三种方式是过盈配合、过渡配合和(　　)。

116. 铜线扁绕时，在转弯处会发生(　　)现象。

117. 磁极线圈极性判别用磁针法和(　　)。

118. 测量磁极同心度时，以(　　)为基准，在磁极中点处测量。

119. 槽满率是衡量导体在槽内填充程度的重要指标，三相异步电动机定子槽满率一般应控制在(　　)之间较好。

120. 电动机的启动转矩(　　)负载转矩时，电动机就启动。

121. 异步电动机启动，虽然转差率最大，但此时转子回路(　　)最低，故启动电流大而启动转矩却不大。

122. 三相异步电动机负载和空载下启动,其启动电流大小(　　)。

123. 绕线式异步电动机的转子绕组可经电刷与滑环外接启动电阻或(　　)电阻。

124. 电机绕组绕圈的两个边所跨的距离,称为(　　)。

125. 在修复电动机时,若无原有的绝缘材料,则应选用等于或(　　)原绝缘等级的绝缘材料。

126. 电力机车用异步劈相机,当绕组通以单相交流电时在定子绕组中只产生一个(　　)磁场,因此劈相机不能单独启动。

127. ZD120A型牵引电动机的主极铁芯与定子磁轭冲制成一体,铁芯冲片极靴部分有(　　)个向心半闭口补偿槽,用以安装补偿绕组。

128. 铁芯压装有三个工艺参数,即压力、铁芯长度和(　　)。

129. 异步电动机定子绕组改变绕组接法进行改压时,电动机的极数必须能被新接法的并联路数(　　)。

130. 异步电动机定子绕组改变绕组接法进行改压时,并联路数中每一支路的线圈匝数必须(　　)。

131. 绕线型转子嵌线时,首先应根据原始记录和接线图或轴上的出线孔的位置确定(　　)。

132. 消除焊接残余应力的方法有(　　)、局部高温回火、低温处理和整体结构加载法等。

133. 研磨是用研具和(　　)在工件表面上磨去极薄一层。

134. 研磨剂是指磨料中加的研磨液和(　　)。

135. 气焊时火焰可分为焰心、内焰、外焰三部分,且(　　)温度最高。

136. 氧乙炔焊接时,(　　)焰适合焊接高碳钢、铸铁。

137. 换向元件从换向开始到换向结束的时间叫作(　　)。

138. 为降低换向极磁路的饱和度,通常使换向极气隙较主磁极气隙(　　)。

139. 换向极绕组一定是与(　　)串联。

140. (　　)就是利用划线工具,使工件上有关的表面处于合理的位置。

141. 在直流电机中,励磁电流获得的方式称为(　　)。

142. 直流发电机按励磁方式可分为(　　)和自励发电机两大类。

143. 直流电机换向不良就会在电刷和换向器表面产生(　　)。

144. 测量换向极铁芯内径可用止通样棒或(　　)在磁极中心轴线的上、中、下三点测量。

145. 直流电机改善换向的最有效办法是装设(　　)。

146. 换向极内径及同心度由调整换向极铁芯和机座间的(　　)来实现。

147. 轴承和端盖轴承室的径向配合为(　　)。

148. 转轴锥面为1∶10,当齿轮加热后在轴上的套入深度为1.8 mm时,齿轮孔径的涨大量是(　　)。

149. 直流电机电枢由转轴、电枢铁芯、电枢绕组和(　　)组成。

150. 牵引电动机的机座一般用导磁性能较好的(　　)制成。

151. 抱轴式悬挂的牵引电机油箱体和机座是一起加工的,因此装配时(　　)。

152. 直流电机由定子和(　　)两大部分组成。

153. (　　)的作用是使转动的电枢绕组与外电路连接起来。

154. 电流表测交流电流时，一般用(　　)扩大电表量程。

155. 电流表测直流电流时，一般用(　　)扩大电表量程。

156. 电压表测交流电压时，一般用(　　)扩大电表量程。

157. 电压表测直流电压时，一般用(　　)扩大电表量程。

158. 安全电压指电压在(　　)及以下等级的电压。

159. 三相对称电源采用星形连接方式，则电机线电压为相电压的(　　)倍。

160. 正弦交流电的有效值是其最大值的(　　)倍。

161. 绝缘材料的绝缘强度是指(　　)厚绝缘材料所能耐受的电压千伏值。

162. 电机型式试验选用电气仪表等级不得低于(　　)级。

163. 电机出厂试验选用电气测量仪表等级不得低于(　　)级。

164. 使用电流、电压表检测时，被测值不得小于测量限值的(　　)。

165. 室温下绕组的冷态绝缘电阻值大小主要与(　　)和受潮情况有关。

166. 电机匝间耐压试验必须使用(　　)波形电压。

167. YJ85A 型电机的转轴为外轴锥，锥度为(　　)。

168. YJ85A 型电机转轴的锥度大端直径为(　　)。

169. YJ85A 型电机在冷却空气温度不超过 40 ℃时，电机轴承允许温升限值为(　　)。

170. YJ85A 型电机做出厂试验时，在热态下能承受(　　)r/min、2 min 的超速试验，试验后电机没有影响正常运行的机械损伤和永久变形。

171. ZD120A 型牵引电动机的电枢后支架在靠近电枢铁芯的一侧开(　　)个径向通风槽，用以降低电枢绕组后部温升。

172. ZD120A 型牵引电动机的电枢绕组由(　　)个单叠线圈组成。

173. ZD120A 型牵引电动机的电枢线圈由 4 个并列元件组成，采用(　　)竖放，可降低换向附加损耗，提高槽的利用率和电机效率。

174. ZD114 型电机的转轴锥面与小齿轮的配合接触面要大于(　　)，且应均匀接触。

175. ZD114 型电机的转轴锥面圆周上有油沟，轴端有注油孔，以使用(　　)将小齿轮退下。

二、单项选择题

1. 电功的单位为(　　)。

(A)安培　(B)伏特　(C)焦耳　(D)瓦特

2. 磁阻与(　　)无关。

(A)磁路长度　(B)媒介质的磁导率 μ

(C)截面积 S　(D)环境温度与湿度

3. (　　)不是软磁磁性材料。

(A)硅钢片　(B)坡莫合金　(C)铁淦氧　(D)碳钢

4. YJ85A 型电机与机车的连接为滚动(　　)结构。

(A)滚动轴承　(B)抱轴承　(C)推力平面轴承　(D)向心轴承

5. 使用万用表时应尽量避免用(　　)挡，若需操作应该快一些。

(A)$R\times1$　(B)$R\times10$　(C)$R\times1$ k　(D)$R\times10$ k

6. 电机和变压器绕组的电阻值一般都在 0.000 01～1 Ω 之间,测量它们的电阻时,必须采用(　　)进行测量。

(A)直流单臂电桥　(B)万用表　(C)直流双臂电桥　(D)兆欧表

7. 电流互感器二次回路不允许安装(　　)。

(A)测量仪表　(B)继电器　(C)短接线　(D)熔断器

8. 未处理过的棉、丝、白布等有机材料,其耐热能力为(　　)。

(A)90 ℃　(B)105 ℃　(C)120 ℃　(D)135 ℃

9. 下列绝缘安全用具属于辅助安全用具的是(　　)。

(A)绝缘手套　(B)验电器　(C)绝缘夹钳　(D)绝缘棒

10. 直流电机电枢端部绑扎无纬带时,对于 0.17 mm×25 mm 的无纬带,拉力为(　　)。

(A)150～200 N　(B)250～300 N　(C)350～400 N　(D)450～500 N

11. 圆锥齿轮用于两轴线(　　)的传动中。

(A)相交　(B)平行　(C)平交　(D)交叉

12. YJ85A 型电机在热态下,定子绕组对机座可承受 5 400 V 工频耐压(　　),无击穿和闪络。

(A)1 min　(B)2 min　(C)3 min　(D)5 min

13. 我国干线电力机车基本上按照"十轮一架修,(　　)架一厂修"安排。

(A)三　(B)两　(C)五　(D)十

14. ZD105 型脉流牵引电动机采用(　　)激磁方式。

(A)并激　(B)串激　(C)他激　(D)复激

15. YJ85A 型电机的定子根据接线需要,绕组的引出线做成(　　)种长度形式。

(A)三　(B)四　(C)五　(D)六

16. 牵引电动机电枢铁芯采用(　　)制成。

(A)0.5 mm 冷轧硅钢片　(B)1 mm Q235 钢板

(C)0.35 mm 热轧硅钢片　(D)整块钢块

17. 牵引电动机短时冲击负载下火花等级不允许超过(　　)级。

(A)$1\frac{1}{2}$　(B)2　(C)1　(D)3

18. 半悬挂方式常采用(　　)。

(A)抱轴式　(B)轮对空心轴式　(C)电机空心轴式　(D)架承式

19. 异步电动机转子速度(　　)定子磁场的速度。

(A)等于　(B)低于　(C)高于　(D)不定

20. 直流电动机转子主要由(　　)组成。

(A)转子铁芯、转子绕组两大部分　(B)转子铁芯、励磁绕组两大部分

(C)电枢铁芯、电枢绕组、换向器三大部分　(D)两个独立绕组、一个闭合铁芯两大部分

21. YJ85A 型电机的定子铁芯的吊挂件由压成(　　)的钢板和锻钢吊挂块焊接而成。

(A)三角形　(B)四方形　(C)圆形　(D)弧形

22. H 级绝缘材料的最高允许工作温度是(　　)。

(A)120 ℃　(B)130 ℃　(C)155 ℃　(D)180 ℃

23. (　　)电刷具有良好的导电性,具载流量大。

(A)石墨　(B)电化石墨　(C)金属石墨　(D)分裂式

24. 直流电机单叠绕组的合成节距 y 满足(　　)。

(A)$y=y_1+y_2$　(B)$y=\frac{z}{2p}\pm\varepsilon$　(C)$y=\frac{y_1+y_2}{2}$　(D)$y=y_k=1$

25. 电机铁芯常采用硅钢片叠装而成,是为了(　　)。

(A)便于运输　(B)节省材料　(C)减少铁芯损耗　(D)增加机械强度

26. YJ85A 型电机轴承拆装时,严禁直接锤击。加热温度不得超过(　　),采用电磁感应加热时剩磁感应强度不大于 3×10^{-4} T。轴承内圈与轴的接触电阻值不大于统计平均值的 3 倍。

(A)100 ℃　(B)120 ℃　(C)150 ℃　(D)200 ℃

27. 硅钢片是在铁中加入约 0.5%～4.5%的硅的铁硅合金,一般用于发电机。发电机的硅钢片含硅量较用于变压器制造的硅钢片的含硅量(　　)。

(A)一样多　(B)不一定　(C)多　(D)少

28. 若交流绕组的节距为 $y_1=4/5\tau$,则可完全消除电枢电动势中的(　　)次谐波。

(A)3　(B)5　(C)7　(D)3 及奇数倍

29. 为了改善直流电机的换向性能,换向极绕组应(　　)。

(A)与电枢绕组串联,并且极性正确　(B)与电枢绕组并联,并且极性正确

(C)与补偿绕组并联,并且极性正确　(D)与励磁绕组串联,并且极性正确

30. 钢质工件渗碳后必须进行(　　)。

(A)淬火处理　(B)退火处理　(C)正火处理　(D)回火处理

31. 由于直流电机电刷压力没有在工艺要求范围内,因而引发在运行中电刷下的火花过大,一般要求电刷压力为(　　)。

(A)0.05～0.15 kPa　(B)0.15～0.25 kPa

(C)0.2～0.25 kPa　(D)1.5～2.5 kPa

32. 材料的导电性属于(　　)。

(A)机械性能　(B)化学性能　(C)物理性能　(D)工艺性能

33. 电动机滚动轴承热套方法是将洗净的轴承放入油槽内,使轴承悬于油中,油槽逐步加温,一般以每小时(　　)℃的速度升温为宜。

(A)300　(B)200　(C)100　(D)50

34. 双速三相交流鼠笼式异步电动机常用改变转速的方法是(　　)。

(A)改变电压

(B)改变极对数

(C)将定子绕组由三角形连接改为星形连接

(D)将定子绕组由星形连接改为三角形连接

35. 为保证电气检修工作的安全,判断设备有无带电应(　　)。

(A)以设备已断开的信号为设备有无带电的依据

(B)以设备电压表有无指示为依据

(C)以设备指示灯为依据,绿灯表示设备未带电

(D)通过验电来确定设备有无带电

36. HB表示材料的(　　)。

(A)洛氏硬度　(B)布氏硬度　(C)肖氏硬度　(D)维氏硬度

37. 现代化质量管理的核心是(　　)。

(A)全面质量管理　(B)质量保证　(C)质量控制　(D)质量检验

38. 产品质量是制造出来的,而不是检查出来的,体现了(　　)的思想。

(A)一切为用户服务　(B)一切以预防为主

(C)一切用数据说话　(D)一切按PDCA办事

39.(　　)是生产力中最活跃的因素,也是影响产品质量最重要的因素。

(A)人　(B)管理　(C)设备　(D)材料

40. ZD120A型牵引电动机的换向极主要由换向极铁芯和换向极线圈组成,为改善脉流换向性能,换向极铁芯采用(　　)。

(A)叠片结构　(B)焊接结构　(C)铸造结构　(D)粘接结构

41. ZD120A型牵引电动机的补偿绕组与电枢绕组、换向极绕组串联,用来消除电枢反应对主极气隙磁通的(　　)影响。

(A)突变　(B)应变　(C)畸变　(D)热变

42. 在解脱触电者脱离低压电源时,救护人不应(　　)。

(A)站在干燥的木板车上　(B)用木棒等挑开导线

(C)切断电源　(D)用金属杆套拉导线

43. 带电灭火时,不能选用(　　)来灭火。

(A)1211灭火器　(B)二氧化碳灭火器

(C)水　(D)干粉灭火器

44. 下列灭火器使用时需要将筒身颠倒的是(　　)。

(A)二氧化碳灭火器　(B)1211灭火器

(C)泡沫灭火器　(D)干粉灭火器

45. 经清洗后重新绝缘处理的电枢进行耐压试验时,耐压值应为新品的(　　)。

(A)50%　(B)60%　(C)75%　(D)100%

46. 大修牵引电机时,紧固件需(　　)。

(A)镀锌后使用　(B)更新　(C)挑选后使用　(D)清洗后使用

47. 牵引电机转轴锥面拉伤深度超过(　　)、面积超过5%时需更换新轴。

(A)0.1 mm　(B)0.3 mm　(C)0.5 mm　(D)0.8 mm

48. 从理论上说,直流电机(　　)。

(A)既能作电动机,又能作发电机　(B)只能作电动机

(C)只能作发电机　(D)只能作调相机

49. 测量1 Ω以下的电阻应选用(　　)。

(A)直流单臂电桥　(B)直流双臂电桥

(C)万用表的欧姆挡　(D)兆欧表

50. 一台并励直流电动机在带恒定的负载转矩稳定运行时,若因励磁回路接触不良而增大了励磁回路的电阻,那么电枢电流将会(　　)。

(A)减小　(B)增大　(C)不变　(D)显著减小

51. 三相电机的正常接法若是△形，当错接成Y形，则(　　)。
(A)电流、电压变低，输出的机械功率为额定功率的1/2
(B)电流、电压变低，输出的机械功率为额定功率的1/3
(C)电流、电压变低，输出的机械功率为额定功率的1/4
(D)电流、电压、功率基本不变

52. 已知三相交流电源的线电压为380 V，若三相电动机每相绕组的额定电压为220 V，则应接成(　　)。
(A)△形或Y形　(B)△形　(C)Y形　(D)延边三角形

53. 已知三相交流电源的线电压为380 V，若三相电动机每相绕组的额定电压为380 V，则应(　　)。
(A)接成△形或Y形　(B)只能接成△形
(C)只能接成Y形　(D)接自耦变压器

54. 一台他励直流电动机在恒转矩负载运行中，若其他条件不变，只是降低电枢电压，则在重新稳定运行后，其电枢电流将(　　)。
(A)不变　(B)下降　(C)上升　(D)显著上升

55. ZD120A型牵引电动机的前后端盖与机座相连并通过(　　)支撑电机转子。
(A)转轴　(B)轴承盖　(C)轴承　(D)封环

56. 他励直流电动机在所带负载不变的情况下稳定运行，若此时增大电枢电路的电阻，待重新稳定运行时，电枢电流和电磁转矩(　　)。
(A)增加　(B)不变　(C)减小　(D)显著减小

57. 当直流电动机采用改变电枢回路电阻调速时，若负载转速不变，调速电阻越大，工作转速(　　)。
(A)越低　(B)越高
(C)不变　(D)有可能出现“飞车”现象

58. 直流电动机启动时，由于(　　)，故而启动电流与启动转矩均很大。
(A)转差率最大　(B)负载最少　(C)负载最重　(D)反电势尚未建立

59. ZD120A型牵引电动机的主极铁芯与定子磁轭冲制成一体，铁芯冲片极靴部分有8个向心半闭口(　　)，用以安装补偿绕组。
(A)电枢槽　(B)主极槽　(C)换向极槽　(D)补偿槽

60. 未注公差的尺寸，其标准公差级别为(　　)。
(A)12～18　(B)13～18　(C)14～18　(D)15～18

61. 放置均压线的直流电机，均压线的导线截面是电枢导线截面的(　　)。
(A)$\frac{1}{5}\sim\frac{1}{4}$　(B)$\frac{1}{3}\sim\frac{1}{2}$　(C)$1\sim1\frac{1}{2}$　(D)$1\frac{1}{2}\sim2$

62. 下列金属的电导率由大到小依次排列顺序是(　　)。
(A)银铜铁铝　(B)银铝铜铁　(C)银铜铝铁　(D)铁铝铜银

63. 金属材料的电阻与(　　)无关。
(A)导体的几何尺寸　(B)材料种类
(C)外加电压　(D)温度

64. 绝缘材料产品型号一般用4位数字来表示，其中第(　　)位数字代表参考工作温度。

(A)1　　(B)2　　(C)3　　(D)4

65. ZD120A 型牵引电动机的机座导磁部分采用 1 mm 冷轧钢板冲制成(　　)边形。

(A)四　　(B)六　　(C)八　　(D)十二

66. 齿轮传动与皮带传动相比,其优点是(　　)。

(A)加工制作简便　　(B)传动比不变　　(C)传动噪声小　　(D)不易损坏

67. 启动时可在绕线式异步电动机转子回路中串入电阻是为了(　　)。

(A)调整电动机的速度　　(B)减少运行电流

(C)改善电动机的启动性能　　(D)减少启动电流和启动转矩

68. 当端电压下降时,异步电动机的最大电磁转矩将(　　)。

(A)下降　　(B)上升

(C)不变　　(D)与电压大小成反比

69. 绕线式电动机当负载力矩不变,增大其转子回路电阻时,转速将(　　)。

(A)下降　　(B)上升

(C)不变　　(D)与转子回路电阻成正比

70. ZD120A 型牵引电动机的前端盖上均布加强筋和(　　)。

(A)观察孔　　(B)通风孔　　(C)负压孔　　(D)导油孔

71. 异步电动机的三相绕组中,如果一相绕组头尾反接,则机身(　　),并有明显的电磁噪声。

(A)平缓运行　　(B)严重振动　　(C)稍有振动　　(D)转速增加

72. 直流电机的电枢绕组(　　)。

(A)与交流电机定子绕组相同　　(B)与交流电机转子绕组相同

(C)是一闭合绕组　　(D)经电刷后闭合

73. 异步电动机机械特性是反映(　　)。

(A)转矩与定子电流的关系曲线　　(B)转速与转矩的关系曲线

(C)转速与端电压的关系曲线　　(D)定子电压与电流的关系曲线

74. 一台三相异步电动机的铭牌上标明额定电压为 220/380 V,其接法应是(　　)。

(A)Y/△　　(B)△/Y　　(C)△/△　　(D)Y/Y

75. 在额定恒转矩负载下运行的三相异步电动机,若电源电压下降,则电机的温度将会(　　)。

(A)降低　　(B)升高　　(C)不变　　(D)降低或升高

76. 直流电机换向器产生火花有电气、机械和(　　)方面的原因。

(A)摩擦　　(B)化学　　(C)物理　　(D)人为

77. 异步电动机产生不正常的振动和异常的声音,主要有(　　)两方面的原因。

(A)机械和电磁　　(B)热力和动力

(C)应力和反作用力　　(D)摩擦和机械

78. 异步电动机中鼠笼式转子的槽数,在设计上为了防止与定子谐波磁势作用而产生振动力矩,造成电机振动和产生噪声,一般不采用(　　)。

(A)奇数槽　　(B)偶数槽　　(C)短距　　(D)整距

79. 新绕交流电动机定子绕组在浸漆前预烘干燥时,对于 B 级绝缘温度应控制在(　　)

以下。

(A)(120±5)℃ (B)(140±5)℃ (C)(160±5)℃ (D)(180±5)℃

80. 对电动机绕组进行浸漆处理的目的是(　　)。

(A)加强绝缘强度,改善电动机的散热能力以及提高绕组机械强度

(B)加强绝缘强度,改善电动机的散热能力以及提高绕组的导电性能

(C)加强绝缘强度,提高绕组机械强度,但不利于散热

(D)改善电动机的散热能力以及提高绕组机械强度,并增加美观

81. 电压为 1 kV 及以上电动机的绝缘电阻,在接近运行温度时,定子绕组绝缘电阻(　　)。

(A)每千伏不应高于 1 MΩ (B)每千伏不应低于 1 MΩ

(C)每千伏不应高于 0.5 MΩ (D)每千伏不应低于 0.5 MΩ

82. 单相异步电动机中,转速高的是(　　)。

(A)罩极式 (B)电容启动式 (C)电感启动式 (D)串励式

83. 三相异步电动机为了使三相绕组产生对称的旋转磁场,各相对应边之间应保持(　　)电角度。

(A)80° (B)100° (C)120° (D)90°

84. 降低电源电压后,三相异步电动机的临界转差率将(　　)。

(A)增大 (B)减小 (C)不变 (D)无关

85. ZD120A 型牵引电动机的轴承室油封采用(　　)结构。

(A)循环式 (B)迷宫式 (C)排放式 (D)焊接式

86. 三相异步电动机能耗制动是利用(　　)组合完成的。

(A)直流电源和转子回路电阻 (B)交流电源和转子回路电阻

(C)直流电源和定子回路电阻 (D)交流电源和定子回路电阻

87. 轴承因氧化不易拆卸时,可用(　　)左右的机油淋在轴承内圈上,趁热拆除。

(A)60 ℃ (B)100 ℃ (C)150 ℃ (D)200 ℃

88. 材料弯形后,其长度不变的一层称为(　　)。

(A)中心性 (B)中间层 (C)中性层 (D)表面层

89. 弹簧在不受外力作用时的高度(或长度)称为(　　)(或长度)。

(A)工作高度 (B)自由高度 (C)有效高度 (D)拉伸高度

90. 经淬硬的钢制零件进行研磨时,常用(　　)材料作为研具。

(A)淬硬钢 (B)低碳钢 (C)灰铸铁 (D)铝

91. 对于装有换向极的直流电动机,为了改善换向,应将电刷(　　)。

(A)放置在几何中心线上 (B)顺转向移动一角度

(C)逆转向移动一角度 (D)偏离几何中心线

92. 下列原因不是引起电动机转动速度低于额定转速的是(　　)。

(A)外接电路一相断线 (B)鼠笼式转子断条

(C)绕线式电动机转子回路电阻过小 (D)三角形连接的绕组错接为星形连接

93. 交流电动机三相电流不平衡的原因是(　　)。

(A)三相负载过重 (B)定子绕组发生三相短路

(C)定子绕组发生匝间短路　　(D)传动机械被卡住

94. 单相异步电动机的罩极启动，对于凸极式罩极电动机，其磁极铁芯极的(　　)处开有一个小槽，在磁极较小的部分套装一个铜环，此铜环即罩极绕组，又称副绕组。

(A)1/4～1/3　　(B)1/2　　(C)1/10　　(D)2/3

95. 千分尺在检测工件尺寸时，首先应(　　)。

(A)校对自身的准确度　　(B)擦拭工件表面

(C)把工件放在便于测量的位置　　(D)做好检测记录准备

96. 大型电机铁芯修理好后，嵌线前须做(　　)试验，确定无局部发热才能嵌线。

(A)铁耗　　(B)铜耗　　(C)耐压　　(D)匝间

97. 在电动机绕线时没有铜导线，改用铝导线时，如要保持电阻值不变，则其(　　)。

(A)槽满率较高，不易下线　　(B)槽满率较低，容易下线

(C)槽满率不变，下线正常　　(D)槽满率不变，不易下线

98. 绕线型转子异步电动机采用电气串级调速具有许多优点，其缺点是功率因数较低，但如果采用(　　)补偿措施，功率因数可有所提高。

(A)电感　　(B)电感与电阻　　(C)电阻　　(D)电容

99. 端电压太低能导致电动机过载，所谓端电压是指(　　)。

(A)电动机启动满载运行时，在其引线端测得的电压

(B)线路空载电压

(C)线路轻载电压

(D)变压器供电电压

100. 重绕电机绕组时，槽衬厚度应根据电压等级和导线的槽满率来决定，电压在 3 kV 时，槽衬厚度为(　　)mm。

(A)1.75～2　　(B)1.4～1.6　　(C)1.0～1.2　　(D)0.5～0.8

101. 电动机进行绕线模芯的计算时，对线圈直线部分，伸出铁芯的长度一般取(　　)mm。

(A)8～10　　(B)15～30　　(C)35～40　　(D)45～55

102. 鼠笼型三相异步电动机进行空载运行时，测量三相电流，再调换两相电源，做第二次空载运行进行校验，若不随电源调换而改变，则(　　)可能有短路故障。

(A)较大电流的一相　　(B)较小电流的一相

(C)电流相等的两相　　(D)第三相

103. 增大绕线式异步电动机转子回路电阻值，启动电流将(　　)。

(A)不变　　(B)增大　　(C)减小　　(D)无关

104. 启动多台异步电动机时，可以(　　)。

(A)一起启动　　(B)由小容量到大容量逐台启动

(C)由大容量到小容量逐台启动　　(D)无顺序地依次将各台电动机启动

105. 三相鼠笼式电动机铭牌上标明额定电压为 380 V/220 V，Y/△接法，今接到 380 V 电源上，可选用的降压启动方式是(　　)。

(A)可采用星—三角降压启动

(B)可采用转子回路串适当电阻的方法启动

(C)可采用自耦变压器降压启动

(D)可采用转子回路串入频敏电阻的方法启动

106. 对机械设备进行周期性的彻底检查和恢复性的修理工作，称为(　　)。

(A)小修　(B)中修　(C)辅修　(D)大修

107. 三相异步电动机合上电源后发现转向相反，这是因为(　　)。

(A)电源一相断开　(B)电源电压过低

(C)定子绕组接地　(D)电源相序反

108. 三相交流电动机启动时电流很大，且三相很不平衡，产生原因是(　　)。

(A)有一相的始端和末端接反　(B)鼠笼转子断条

(C)定子绕组匝间短路　(D)电源极性错误

109. 电枢铁芯叠压时发生铁芯一边松一边紧，可采用(　　)的办法来解决。

(A)剪片　(B)加压　(C)整形　(D)加重

110. 电机电枢铁芯燕尾槽的燕尾角度为(　　)。

(A)45°　(B)60°　(C)75°　(D)90°

111. 当铁芯表面擦伤片间短路时，用小刀或锉刀把擦伤的硅钢片毛刺去掉，并清理干净，必要时可在硅钢片间插入 0.03～0.05 mm 厚的云母片或 3240 玻璃布板再涂刷一层薄薄的绝缘漆，这样既可以增强铁芯齿部的机械强度，又可以阻断(　　)回路。

(A)短路涡流　(B)磁路　(C)电动势　(D)电路

112. 螺纹连接为了达到可靠而紧固的目的，必须保证螺纹副具有一定的(　　)。

(A)摩擦力矩　(B)拧紧力矩　(C)预紧力矩　(D)紧固力矩

113. 直流电机电枢线圈匝间断路或焊接不良，则在相关联的换向片上测得的电压值将比平均值(　　)。

(A)显著降低　(B)显著增大　(C)相等　(D)无关

114. 控制铁芯叠压质量的三个要素是：铁芯冲片重量、铁芯冲片片间压力、(　　)。

(A)铁芯长度尺寸　(B)铁芯的截面积大小

(C)铁耗　(D)冲片间电阻值

115. 牵引电机绕组绝缘电阻低，又找不到明显的破损处时，用(　　)最容易找出接地点。

(A)伏安法　(B)工频耐压法　(C)匝间耐压法　(D)磁针法

116. 电枢槽楔一般均分成几段，可根据铁芯长度而定，在铁芯长度一定的情况下，段数分得越多，与铁芯配合(　　)。

(A)越松散　(B)越紧密　(C)一般　(D)无关

117. 槽楔一般采用层压布板制成，主要用来防止受(　　)的作用而甩出绕组。

(A)向心力　(B)机械力　(C)重力　(D)电磁力

118. 氩弧焊原理是利用从喷嘴中流出的氩气，使被焊区与(　　)隔绝，同时依靠电极与工件间电弧产生的热量加热并熔化被焊金属。

(A)氩气　(B)水蒸气　(C)空气　(D)二氧化碳

119. 电路中两点间的电位差就是(　　)。

(A)电压　(B)电流　(C)电势　(D)电阻

120. 直流电机主极绕组的线圈绕制方法有排绕法和齐绕法。绕时导线排列整齐，当绕完第一层后,应调节夹板压力,使第二层导线的拉紧程度比第一层(　　)。

(A)紧些　(B)相当　(C)松些　(D)保持不变

121. 匝间短路检查一般用(　　)。

(A)中频机组　(B)电焊机　(C)工频耐压机组　(D)直流泄漏试验仪

122. 当换向器片间的沟槽被电刷粉、金属屑或其他导电物质填满时,会造成换向片间(　　)故障。

(A)接地　(B)断路　(C)短路　(D)短路或接地

123. 当换向器V形云母环尖角在压装时绝缘损坏或金属屑、灰尘等未清除干净,都会造成换向器(　　)故障。

(A)短路　(B)接地　(C)断路　(D)短路或断路

124. 检查换向器的换向片轴向平行度,使换向片沿轴线的倾斜度不超过(　　)的厚度,否则会造成换向不良。

(A)换向片　(B)片间云母片　(C)升高片　(D)换向片和云母片

125. 楔键是一种紧键连接,能传递转矩和承受(　　)。

(A)单向径向力　(B)单向轴向力　(C)双向径向力　(D)双向轴向力

126. 当电刷与集电环换向器的接触面小于(　　),就应对电刷进行研磨。

(A)70%　(B)80%　(C)90%　(D)100%

127. 划线在选择尺寸基准时,应使划线时尺寸基准与图样上(　　)一致。

(A)测量基准　(B)装配基准　(C)设计基准　(D)工艺基准

128. 研磨淬硬的钢制零件,应选用(　　)为磨料。

(A)刚玉类　(B)碳化物　(C)金刚石　(D)氧化铁

129. 下列不是直流电机的励磁方式的是(　　)。

(A)半导体励磁　(B)复励　(C)他励　(D)自励

130. 钳工錾子最适宜用的制作材料是(　　)。

(A)硬质合金　(B)高速工具钢　(C)高碳工具钢　(D)T7号工具钢

131. 钻铸铁孔的钻头要求将标准麻花钻的切削刃磨成(　　)。

(A)双重或三重顶角折线刃　(B)月牙刃

(C)带分屑槽刃　(D)很小的后角

132. 直流电机的励磁方式分为(　　)两大类。

(A)自励、复励　(B)自励、并励　(C)并励、串励　(D)他励、自励

133. 直流发电机主磁极与换向极的正确装配顺序是(　　)。

(A)N→s→S→n　(B)N→s→n→S　(C)N→S→n→s　(D)n→s→N→S

134. 直流电机换向极绕组应与补偿绕组(　　)且绕组应装在换向极铁芯上。

(A)串联　(B)并联　(C)混联　(D)绝缘

135. 异步电动机的三相绕组中,如果一相绕组头尾反接,三相空载电流(　　)。

(A)明显不等,而且比正常值大得多　(B)明显不等,而且比正常值小得多

(C)保持不变,与正常值相等　(D)比正常值稍小

136. 平键连接是靠平键与键槽的(　　)接触传递转矩。

(A)上平面　(B)下平面　(C)两侧面　(D)上、下平面

137. 三相低压电动机定子绕组的实际接线是每根电源线与两个线圈组相连接，而且有六个线圈连接在一起的中心点或是三个线圈连在一起的两个中心点，则是(　　)。

(A)三路并联Y接法　(B)两路并联△接法

(C)三路并联△接法　(D)两路并联Y接法

138. 三相低压电动机定子绕组的实际接线是每根电源线与三个线圈组相连接，而且有九个线圈连接在一起的中心点，则这台电机一定是(　　)。

(A)三路并联△接法　(B)三路并联Y接法

(C)六路并联△接法　(D)六路并联Y接法

139. 三相低压电动机定子绕组的实际接线是每根电源线与四个线圈组相连接，而且有十二个线圈连接在一起的中心点，则这台电机一定是(　　)。

(A)两路并联△接法　(B)两路并联Y接法

(C)四路并联△接法　(D)四路并联Y接法

140. 直流电机为了消除环火而加装了补偿绕组，正确的安装方法是补偿绕组应与(　　)。

(A)励磁绕组串联　(B)励磁绕组并联　(C)电枢绕组串联　(D)电枢绕组并联

141. 串励直流电机主极绕组应与电枢绕组(　　)。

(A)并联　(B)串联　(C)混联　(D)不连接

142. 在有补偿绕组的电机中，主极气隙是(　　)。

(A)偏心气隙　(B)楔形气隙　(C)削角气隙　(D)均匀气隙

143. 测量装配后的主极铁芯内径和(　　)，是为了保证装配后的气隙一致。

(A)圆度　(B)垂直度　(C)同心度　(D)圆柱度

144. 感性负载的电枢反应将使发电机气隙合成磁场(　　)。

(A)减小　(B)增大　(C)不变　(D)发生畸变

145. 直流发电机补偿绕组的作用是(　　)。

(A)增加气隙磁场

(B)抵消电枢反应，保持端电压不变

(C)抵消极面下的电枢反应，消除电位差火花，防止产生环火

(D)补偿电枢反应去磁作用影响，保持励磁电流不变

146. 对产品形状公差有特殊要求时，均应在图样中按标准规定的标注方法标出，下列属于形状公差的是(　　)。

(A)直线度与平面度　(B)平形度与垂直度

(C)对称度与位置度　(D)圆跳动和全跳动

147. 轴承内套和转轴的配合为(　　)。

(A)间隙配合　(B)过盈配合　(C)过渡配合　(D)公差配合

148. 铸钢件之间采用电焊连接时(　　)。

(A)要求焊缝处打磨或加工掉表层　(B)无须做任何处理即可焊接

(C)焊前要求预热　(D)必须做退火处理

149. 在装配时用改变产品可调整零件的相对位置或选用合适的调整件，以达到装配精度的方法称为(　　)。

(A)互换法　(B)选配法　(C)调整法　(D)修配法

150. 用感应加热器加热轴承内圈或防尘板(挡圈)时,在工件套入之前(　　)。

(A)不得通电加热　(B)应通电预热

(C)应断续通电预热　(D)通电或不通电均可

151. 工件的表面粗糙度要求最高时,一般采用(　　)加工。

(A)精车　(B)磨制　(C)研磨　(D)刮削

152. 由于机座与磁极铁芯的加工误差造成气隙偏差超过规定时,可在极身与机座之间加入(　　)调整。

(A)黄铜垫片　(B)玻璃布板　(C)磁性垫片　(D)纤维毡

153. 标准圆锥销具有(　　)的锥度。

(A)1∶60　(B)1∶30　(C)1∶15　(D)1∶50

154. 三相异步电动机空载试验的时间应(　　),可测量铁芯是否发热不均匀,并检查轴承的温升是否正常。

(A)不超过 1 min　(B)不超过 30 min　(C)不少于 30 min　(D)不少于 1 h

155. 纯阻性电路,电压的相位与电流的相位比较(　　)。

(A)超前 90°　(B)滞后 90°　(C)相差 120°　(D)同相

156. 纯感性电路,电压的相位与电流的相位比较(　　)。

(A)超前 90°　(B)滞后 90°　(C)相差 120°　(D)同相

157. 一个内阻为 0.15 Ω 的电流表,最大量程为 1 A,现给它并联一个 0.05 Ω 的小电阻,则这个电流表的量程可扩大为(　　)。

(A)3 A　(B)4 A　(C)6 A　(D)9 A

158. 电压表 A 内阻为 20 000 Ω,电压表 B 内阻为 4 000 Ω,量程都是 150 V,当它们串联在 120 V 的电源上时,电压表 B 的读数是(　　)。

(A)120 V　(B)80 V　(C)40 V　(D)20 V

159. 过盈连接装配是依靠配合面的(　　)产生的摩擦力来传递转矩。

(A)推力　(B)载荷力　(C)压力　(D)静力

160. 用于设备或电机出厂试验的仪表选用(　　)仪表。

(A)0.5 级　(B)1.0 级　(C)1.5 级　(D)2.5 级

161. 启动电动机时,自动开关立即分断的原因是过电流脱扣器瞬时值整定(　　)。

(A)太大　(B)适中　(C)太小　(D)无关

162. 一个内阻为 10 000 Ω 的电压表,最大量程为 1 000 V,现给它串联一个 50 000 Ω 的大电阻,则这个电压表的量程可扩大为(　　)。

(A)1 000 V　(B)5 000 V　(C)6 000 V　(D)7 000 V

163. 电机铁芯常采用硅钢片叠装而成,是为了减少(　　)。

(A)机械损耗　(B)铜耗　(C)磁滞损耗　(D)铁芯损耗

164. 绕线式异步电动机转子回路串联频敏电阻启动时,转子转速越低,频敏电阻的等效阻值(　　)。

(A)越大　(B)越小　(C)不变　(D)不一定

165. 圆锥面过盈连接的装配方法是(　　)。

(A)热装法　(B)冷装法
(C)压装法　(D)用螺母压紧圆锥面法

166. 螺纹连接产生松动故障，主要是经受长期(　　)而引起的。
(A)磨损　(B)运转　(C)振动　(D)冲击

167. ZD114 型电机的传动方式为(　　)传动。
(A)单边　(B)双向　(C)链条　(D)皮带

168. ZD114 型电机在轴的一端有(　　)的锥度，可以安装传递力矩的小齿轮。
(A)1∶10　(B)1∶20　(C)1∶30　(D)1∶50

169. ZD114 型电机的转轴锥面与小齿轮的配合接触面要大于(　　)，且应均匀接触。
(A)70%　(B)75%　(C)80%　(D)85%

170. ZD114 型电机的转轴锥面圆周上有油沟，轴端有注油孔，以使用油压方式将(　　)退下。
(A)轴承盖　(B)轴承　(C)封环　(D)小齿轮

171. 通常所指孔的深度为孔径(　　)倍以上的孔称为深孔，必须用钻深孔的方法进行钻孔。
(A)3　(B)5　(C)8　(D)10

172. 剖分式轴瓦的配刮是先刮研(　　)。
(A)上轴瓦　(B)下轴瓦　(C)轴瓦端面　(D)轴瓦结合面

173. 根据装配精度(即封闭环公差)合理分配各组成环公差的过程，叫作(　　)。
(A)封闭尺寸链　(B)解尺寸链　(C)相关尺寸链　(D)装配尺寸链

174. 在尺寸链中，确定各组成环公差带的位置，对相对于轴的被包容尺寸可注成(　　)。
(A)单向负偏差　(B)单向正偏差　(C)双向正负偏差　(D)零偏差

175. 装配时，使用可换垫片、衬套和镶条等，以消除零件间的累积误差或配合间隙的方法是(　　)。
(A)装配法　(B)配合法　(C)调整法　(D)加垫法

三、多项选择题

1. ZD120A 型牵引电动机的(　　)串联，用来消除电枢反应对主极气隙磁通的畸变影响。
(A)补偿绕组　(B)电枢绕组　(C)换向极绕组　(D)刷架绕组

2. ZD120A 型牵引电动机在环境条件或内部出现缺陷时会使换向器表面受到破坏而出现的异常现象有(　　)。
(A)黑片　(B)条纹和沟槽
(C)电刷轨痕　(D)电刷表面高度磨光

3. 我国当前的安全生产方针是(　　)。
(A)安全第一　(B)预防为主　(C)综合治理　(D)报警处置

4. 电动机不能启动或达不到额定参数的原因可能是(　　)。
(A)熔断器内熔丝烧断，开关或电源有一相在断开状态，电源电压过低
(B)定子绕组中有相断线
(C)鼠笼转子断条或脱焊，电动机能空载启动，但不能带负荷正常运转

(D)应接成“Y”接线的电动机接成“△”接线,因此能空载启动,但不能满载启动

5. 电动机空载或加负载时,三相电流不平衡,其可能的原因是(　　)。

(A)三相电源电压不平衡　　(B)定子绕组中有部分线圈短路

(C)大修后,部分线圈匝数有错误　　(D)大修后,部分线圈的接线有错误

6. 电动机全部或局部过热的可能原因是(　　)。

(A)电动机过载

(B)电源电压较电动机的额定电压过高或过低

(C)定子铁芯部分硅钢片之间绝缘漆不良或铁芯鹅毛刺

(D)转子运转时和定子相摩擦致使定子局部过热

7. 电动机运行中电流表指针来回摆动的原因是(　　)。

(A)绕线式转子一相电刷(或短路片)接触不良

(B)绕线转子一相断线

(C)电动机负荷不均

(D)笼型转子断条

8. 电动机外壳带电的原因是(　　)。

(A)未接地(零)或接地不良

(B)绕组受潮绝缘有损坏,有脏物或引出线碰壳

(C)电机绕组对地短路

(D)电源电压太高

9. 同步电动机发出不正常的响声,产生机械脉振,其原因可能是(　　)。

(A)电网电压低,“SBZ 失步再整定”可控硅装置失控

(B)励磁电压高或失步

(C)机械负荷过重

(D)转子回路接触不良或开路

10. 直流电动机的启动方法有(　　)。

(A)直接启动　　(B)电枢回路并联电阻启动

(C)电枢回路串联电阻启动　　(D)降压启动

11. 直流电动机的调速可采用的方式有(　　)。

(A)调节电枢电压、磁通　　(B)调节串在电枢回路内的电阻

(C)改变励磁电流　　(D)机械手动

12. 下列(　　)是保证安全的组织措施。

(A)停电　　(B)验电　　(C)工作票制度　　(D)工作监护制度

13. 全员安全教育活动中“三不伤害”原则是指(　　)。

(A)不伤害他人　　(B)不伤害自己　　(C)不被别人伤害　　(D)不让别人受伤害

14. 下列用具属于电气安全用具的是(　　)。

(A)安全带　　(B)绝缘绳　　(C)绝缘手套　　(D)绝缘靴

15. 电动机的(　　)部分均应装设牢固的遮栏或护罩。

(A)引出线　　(B)电缆头

(C)外露的转动部分　　(D)连接轴

16. 决定三相交流异步电动机的输出因素是(　　)。

(A)负载的功率　(B)负载的转矩　(C)电源的电压　(D)电源的频率

17. 影响转子电动势大小的因素,除了与影响定子电动势大小因素相同的外,还有(　　)。

(A)转子的转速　(B)转差率　(C)电源的电压　(D)电源的频率

18. 决定三相笼型交流异步电动机相数的因素是(　　)。

(A)笼型转子的导条数　(B)磁极对数

(C)定子绕组的相数　(D)电源的频率

19. 三相交流异步电动机转子绕组产生的磁动势是(　　)。

(A)旋转磁动势　(B)与定子旋转磁动势的旋转速度一样

(C)固定不转的　(D)相对转子旋转的磁动势

20. 影响三相交流异步电动机转子绕组阻抗的因素是(　　)。

(A)转子的转速　(B)转差率　(C)电源的电压　(D)电源的频率

21. 载荷分为(　　)。

(A)零载荷　(B)静载荷　(C)变载荷　(D)重质量

22. 各类作业人员在发现直接危及人身、电网和设备安全的紧急情况时,有权(　　)。

(A)切断电源　(B)停止作业

(C)采取可能的紧急措施　(D)撤离作业场所

23. 在试验和推广(　　)的同时,应制定相应的安全措施,经本单位总工程师批准后执行。

(A)新技术　(B)新工艺　(C)新设备　(D)新材料

24. 定子是磁场的重要通路并支撑电机,由(　　)与端盖、轴承等组成。

(A)主极　(B)换向极　(C)补偿绕组　(D)机座

25. 下列电器中,(　　)不能起短路保护作用。

(A)热继电器　(B)交流接触器　(C)按钮　(D)组合开关

26. 鼠笼式异步电动机可以采用(　　)等方法启动。

(A)星形—三角形接法转换　(B)定子回路串入电阻

(C)直接启动　(D)采用自耦变压器

27. 绕线式三相异步电动机可采用(　　)等方法启动。

(A)星形—三角形接法转换　(B)转子回路串接电阻

(C)直接启动　(D)转子回路串入频敏变阻器

28. 绕线式三相异步电动机可以采用(　　)进行调速。

(A)改变电源频率 f　(B)改变额定电压 U_N

(C)改变转差率 S　(D)改变转子磁极对数 P

29. 下列属于同步电动机基本组成部分的有(　　)。

(A)转子铁芯　(B)励磁绕组　(C)换向器　(D)电刷

30. 直流电动机的转子由(　　)组成。

(A)铁芯　(B)主磁极　(C)绕组　(D)换向器

31. 直流电动机的励磁方式有(　　)。

(A)他励　(B)复励　(C)串励　(D)并励

32. 下列属于他励直流电机不变损耗的是(　　)。

(A)轴承损耗　(B)通风损耗　(C)电刷摩擦损耗　(D)周边风阻损耗

33. 下列属于复励直流电机不变损耗的是(　　)。

(A)轴承损耗、通风损耗　(B)机械损耗

(C)电刷接触损耗　(D)电刷摩擦损耗、周边风阻损耗

34. 下列属于并励直流电机不变损耗的是(　　)。

(A)轴承损耗、通风损耗　(B)机械损耗

(C)电刷接触损耗　(D)电刷摩擦损耗、周边风阻损耗

35. 当电动机发生下列(　　)情况之一,应立即断开电源。

(A)发生人身事故时　(B)所带设备损坏到危险程度时

(C)电动机出现绝缘烧焦气味、冒烟火等　(D)出现强烈振动

36. 电动机空载电流较大的原因是:(　　)。

(A)电源电压太高

(B)硅钢片腐蚀或老化,使磁场强度减弱或片间绝缘损坏

(C)定子绕组匝数不够或△形接线误接成Y形

(D)轴承与转轴之间的磨擦阻力过大

37. 轴承过热的原因是(　　)。

(A)轴承损坏　(B)轴与轴承配合过紧或过松

(C)轴承与端盖配合过紧或过松　(D)润滑油脂过多或过少或油质不好

38. 三相异步电动机正常运转时,旋转磁场的转速(　　)。

(A)等于转子的转速　(B)与电源频率成正比

(C)与转子磁极对数成反比　(D)高于转子转速

39. 可作渗碳零件的钢材是(　　)。

(A)8号钢　(B)20号钢　(C)40Cr钢　(D)55号钢

40. 获得加工零件相互位置精度,主要由(　　)来保证。

(A)刀具精度　(B)机床精度　(C)夹具精度　(D)工件安装精度

41. 车刀前角大小取决于(　　)。

(A)切削速度　(B)工件材料

(C)切削深度和进给量　(D)刀具材料

42. 我国标准圆柱齿轮的基本参数是(　　)。

(A)齿数　(B)齿距　(C)模数　(D)压力角

43. 由于焊件的厚度、结构及使用条件的不同,常见的焊接接头形式有(　　)等。

(A)对接接头　(B)T形接头

(C)十字接头　(D)角接头及搭接接头

44. T形接头在钢结构件中应用广泛,按照焊件厚度其形式可分为(　　)四种形式。

(A)不开坡口　(B)单边V形　(C)K形　(D)双U形

45. 按焊缝在空间位置的不同,焊缝可分为(　　)。

(A)平焊缝　(B)立焊缝　(C)定位焊缝　(D)横焊缝

46. 按焊缝结合形式，焊缝可分为(　　)。

(A)定位焊缝　(B)对接焊缝　(C)角焊缝　(D)连续焊缝

47. 手工电弧焊引弧的方法有(　　)两种。

(A)擦划法　(B)高频引弧　(C)碰击法　(D)脉冲引弧

48. 埋弧焊机按焊丝数目不同分为(　　)。

(A)单丝焊机　(B)双丝焊机　(C)多丝焊机　(D)板极焊机

49. 埋弧自动焊工艺参数主要有(　　)。

(A)焊接电流　(B)电弧电压

(C)焊接速度　(D)焊丝直径与伸出长度

50. 常用的热处理方法有(　　)。

(A)退火　(B)回火　(C)正火　(D)淬火

51. 投影法通常分为(　　)等类型。

(A)中心投影法　(B)相交投影法　(C)平行投影法　(D)旋转投影法

52. 在机械制图中，通常物体的投影有(　　)之分。

(A)主视图　(B)左视图　(C)后视图　(D)俯视图

53. 为使金属材料达到永久连接的目的，金属焊接时须采用(　　)的方法来实现。

(A)加热　(B)不加热　(C)加压　(D)既加热又加压

54. 根据《焊缝符号表示法》(GB/T 324—2008)的规定，焊缝符号包括(　　)等。

(A)焊缝尺寸符号　(B)基本符号　(C)辅助符号　(D)补充符号

55. 指引线是由(　　)组成的。

(A)箭头线　(B)一条基准线　(C)三条基准线　(D)两条基准线

56. 对焊条电弧焊电源的要求有(　　)。

(A)适当的空载电压　(B)陡降的外特性

(C)良好的调节特性　(D)良好的动特性

57. 焊条电弧焊电源铭牌中的主要参数有(　　)。

(A)负载持续率　(B)一次电压　(C)额定焊接电流　(D)功率

58. 焊条电弧焊的优点有(　　)。

(A)工艺灵活、适应性强　(B)对焊工技术要求不高

(C)易通过工艺调整控制焊接变形　(D)设备简单、操作方便

59. 焊条直径大小的选择主要取决于(　　)。

(A)材料的厚度　(B)焊道层次　(C)接头形式　(D)焊接位置

60. 定位焊时不应该在(　　)进行定位焊。

(A)焊缝交叉处　(B)板的始焊端

(C)板的终焊端　(D)管道的时钟 6 点处

61. 氧乙炔气割主要用于(　　)等材料的切割。

(A)不锈钢　(B)铸铁　(C)低碳钢　(D)低合金结构钢

62. 碳弧气刨时，碳棒的直径应根据(　　)来选择。

(A)金属材料类型　(B)金属厚度　(C)刨削深度　(D)刨削宽度

63. 碳弧气刨时随着刨削速度的增大则(　　)。

(A)刨槽深度减小　　(B)刨槽深度增大
(C)刨槽宽度增大　　(D)刨槽宽度减小

64. 外观检查常用的检查方法有(　　)。
(A)肉眼观察　　(B)低倍放大镜检查
(C)焊口检测尺检查　　(D)射线探伤检查

65. 焊口检测尺通常用来测量(　　)。
(A)焊前坡口尺寸　(B)坡口间隙　(C)错边　(D)焊缝余高、宽度

66. 产生咬边的原因有(　　)。
(A)电流过小　(B)电流过大　(C)运条速度不当　(D)焊条角度不当

67. 弧坑中常含有(　　)等缺陷。
(A)裂纹　(B)缩孔　(C)夹渣　(D)错边

68. 铆接具有(　　)等优点。
(A)工艺简单　(B)连接可靠　(C)抗振　(D)耐冲击

69. 攻丝常用的工具是(　　)。
(A)板牙　(B)板牙架　(C)丝锥　(D)铰手

70. 套丝常用的工具是(　　)。
(A)圆板牙　(B)板牙铰手　(C)扳手　(D)螺刀

71. 丝锥常用(　　)制成。
(A)高速钢　(B)低碳钢　(C)合金工具钢　(D)碳素工具钢

72. 标准螺纹包括(　　)。
(A)普通螺纹　(B)管螺纹　(C)梯形螺纹　(D)锯齿形螺纹

73. 采用过盈配合连接的孔和轴,装拆时可用(　　)。
(A)修配法　(B)压装法　(C)热装法　(D)冷装法

74. 带轮装在轴上后应检查轮缘处(　　)。
(A)径向跳动度　(B)端面圆跳动度　(C)同轴度　(D)圆度

75. 对较重要的键连接装配完成后,应检查(　　)。
(A)键侧直线度　　(B)键两侧平行度
(C)键槽对轴线对称度　　(D)键侧间隙

76. 过盈连接的常见形式有(　　)过盈连接。
(A)平面　(B)曲面　(C)圆柱面　(D)圆锥面

77. 单件工时定额由(　　)组成。
(A)基本时间　　(B)辅助时间
(C)布置工作地时间　　(D)休息和生理需要时间

78. 产品定额的制定方法有(　　)。
(A)经验估工法　(B)经验统计法　(C)类推比较法　(D)时间定额法

79. 人生观大致包括的内容是(　　)。
(A)人生的意义,即人为什么而活着,人怎样生活才算值得
(B)人生的目的,即人生最终追求的目的是什么,什么是人生的最高理想
(C)一个人待人处世的根本态度,也包括处世的方法,也可以说是一个如何做人的问题

(D)研究人的本质、人生的价值,给予人生观以一般观点和方法论的指导

80. 提高职业道德修养的方法主要有(　　)。

(A)学习的方法　(B)自我批评的方法

(C)积善的方法　(D)慎独的方法

81. 职业道德教育的原则有(　　)、持续教育原则等。

(A)正面引导原则　(B)说服疏导原则

(C)因材施教原则　(D)注重实践原则

82. 下列有关集体主义的说法,正确的是(　　)。

(A)集体主义最能体现社会主义社会的本质,摒弃了集体主义,社会主义道德建设将无从谈起

(B)集体主义,就是指一切言论和行为以合乎最广大人民群众的集体利益为根本出发点的思想

(C)集体主义原则是马克思主义关于个人与社会、个人与集体关系的科学原理在价值观上的必然要求

(D)集体主义是社会主义道德建设的唯一标准,是社会主义经济、政治关系的必然要求

83. 直流电机电枢反应的结果为(　　)。

(A)总的励磁磁势被削弱

(B)磁场分布的波形发生畸变

(C)与空载相比,磁场的物理中性线发生偏移

(D)电枢磁势增加

84. 直流电机电刷磨损异常的原因是(　　)。

(A)换向器表面粗糙　(B)电刷质量不好

(C)电刷弹簧压力太小　(D)电刷振动

85. 他励直流电动机中影响换向的因素是(　　)。

(A)电抗与电枢反应　(B)电抗与物理化学

(C)电枢反应与机械　(D)A、B、C 都正确

86. 并励直流电动机中影响换向的主要因素是(　　)。

(A)自感与互感电抗　(B)机械与物理化学

(C)电枢反应　(D)A、B、C 都正确

87. 影响直流电机换向的电磁因素主要有(　　)。

(A)电抗电势　(B)电抗电势以及电枢反应电势

(C)电枢反应电势　(D)电源电压波动以及电枢绕组的电势

88. 三相交流异步电动机进行等效电路时,必须满足(　　)。

(A)等效前后转子电势不能变　(B)等效前后磁势平衡不变化

(C)等效前后转子电流不变化　(D)等效前后转子总的视在功率不变

89. 三相交流感应电动机进行等效电路时,必须满足(　　)。

(A)等效前后转子电势不能变

(B)等效前后磁势平衡不变化

(C)不管进行什么样的折算,能量平衡不能变

(D)等效前后转子总的视在功率不变

90. 下列属于他励直流电机可变损耗的是(　　)。

(A)机械损耗　　(B)电枢绕组本身电阻的损耗

(C)电刷摩擦损耗　　(D)电刷接触损耗

91. 下列属于并励直流电机可变损耗的是(　　)。

(A)机械损耗　　(B)电枢绕组本身电阻的损耗

(C)电刷摩擦损耗　　(D)电刷接触损耗

92. 三相交流同步电机的励磁方式有(　　)。

(A)直流发电机作为励磁电源的直流励磁机励磁系统

(B)用硅整流装置将交流转化成直流后供给励磁的整流器励磁系统

(C)静止整流器励磁系统

(D)旋转整流器励磁系统

93. CO_2 气体保护焊的焊接参数有(　　)。

(A)电弧电压及焊接电流　　(B)焊接回路电感

(C)焊接速度　　(D)气体流量及纯度

94. 铝及铝合金焊接时的主要问题是(　　)。

(A)易氧化　　(B)易产生气孔　　(C)易焊穿　　(D)易产生热裂纹

95. 堆焊金属合金成分的选择原则是(　　)。

(A)满足焊件的使用要求　　(B)经济便宜

(C)焊接性好　　(D)符合我国资源条件

96. 焊接变形的种类有(　　)。

(A)纵向收缩变形　　(B)横向收缩变形　　(C)角变形　　(D)弯曲变形

97. 焊接构件由焊接而产生的应力叫作焊接应力,焊接应力可分为(　　)。

(A)线应力　　(B)平面应力　　(C)体积应力　　(D)点应力

98. 消除焊接残余应力的方法有(　　)。

(A)整体高温回火　　(B)局部高温回火　　(C)机械拉伸法　　(D)温差接伸法

99. 特殊用途的游标卡尺有(　　)。

(A)深度游标卡尺　　(B)高度游标卡尺

(C)齿厚游标卡尺　　(D)带指示表的游标卡尺

100. 常见的机械传动有(　　)。

(A)带传动　　(B)链传动　　(C)齿轮传动　　(D)螺旋传动

101. 常用铸铁有(　　)。

(A)灰铸铁　　(B)球墨铸铁　　(C)可锻铸铁　　(D)高强铸铁

102. 合金工具钢主要用来制造(　　)。

(A)模具　　(B)量具　　(C)刃具　　(D)夹具

103. 切削用量的要素是(　　)。

(A)切削速度　　(B)进给量　　(C)切削深度　　(D)切削宽度

104. 常用的车刀材料有(　　)。

(A)碳素工具钢　　(B)合金工具钢　　(C)高速工具钢　　(D)硬质合金

105. 刀具磨损过程有(　　)。

(A)初期磨损　(B)正常磨损　(C)急剧磨损　(D)缓慢磨损

106. 直流电机电枢对地短路表现为(　　)。

(A)电枢绕组对地短路　(B)换向器对地短路

(C)电枢铁芯对地短路　(D)铜排对地短路

107. 同步电动机的启动方法有(　　)。

(A)辅助电动机启动法　(B)异步启动法

(C)调频启动法　(D)同步启动法

108. 根据绝缘漆的编号规则,下列属于H级绝缘漆的是(　　)。

(A)1032　(B)1151　(C)1141　(D)1053

109. 绝缘材料按照绝缘等级由低向高顺序排列,正确的是(　　)。

(A)B—H—C　(B)B—C—H　(C)B—F—H　(D)B—H—F

110. 采用(　　)可以改变直流电机的转向。

(A)将电枢两端电压反接,改变电枢电流的方向

(B)改变主磁场的方向

(C)同时改变主磁场和电枢电流方向

(D)A、B、C都对

111. 运行中的电机,电机过热的主要原因有(　　)。

(A)电源电压过高或过低　(B)电机过载运行,定子电流过大

(C)定子绕组缺相运行　(D)冷却系统故障

112. 直流电机的调速一般可以采用的方法有(　　)。

(A)电枢回路串接电阻的调速方法　(B)改变电源电压的调速方法

(C)改变电动机主磁通的调速方法　(D)改变电动机结构的调速方法

113. 电机电气制动的方法一般有(　　)。

(A)电枢电源反接制动　(B)能耗制动

(C)回馈制动　(D)倒拉反接制动

114. 下列结构部件中,属于直流电动机旋转部件的是(　　)。

(A)主磁极　(B)电枢绕组　(C)换向器　(D)电刷

115. 交流异步电动机中的定子部分有(　　)。

(A)电枢　(B)铁芯　(C)外壳　(D)端盖

116. 三相交流异步电动机的运行状态分为(　　)。

(A)电动机状态　(B)电磁制动状态　(C)发电机状态　(D)反接制动状态

117. 控制电机中交流伺服电动机的调速方式一般方法有(　　)。

(A)变极数　(B)幅—相控制　(C)相位控制　(D)幅值控制

118. ZD115型牵引电机主机绕组有(　　)。

(A)交叉式　(B)开口式　(C)笼式　(D)绕线式

119. 三相异步电动机空载试验的损耗包括(　　)。

(A)定子铜耗　(B)定子铁耗　(C)转子铜耗　(D)机械损耗

120. 关于直流发电机和直流电动机,下列说法正确的是(　　)。

(A)直流发电机电磁转矩的方向和电枢旋转的方向相同
(B)直流发电机电磁转矩的方向和电枢旋转的方向相反
(C)直流电动机电磁转矩的方向和电枢旋转的方向相同
(D)直流电动机电磁转矩的方向和电枢旋转的方向相反

121. 一台三相异步电动机带恒转矩负载运行，若电源电压下降，下列说法正确的是(　　)。
(A)电动机转速下降减小　　(B)定子电流减小
(C)最大转矩减小　　(D)临界转差率减小

122. 三相异步电动机电源电压一定，当负载转矩增加时，下列说法正确的是(　　)。
(A)电动机转速增大　　(B)定子电流增大
(C)电动机转速减小　　(D)定子电流减小

123. 对于绕线转子三相异步电动机，电源电压一定，转子回路电阻适当增大，下列说法正确的是(　　)。
(A)启动转矩增大　　(B)最大转矩增大
(C)启动转矩减小　　(D)最大转矩不变

124. 并励直流电机的损耗包括(　　)。
(A)定子绕组和转子绕组的铜耗　　(B)定子铁芯的铁耗
(C)机械损耗和杂散损耗　　(D)转子铁芯的铁耗

125. 负载时直流电机的气隙磁场包括(　　)。
(A)定子绕组电流产生的主磁场　　(B)定子绕组电流产生的漏磁场
(C)电枢绕组电流产生的漏磁场　　(D)电枢绕组电流产生的电枢反应磁场

126. 职业道德修养之所以必须经过实践这一途径，原因在于(　　)。
(A)积极参加职业实践是职业道德修养的根本途径
(B)从业人员的高尚的职业道德品质来源于实践
(C)在实践中进行职业道德修养是由道德自身的特点决定的
(D)职业道德修养是一种理智的、自觉的活动，它需要科学的世界观作指导

127. 集体主义作为社会主义的道德原则，其主要内涵是(　　)。
(A)集体利益高于个人利益，这是集体主义原则的出发点和归宿
(B)个人利益要服从集体利益和人民利益
(C)集体主义利益的核心是为人民服务
(D)在保障社会整体利益的前提下，个人利益与集体利益要互相结合，实现二者的统一

128. 加强诚信建设的工作重点是(　　)。
(A)继续推进生产和流通领域的诚信建设，从根本上遏制假冒伪劣商品的泛滥
(B)不断深化服务行业的诚信建设，努力做到规范服务、优质服务
(C)认真抓好中介组织的诚信建设，促进守法经营和公平竞争
(D)高度重视科教文化战线的诚信建设，为促进科技创新、教育发展、文化繁荣营造良好环境

129. 刮削时常用显示剂的种类有(　　)。
(A)红丹粉　　(B)蓝油　　(C)机油　　(D)煤油

130. 氧化物磨料主要用于(　　)的研磨。

(A)铸铁　(B)合金工具钢　(C)碳素工具钢　(D)高速钢

131. 金刚石磨料主要用于(　　)的研磨。

(A)铸铁　(B)黄铜　(C)硬质合金　(D)宝石

132. 铰削铸铁工件时应加(　　)冷却润滑。

(A)猪油　(B)柴油　(C)煤油　(D)低浓度乳化液

133. 铰削钢件时应加(　　)冷却润滑。

(A)煤油　(B)菜油　(C)猪油　(D)黄油

134. 钻模夹具上的钻套一般有(　　)钻套。

(A)固定　(B)可换　(C)快换　(D)特殊

135. 钻削深孔时容易产生(　　)。

(A)定位不准　(B)振动　(C)孔的歪斜　(D)不易排屑

136. 机械加工的基本时间应包括(　　)时间。

(A)切削　(B)趋近　(C)切入　(D)切出

137. 缩短工时定额中的机动时间不可以用缩短(　　)时间得到。

(A)基本　(B)辅助　(C)准备　(D)终结

138. 常用于消除系统误差的测量方法有(　　)等。

(A)反向测量补偿法　(B)基准变换消除法

(C)对称测量法　(D)抵消法

139. 下列切割方法属于冷切割的有(　　)。

(A)等离子弧切割　(B)激光切割　(C)碳弧气割　(D)水射流切割

140. 关于串励直流电机电磁转矩,下列说法正确的是(　　)。

(A)电磁转矩与电枢电流成正比

(B)电磁转矩与电枢电流的平方成正比

(C)电磁转矩与电枢电流和主磁通的乘积成正比

(D)电磁转矩与主磁通成反比

141. 在牵引电动机换向器表面产生有规律分布的黑痕,其主要原因可能是(　　)。

(A)电刷不在中性线上　(B)换向极绕组匝间短路

(C)机械不良,电刷与换向器接触不稳定　(D)换向极下气隙不均匀

142. 关于直流电机火花,下列说法正确的是(　　)。

(A)持续运行中允许出现 $1\sim1\frac{1}{2}$ 级火花

(B)2 级火花时,换向器表面产生黑痕,用汽油可以擦除

(C)2 级火花只允许短时出现

(D)3 级火花只允许短时出现

143. 关于 ZD115 型牵引电机机座,下列说法正确的是(　　)。

(A)采用了全叠片无机壳机座

(B)机座上带有主极铁芯和补偿槽

(C)这种结构的机座可以改善电机的换向性能

(D)磁路均匀,可以减小电机的速率特性差异

144. 关于 ZD115 型牵引电机主极线圈,下列说法正确的是(　　)。

(A)主极线圈共 12 匝

(B)匝间绝缘采用 NHN 复合箔

(C)采用 NHN 复合箔和 H 级聚砜毡作为槽绝缘

(D)线圈分开口式和交叉式两种

145. 下列属于 ZD115 型牵引电机电枢支架组成部分的是(　　)。

(A)电枢铁芯　　(B)换向器　　(C)电枢套筒　　(D)转轴

146. 关于 ZD115 型牵引电机换向器,下列说法正确的是(　　)。

(A)主要由换向片、云母片、V 形云母环、云母套筒、换向器套筒、换向器压圈、紧固螺栓等组成

(B)有 372 片换向片

(C)换向片和升高片之间采用氩弧焊焊接

(D)换向片的材料是银铜合金,其中银含量不低于 0.15%

147. 关于 ZD115 型电机运行条件,下列说法正确的是(　　)。

(A)电压应控制在 1 030 V 左右,瞬时值不超过 1 200 V

(B)当电流大于 945 A 时,只能做短时运行

(C)运行时最高允许转速为 2 200 r/min

(D)A、B、C 都对

148. 关于 ZD115 型电刷,下列说法正确的是(　　)。

(A)刷盒与换向器表面的距离应保持在 3.5～5.5 mm 之间

(B)电刷压力范围(28.4±2)N

(C)电刷与刷盒轴向间隙为 0.1～0.3 mm

(D)A、B、C 都对

149. 造成绝缘材料老化的因素有(　　)。

(A)热负荷　　(B)电负荷　　(C)机械振动　　(D)辐射

150. 聚酰亚胺薄膜具有优良的(　　)。

(A)耐低温性能　　(B)耐高温性能　　(C)抗辐射性能　　(D)介电性能

151. ZD115 型电机轴承自由状态时,间隙是(　　)。

(A)换向器端 0.125～0.165 mm　　(B)非换向器端 0.165 ～0.215 mm

(C)换向器端 0.165 ～0.215 mm　　(D)非换向器端 0.125～0.165 mm

152. YJ85A 型电机轴承产生刮痕的解决办法是(　　)。

(A)选择最佳润滑油和润滑系统,使之形成完整的油膜

(B)通过集流环或绝缘轴承避免电流流动

(C)使用附带加压装置的润滑剂

(D)选择较小径向游隙和预压的方式避免滑动

153. 下列 YJ85A 型电机试验项目中,属于例行试验项目的是(　　)。

(A)温升试验,在连续定额下进行　　(B)堵转电流的测定

(C)特性曲线的测定和绘制　　(D)定子绕组冷态直流电阻的测定

154. 关于 ZD114 型牵引电机机座,下列说法正确的是(　　)。
(A)采用全叠片结构
(B)采用整体式抱轴悬挂结构
(C)采用了可与外界隔离的密封结构的接线盒
(D)采用半叠片的铸钢基座
155. 关于 ZD114 型牵引电机主磁极,下列说法正确的是(　　)。
(A)主磁极由主极铁芯和主极线圈组成
(B)主极线圈为扁绕结构,每个线圈 13 匝
(C)主极铁芯由 1.5 mm 钢板一次冲制后叠压而成
(D)主极线圈匝间绝缘为半硫化陶瓷纸
156. 关于 ZD114 型牵引电机刷架装置,下列说法正确的是(　　)。
(A)由刷架圈、刷握、联线等部件组成
(B)采用涡卷弹簧式刷握
(C)碳刷换刷高度为 32 mm,使用极限高度为 28.5 mm
(D)刷架联线用于连接不同极性的刷握
157. ZD114 型牵引电机用 NSK 轴承的径向自由间隙为(　　)。
(A)传动侧 0.165～0.215 mm　　(B)非传动侧 0.125～0.165 mm
(C)传动侧 0.125～0.165 mm　　(D)非传动侧 0.165～0.215 mm
158. ZD114 型牵引电机检修后,换向器要求(　　)。
(A)换向面直径不小于 460 mm　　(B)升高片宽度不小于 16 mm
(C)云母槽深度 1.2～2.0 mm　　(D)工作面径向跳动量不大于 0.4 mm
159. ZD115 型牵引电机轴承内圈与转轴的配合过盈量正确的是(　　)。
(A)换向器端 0.023～0.060 mm　　(B)非换向器端 0.043～0.086 mm
(C)换向器端 0.030～0.060 mm　　(D)非换向器端 0.027～0.075 mm
160. 电介质的基本介电性能是指(　　)。
(A)体积电阻率　　(B)介电常数　　(C)表面电阻率　　(D)介质损耗
161. 下列属于局部放电的是(　　)。
(A)高压电机的槽内放电　　(B)高压电机线圈绝缘层内部气隙放电
(C)电机线圈端部电晕　　(D)高压电机线圈接地
162. 关于绝缘材料老化,下列说法正确的是(　　)。
(A)由辐射引起的老化通常是从绝缘材料内部开始的
(B)老化的内在原因是绝缘材料的分子结构存在弱点
(C)老化是一种自由基连锁反应
(D)老化是不可逆的
163. 绝缘浸漆场所的安全措施包括(　　)。
(A)房屋建筑应符合防火要求
(B)电气设备应选用防爆型
(C)室内应有专门的消防灭火器材
(D)浸渍漆、溶剂等的储藏室应按易爆品库设计

164. 关于真空压力浸漆,下列说法正确的是(　　)。

(A)浸漆工件应进行预烘

(B)预烘后的工件应冷却至室温才允许放入浸漆灌

(C)真空的作用是去除工件空隙内的空气、水分和残余溶剂

(D)加压是为了使绝缘漆更容易进入填充空隙

四、判 断 题

1. 表达零部件结构、形状、尺寸和加工要求的图样,称为机械图。(　　)
2. 电感是指线圈通入电流时产生磁通能力大小的物理量。(　　)
3. 互感是由于一个回路电流变化,而使另一个回路中产生感应电动势的现象。(　　)
4. 交流稳压器的工作原理是基于饱和电抗器的非线性磁化作用。(　　)
5. 使电介质发生击穿的最低电压称为击穿电压。(　　)
6. 交流电压表内阻越小测量越准确。(　　)
7. 使用兆欧表测量绝缘电阻值,即使是设备带电也能进行测量。(　　)
8. 三相负载有功功率 $P=\sqrt{3}U_{线}I_{线}\cos\varphi$,式中 φ 是负载相电压与相电流间的相位差。(　　)
9. 在均匀介质中,磁场强度的大小随媒介质的性质不同而不同。(　　)
10. 合金的结晶过程和纯金属的结晶过程从本质上讲是相似的。(　　)
11. 完全退火主要用于过共析钢,生产中多采用等温退火来代替完全退火。(　　)
12. 刚性主要取决于结构的外形尺寸大小。(　　)
13. 由于刨削时其切削速度低,故生产效率较低。(　　)
14. 工序间加工余量不应该考虑热处理时引起的变形。(　　)
15. 标准模数和标准压力角均在分度圆上。(　　)
16. 蜗杆传动的承载能力较低。(　　)
17. YJ85A 型电机转子的冲片上冲有 58 个半闭口槽。(　　)
18. 如果采用分度盘,铣削可进行多种分度。(　　)
19. 直流电机的绕组是电磁能量与机械能量转换的主要部件。(　　)
20. 为了保证发电机转子的拆卸质量,避免有关部件损伤,在抽转子时钢丝绳不能接触转子轴颈、集电环、风扇及引出线等。(　　)
21. 三相交流异步电动机启动特性要求主要有足够大的启动转矩和启动电流。(　　)
22. 直流电机换向片间的云母应和换向片成一平面,否则运转时会损伤电刷。(　　)
23. 由于电动机容量偏低,启动中时间过长会缩短电动机寿命,甚至烧毁。(　　)
24. 电动机定子绕组清理和检查,先去掉定子上的灰尘,擦去污垢,若定子绕组积留油垢,先用干布擦去,再用干布沾少量汽油擦掉。同时仔细检查绕组绝缘是否出现老化痕迹或有无脱落,若有应补修、刷漆。(　　)
25. 在拆装电机时,往往由于过重的敲打使端盖产生裂纹,小的裂纹不必修理,有条件可用焊接法修补裂纹。(　　)
26. 如果电机运行时轴承发出轻微的杂声,表示轴承还可以正常运行。(　　)
27. 受潮严重的电机必须干燥,烘干过程中约每隔 1 h 用兆欧表测量绝缘电阻 1 次,开始时绝缘电阻下降,然后上升。如果连续 3 h 后绝缘电阻值趋于稳定,且在 5 MΩ 以上,可确定

电机绝缘已烘干。（　　）

28. 三相交流电动机绕组因制造质量问题造成过载烧坏，在修理前一定要仔细检查气隙配合情况、铁芯质量，并采取相应的措施。例如适当增加匝数而导线截面不减少、采用耐温较高的聚脂薄膜等。（　　）

29. 当三相电动机绕组不知道首尾时，可将其中一相接电池和刀闸，另两相连接起来用万用表的毫安挡测量，当合上刀闸时，万用表指针摆动，如果是首尾相连时，则表针摆动的幅度大。（　　）

30. 发电机铁芯硅钢片松动，一般可在铁芯缝隙中塞进金属铝块用木锤轻轻打紧。（　　）

31. 维护整流子时，对整流子的开槽工作要特别仔细，最好是开U型槽，深度一般为整流子云母片的厚度，而且要将截片边缘处的棱角去掉。（　　）

32. 采用连续式或包带复合式绝缘结构的绕组，由于端部较长，防晕层外的电场强度较低，端部绝缘厚度可较槽部绝缘厚度减弱20%～30%。（　　）

33. 工程上常用绝缘电阻值的大小来判断电机、变压器等电气设备是否受潮和受潮程度如何。（　　）

34. 用矩形铜排扁绕时，线圈转角内R部分会产生减薄现象，外R部分产生增厚现象。（　　）

35. 安排劳动者延长工作时间的，支付不低于工资的百分之二百的工资报酬。（　　）

36. 电流流过人体的途径是影响电击伤害的重要因素，如果电流从一只手进入而从另一只手或脚流出，危害最大。（　　）

37. 电伤是指电流通过人体内部，造成人体内部组织破坏以致死亡的伤害。（　　）

38. 电伤主要包括电弧烧伤、熔化金属渗入人体皮肤和火焰烧伤等。（　　）

39. 注油设备着火应用泡沫灭火器或干燥的砂子灭火。（　　）

40. 电机修理后气隙不均匀的现象，往往是机座和端盖在装配时的同轴度不好，或者端盖外圆与轴不垂直所造成的。（　　）

41. 电动机及启动装置的外壳均应接地。（　　）

42. 重新绝缘处理后的电枢不需再做平衡试验。（　　）

43. 电力机车牵引电机转轴锥面拉伤后可焊修处理。（　　）

44. 重新加工后的换向器直径不能小于限度要求。（　　）

45. 三相异步电动机的额定电压是指线电压。（　　）

46. 修理电机过程中，遇到缺乏电机原有规格导线时，可用其他规格导线代替，除应保持槽满率、气隙磁通密度原有值外，还必须遵守改后的电机绝缘等级不允许降低、电流密度基本保持不变。（　　）

47. 通过测量绝缘电阻可以确定电机浸漆前的白胚是否已烘干。（　　）

48. 用一个剖切平面把零件完全剖开后所得的剖视图为局部剖视图。（　　）

49. 全剖视图主要用于内形复杂的不对称零件或外形简单的对称零件。（　　）

50. 由于交流绕组采用整距布置时的电枢电动势比采用短距布置时大，故同步电机通常均采用整距绕组。（　　）

51. 星—三角降压启动方式能降低对电网的冲击，对定子绕组在正常运行时作星形和三

角形接法的笼型异步电动机都适用。( )

52. 交流电机定子绕组是三相对称绕组,每相绕组匝数相等,每相轴线间隔180°。( )

53. 交流电动机定子与转子铁芯各点的气隙与平均值之差不应大于平均值的±20%。( )

54. 鼠笼式电动机在冷态下允许启动的次数,在正常情况下是5次。( )

55. 电源频率过低,交流电动机本身温度反而会降低。( )

56. 异步电动机空载启动困难、声音不均匀,说明转子笼条断裂,而且有总数1/7以上的数量断裂。( )

57. 异步电动机绕组在接线后应检查绕组是否有接错或嵌反,经检查无误后,再用电桥测量三相绕组的直流电阻,其标准是各相相互差别不超过最小值的5%。( )

58. 异步电动机的空载启动时间比原来增加了,但空载运行时,电磁声仍比较正常,空载电流亦无明显变化,当带负载后,电流波动,判断是转子鼠笼条有少量的断裂。( )

59. 在进行三相交流电机绕组连接时,只要保证每相绕组圈数相等,就能够保证产生三相平衡的电动势。( )

60. k_{d1}叫作电机绕组的节距因数,它与电机每极每相槽数q有关。( )

61. A级绝缘的耐热等级比B级绝缘高。( )

62. 电机运行的可靠性和寿命在很大程度上由绝缘的性能所决定。( )

63. 绝缘材料的击穿强度随着周围环境温度的升高而增大。( )

64. 无论是转矩与转速无关的负载,还是转矩随转速上升而增大的负载,只要电动机的机械特性是下降的,直流电动机就可稳定运行。( )

65. YJ85A型电机与机车的连接为滚动抱轴承结构。( )

66. 不同模具冲出的通风孔的位置混合使用时就会使风路减小。( )

67. 电枢铁芯轴向通风道的杂物是用高压风来清理的。( )

68. 交流电动机下线后可用压线板压实导线。当槽满率较高、定子较大时,可用榔头敲压线板,使导线压实。( )

69. 在修理电动机铁芯故障时,需对铁芯冲片涂绝缘漆。常用的硅钢片绝缘漆的品种有油性漆、醇酸漆、环氧酚醛、有机硅漆和聚酰胺酰亚胺漆。( )

70. 如无兆欧表,可用220 V灯泡串联检查电动机接地故障,即电路中灯、绕组、外壳直接串联,然后根据灯亮的程度判明绕组绝缘已损坏或已直接接地。( )

71. 异步电动机用短路电流法干燥时是在定子内通入三相交流电,所用电压约为额定电压的8%~10%,使定子电流约为额定电流的60%~70%。( )

72. 在保证图纸要求的铁芯长度下,压力越大,压装冲片越多,叠压系数越大,因而对铁芯损耗越小。( )

73. 铁芯压装后,通常是用通槽棒来检查槽形尺寸,通槽棒能通过的槽形为合格。( )

74. 在铁芯压装过程中常发生扇张现象,一般由冲片毛刺引起,主要是靠加压的办法来解决。( )

75. 中频机组测试匝间耐压时,频率为2 500 Hz,输出电压调到500 V加到10片换向片上,若电流加大说明这10片换向片有匝间短路。( )

76. 电枢接地故障的检查方法有耐压试验法和大电流法。( )

77. 三基面体系是指由三个互相垂直的基准平面组成的基准体系,它的三个平面是确定和测量零件上各要素几何关系的起点。( )

78. 直线换向是一种理想的换向情况。(　　)

79. 换向极第二气隙的作用是为了减小换向极的漏磁和降低换向磁路的饱和度。(　　)

80. 换向极的极性一定要保证它的磁场方向与交轴电枢反应磁场方向相同。(　　)

81. 电机运行时,发现换向极磁场过强或过弱时,可通过调整第二气隙的大小来调整。(　　)

82. 主极铁芯内径的同心度的要求,是为了保证电机装配后的气隙。(　　)

83. 换向极内径及同心度是由调整第二气隙的大小来实现的。(　　)

84. 串励式直流电机是励磁绕组和电枢绕组串联。(　　)

85. 并励式直流电机是励磁绕组和电枢绕组并联。(　　)

86. 自励式直流发电机的三种基本类型是串励、并励、复励。(　　)

87. 既能反映定子电流大小,又能反映功率因数大小的励磁方式称为复励。(　　)

88. 机械火花引起的换向器表面黑痕一般是无规律的。(　　)

89. 电刷下无火花时,火花等级为 0 级。(　　)

90. 装设换向极是改善换向的最有效方法。(　　)

91. 电刷与换向器的接触电阻越小越好。(　　)

92. 电机气隙的不均匀度主要取决于定子的装配质量和电枢铁芯的不圆度。(　　)

93. 主极气隙由第一气隙和第二气隙两部分组成。(　　)

94. 绕组槽楔敲击时无哑声,说明槽楔无松动。(　　)

95. 电机绕组第二次浸漆主要是为了在绕组表面形成一层较好的漆膜,因此漆的黏度应该低些。(　　)

96. 在机械制图中标注的尺寸链应为封闭状态。(　　)

97. 装配工作包括装配前的准备、部装、总装、调整、检验和试机。(　　)

98. 修配装配法对零件的加工精度要求较高。(　　)

99. YJ85A 型电机在热态下,定子绕组对机座可承受 5 400 V 工频耐压 3 min,无击穿和闪络。(　　)

100. 螺栓连接根据外径或内径配合性质不同可分为普通配合、过渡配合和间隙配合三种。(　　)

101. 为了保证传递扭矩,安装平键时必须使键侧和键槽有少量过盈。(　　)

102. 牵引电机的抱轴瓦由上、下半瓦组成,电机总装时可以互换。(　　)

103. 交流接触器和磁力接触器不能切断短路电流。(　　)

104. 交流电流过零后,电弧是否重燃决定于弧隙的介质恢复过程与电压的恢复过程,当前者小于后者时电弧将重燃。(　　)

105. 一台定子绕组星形连接的三相异步电动机,若在启动前一相绕组断线,则电动机将不能转动,即使施以外力作用于转子也不可能转动。(　　)

106. 绝缘油老化的主要原因是受热、氧化或受潮。(　　)

107. 在实际电路中,当交流电流过零时,是电路开断的最好时机,因为此时线路中储存的磁场能量接近于零,熄灭交流电弧比熄灭直流电弧容易。(　　)

108. 交流接触器接于相同的直流电压会很快烧坏。(　　)

109. 电流从一只手进入而从另一只手或脚流出危害与从一只脚进入另一只脚流出的危

害相同。(　　)

110. 使用电流表时,应将其串联在电路中;使用电压表时,应将其并联在电路中。(　　)

111. 三相异步电动机的额定功率 P_N,是指电动机在额定工作状态时轴上输出的机械功率,单位为 kW。(　　)

112. 三相异步电动机的额定电压 U_N,是指在额定工作状态时轴上输出的机械功率,单位为 V。(　　)

113. 三相异步电动机的额定电流为 I_N,是指电动机在额定工作状态下流过定子绕组中的相电流,单位为 A。(　　)

114. 三相异步电动机的额定转速 n_N,是指电动机在额定电压、额定频率及额定输出功率的情况下的旋转速度。(　　)

115. 三相交流电机定子绕组的线匝是指导线在定子的两个铁芯槽中绕过一圈。(　　)

116. 三相交流电机定子绕组的线圈是指由若干个几何形状相同、截面相同的线匝串绕在一起,最后留出一根线头和线尾的组合体。(　　)

117. 三相交流电机定子绕组的节距是指一个线圈的两个有效边在定子或转子铁芯上所跨过的距离(槽数)。(　　)

118. 三相交流电机定子绕组的单层绕组就是在铁芯槽内嵌有上、下两个线圈的绕组,通称为单层绕组。(　　)

119. 三相交流电机定子槽数,若不能被极数和相数整除,即 q 是分数时,称为分数槽绕组。(　　)

120. 三相异步电动机不能启动,经检查,过载保护设备运作,处理方法:可适当提高整定值。(　　)

121. 异步电动机振动大,经检查,联轴器不平衡,处理方法:做转子动平衡。(　　)

122. 异步电动机有嗡嗡的响声,经检查,属缺相运行,处理方法:检查熔丝及开关触头,并测量绕组的三相电流电阻,针对检查出来的情况,排除其故障。(　　)

123. YJ85A 型电机的定子根据接线需要,绕组的引出线做成四种长度形式。(　　)

124. 运行中的电动机电压负载一定时,若电压降低,电流必然降低,从而电机温升增高。(　　)

125. 电动机在额定负载时,转速与理想空载转速之比称为转差率。(　　)

126. 三相异步电动机的额定温升,是指电动机额定运行时的额定温度。(　　)

127. YJ85A 型电机的定子铁芯的吊挂件由压成圆形的钢板和锻钢吊挂块焊接而成。(　　)

128. 机械损耗与铁损耗合称为同步发电机的空载损耗,它随着发电机负载的变化而变化。(　　)

129. 三相异步电动机定子绕组引出线首端和尾端的识别方法有灯泡检查法和电压表检查法。(　　)

130. 交流电动机极数可用测量电动机的转速来确定(频率为 50 Hz)。(　　)

131. ZD120A 型牵引电动机采用架承式全悬挂,电机两端均悬挂在转向架的构架上。(　　)

132. 对高压三相电动机的保护方法有相间短路保护、单相接地保护、低电压保护、过载保

护等。(　　)

133. 在检查星形连接的绕组时,把三个端接头接在一起再通入直流电,同时用磁针检查,如果接法正确,磁针绕一周时,指针的方向交替变化,反向的次数应为绕组极数的 2 倍。(　　)

134. 三相定子的圆形接线图的画法有电角度法、反串接法、短跳接法、长跳接法等。(　　)

135. 三相交流电动机定子绕组短路故障多见于匝间短路、极相组短路、相间短路。(　　)

136. 检查交流电机定子绕组断路故障的方法有万用表或检查灯检查法、三相电流平衡法、电桥法等。(　　)

137. 采用磁性槽楔,对于铁损耗和空载电流偏大的高压异步电动机,改善效果显著。(　　)

138. 改变电动机极数时,应考虑电动机的功率与转速大致成正比变化。(　　)

139. 更改绕线型电动机的极数时,定子和转子绕组的极数必须同时更改。(　　)

140. 转子断笼后重新启动时有困难,有时从通风道内可看到火星。(　　)

141. 绕线型转子的常见故障是转子并头套开焊和短路放电。(　　)

142. 绕线型转子常见故障的原因有并头套间积存碳粉较多,使并头套间绝缘电阻下降。(　　)

143. 绕线型转子端部绑扎,目前广泛使用无纬玻璃丝带,它不仅能提高电机的电气性能和机械性能,而且操作方便、成本低。(　　)

144. 在交流电动机线路中,选择熔断器熔体的额定电流,对多台交流电动机线路上总熔体的额定电流,应等于线路中功率最大一台电动机额定电流的 1.5～2.5 倍,再加上其他电动机额定电流的总和。(　　)

145. 交流绕组采用短距绕组有利于削弱感应电势的高次谐波,同时在一定程度上还能增加绕组的感应电动势大小。(　　)

146. 绕线式异步电动机允许连续启动 5 次,每次间隔时间不小于 2 min。(　　)

147. 如果三相异步电动机过载,超过最大转矩,电动机将停转。(　　)

148. 当异步电动机启动时,因为启动电流大,故启动力矩大。(　　)

149. 三相对称电源采用星形连接,电源线电压与相电压相等。(　　)

150. 检测电机绕组与机壳之间的绝缘电阻使用兆欧表。(　　)

151. 兆欧表电压等级的选择应大于或等于被检测线路的电压值。(　　)

152. 电流互感器不能开路运行。(　　)

153. 电压互感器不能短路运行。(　　)

154. 涡流是在导体内产生的自行闭合的感应电流。(　　)

155. 由于线圈本身的电流变化而在线圈内部产生的电磁感应现象叫作自感。(　　)

156. 通过调换任意两相电源线的方法,即可改变三相交流电机的转向。(　　)

157. 通过改变直流电动机励磁电流的方向或电枢电流的方向,即可改变直流电动机的转向。(　　)

158. 改变直流电动机转向的方法是对调电动机励磁和电枢的接线。(　　)

159. 断路故障多数发生在电机绕组的端部以及各绕组接线头或电机引出线端等附近。( )

160. 异步电机转子堵转时,其电流将与额定电流相同。( )

161. 如果异步电动机轴上负载增加,其定子电流会减小。( )

162. 直流电动机调压调速是恒转矩调速,弱磁调速是恒功率调速。( )

163. 牵引电机采用的是分裂式结构的电刷。( )

164. ZD120A 型牵引电动机的换向极主要由换向极铁芯和换向极线圈组成,为改善脉流换向性能,换向极铁芯采用焊接结构。( )

165. 直流串励电机的软特性是指串励电机的速率特性具有负载增加时转速下降慢的特性。( )

166. ZD120A 型牵引电动机的机座导磁部分采用 1 mm 冷轧钢板冲制成 8 边形。( )

167. ZD120A 型牵引电动机的前端盖上均布加强筋和观察孔。( )

168. ZD120A 型牵引电动机的轴承室油封采用迷宫式结构。( )

169. ZD120A 型牵引电动机的转轴是传递电机功率的受力部件,对其机械性能、表面粗糙度、加工精度要求较高。( )

170. ZD120A 型牵引电动机的电枢后支架在靠近电枢铁芯的一侧开 9 个径向导油槽,用以降低电枢绕组后部温升。( )

171. 只有塑性较好的材料才能进行矫正。( )

172. 材料弯形后,其长度不变的一层称为中性层。( )

173. 弹簧在不受外力作用时的高度(或长度)称为有效高度(或长度)。( )

174. 经淬硬的钢制零件进行研磨时,常用低碳钢材料作为研具。( )

175. 滚动轴承的配合游隙小于原始游隙。( )

176. 装配滚动轴承时,轴颈或壳体孔台肩处的圆弧半径应大于轴承的圆弧半径。( )

177. 装配滚动轴承时,轴上的所有轴承内、外圈的轴向位置应该全部固定。( )

178. 用绝缘电阻表(兆欧表)测绝缘物的绝缘电阻时,若其表面漏电严重,影响不易去除时,需用保护或屏蔽接线柱适当接线,以消除表面漏电影响。( )

179. 使用万用表测量电阻,每换一次欧姆挡都要把指针调零一次。( )

180. 电流表接入电路时,应在断电下进行。( )

五、简 答 题

1. 什么叫线、面分析法?
2. 加工精度包括哪些内容?
3. 磁路欧姆定律的内容是什么?
4. 常用电工测量方法有哪些?
5. 什么是速度控制线路?
6. 直流电动机的调速方法常见有哪些?
7. YJ85A 型电机为什么采用的是绝缘轴承?
8. 装配的基本原则有哪些?
9. YJ85A 型电机采用什么样的通风方式?

10. 异步电动机的气隙为什么比同步电机的气隙小很多？
11. 异步电动机产生不正常的振动和异常声音，在电磁方面的原因一般是什么？
12. 简述对电动机绕组进行浸漆处理的目的。
13. 电动机嵌线时常用工具有哪些？
14. 星形连接的三相异步电动机其中一相断线会怎样？
15. 电动机不能转动的原因主要有哪些方面？
16. 简述 YJ85A 型电机的定子铁芯结构。
17. YJ85A 型电机轴承温升过高的原因是什么？
18. 引起 ZD120A 型牵引电动机换向困难的因素是什么？
19. 绝缘处理有何作用？
20. ZD120A 型牵引电动机产生电刷火花过大的因素是什么？
21. 异步电动机在进行大修或绕组重绕后电流增大可能有哪些原因？
22. 电动机外壳带电是由哪些原因引起的？
23. 简述磁极线圈的制造质量与装配的关系。
24. 绝缘材料应该具有哪些特性？
25. 简述主极线圈检修的工艺过程。
26. 牵引电机解体、清洗后电枢应做哪些检查？
27. 磁极线圈的主要故障有哪些？
28. 如何正确焊接好磁极线圈端头？
29. 为了减少连线断裂，我们一般采用什么方法来预防？
30. 磁极线圈组装后，如何检查各磁极极性？
31. ZD120A 型牵引电动机换向器表面的电刷轨痕是怎么产生的？
32. 铁芯压装吨位应如何选择？压装吨位为什么不能太大？也不能太小？
33. 焊接结构中，焊接残余应力与变形之间有什么关系？
34. 为什么串励式直流电动机不能在空载下运行？
35. ZD120A 型牵引电动机换向器表面的铜毛刺是怎么产生的？
36. 三相异步电动机定子绕组端部接地怎样修理？
37. 直流电机检修中常见的电气故障有哪些？
38. 引起电机定子绕组绝缘过快老化或损坏的原因有哪些？
39. ZD120A 型牵引电动机换向器表面是怎样形成的“波浪形”？
40. 什么是匝间绝缘？作用如何？
41. 电枢绕组常见故障有哪些？
42. 电枢对地绝缘电阻低的原因有哪些？
43. 焊接变形及应力产生的原因是什么？
44. 什么是直流电机的换向？
45. 换向极第二气隙有何作用？
46. 直流电机的气隙应如何计算？标准为多少？
47. 对牵引电机换向器的径向跳动量是如何规定的？
48. 引起主轴径向圆跳动误差，就轴承精度方面看有哪些影响因素？

49. 直流电动机某极下的火花明显比其他极下大,是何原因? 怎样检查?

50. 如何改变直流电机的转向?

51. 绕线式异步电动机启动时通常采用在转子回路串联适当启动电阻的方法来启动,能够获得较好的启动性能,如果将启动电阻改成电抗器,效果是否一样? 为什么?

52. 试比较异步电动机直接启动与降压启动的优缺点。

53. 异步电机启动困难的一般原因是什么?

54. 绕线式异步电动机通常采用转子回路串入电阻来改善启动性能,试问转子回路串入的电阻是不是越大越好? 为什么?

55. 什么是焊缝符号? 焊缝符号由哪几部分组成?

56. 什么是直流电机的电枢反应?

57. 电枢线圈的成形质量对线圈和嵌线的影响如何?

58. 检测电动机绝缘电阻的目的是什么?

59. 按国标电动机热态绝缘电阻最低允许值怎样确定?

60. 简述绝缘电阻的测量方法。

61. 简述电动机绕组温升的测量方法有哪些。

62. 直流电动机的功率应该怎样检测?

63. 造成直流电动机换向器上出现有规律的烧痕的原因可能有哪些?

64. 造成滚动轴承发热、噪声、烧损的原因是什么?

65. 引起直流电机电枢过热故障的原因有哪些?

66. 异步电动机在何种情况下发热最严重? 为什么?

67. 为了改善牵引电机的换向,通常采用哪些措施?

68. 简述处理事故的“三不放过”原则。

69. 直流电动机转速异常的原因是什么?

70. 转子为什么要校平衡?

六、综 合 题

1. 如图 1 所示,根据主视图、俯视图,补作左视图。

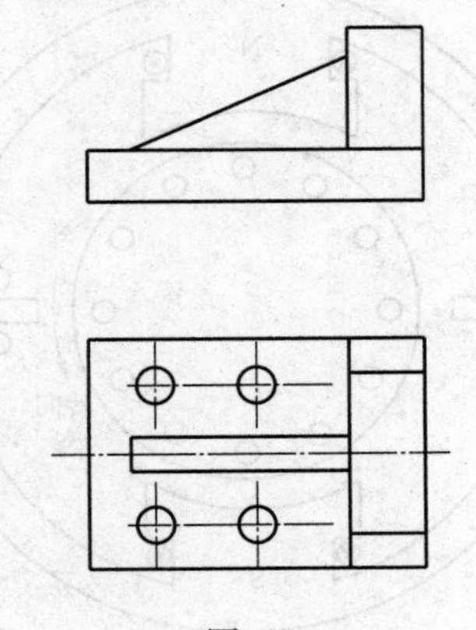

图 1

2. 根据图 2 两个极相组串联图，画出电路回路并联的接线图。

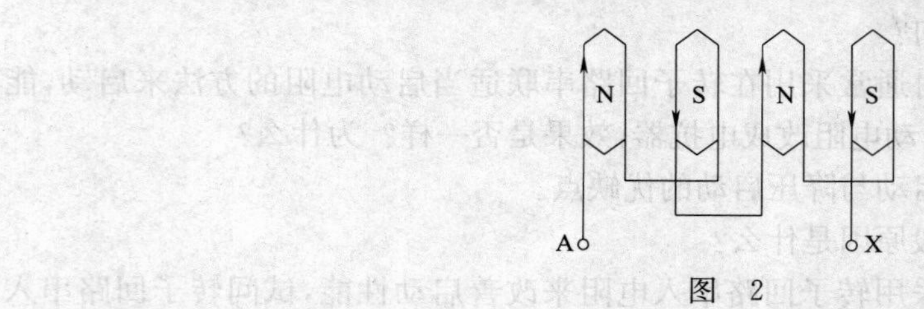

图 2

3. 在图 3 上画出三相 2 极 24 槽单层同心式绕组展开图。

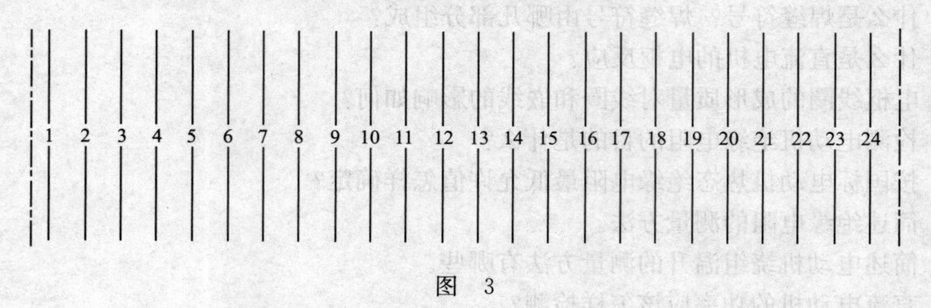

图 3

4. 作出图 4 中单层交叉式链形绕组"反串"接线图，并标出电流方向和磁极的极性。

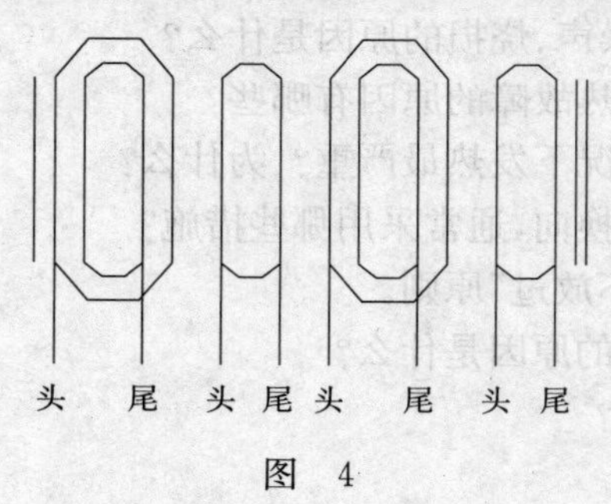

图 4

5. 图 5 为一台直流发电机，请在图中正确标出未知极的极性以及未知绕组中的电流方向。

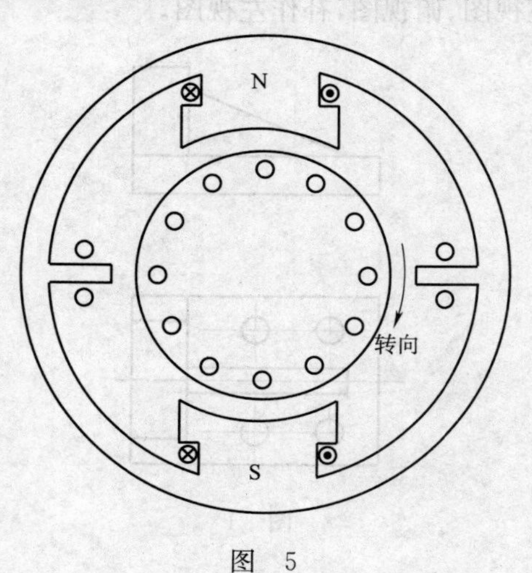

图 5

6. 已知一单相交流电路，其中电压 u 的表达式为 $u=311\sin(314t-30°)$ V，电流 i 的表达式为 $i=5\sin(314t+60°)$ A，试求电压与电流的有效值以及该电路总阻抗 Z 是多少？并判断电路的性质是阻性、感性还是容性？

7. 已知 R、L 串联电路，电源电压 $U=100$ V，电阻 $R=30$ Ω，电感电抗 $X_L=40$ Ω，试计算该电路的电流、有功功率和无功功率的大小。

8. 有一直流电机，其额定电压 $U=220$ V，电枢反电势 $E_S=205$ V，电枢绕组电阻为 1.5 Ω，要想使启动电流控制在 2 倍额定电流范围内，问电枢回路应串入多大电阻？

9. 有一台异步电动机额定转速 $n=730$ r/min，试求额定转差率是多少？

10. 一台并励直流电动机在额定电压 $U_N=220$ V 和额定电流 $I_N=40$ A 的情况下运行，75 ℃时电枢绕组电阻 $R_a=0.5$ Ω，电刷接触压降 $2\Delta U=2$ V，额定转速 $n_N=1\ 000$ r/min，若保持励磁电流 $I_f=1.2$ A 以及负载转矩不变，试求当电网下降为 190 V 时的转速是多少？

11. 电动机出现绕组接地故障时，接地点如何查找与处理？

12. 电动机绕组短路时应如何检查处理？

13. 怎样清洗电动机滚动轴承？

14. 请在图 6 中画出极数为 $2P=4$、虚槽数 $Z_e=16$、第一节距 $y_1=4$ 的直流电机单叠绕组展开图。

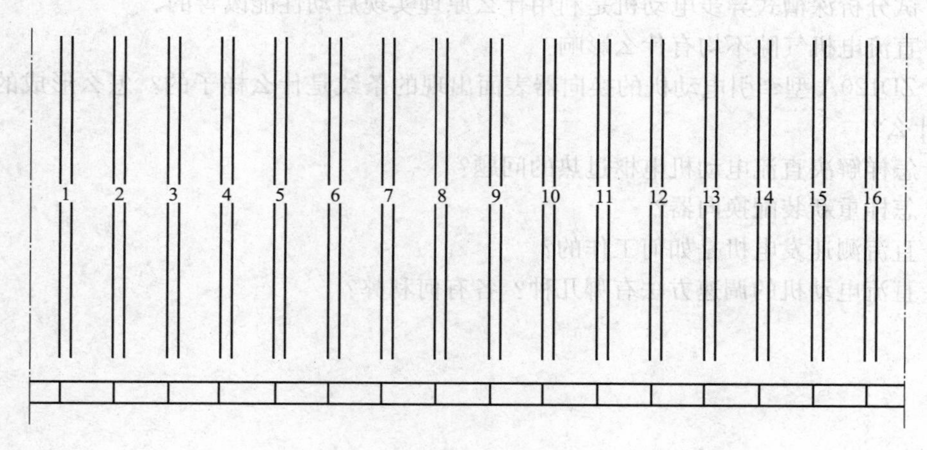

图 6

15. 牵引电机的绝缘结构有哪几个方面？各自的作用是什么？

16. 牵引电机为什么要安装均压线？

17. 如何判断运行中鼠笼式异步电动机发生断条故障？如何判断转子断笼条位置？

18. 电动机转子怎样校动平衡？

19. 试述电动机过负荷的类型，并解释各自特点。

20. 分析电动机空载时与加负载时振动的原因。

21. 绘出一种点动、长动控制的电动机原理接线图。

22. 试绘出接触器直接控制三相异步电动机原理接线图。

23. 在图 7 上绘出 $2P=4$、$Z=30$、$y=6$ 的三相交流电机叠绕组展开图。（仅画出一相即可）

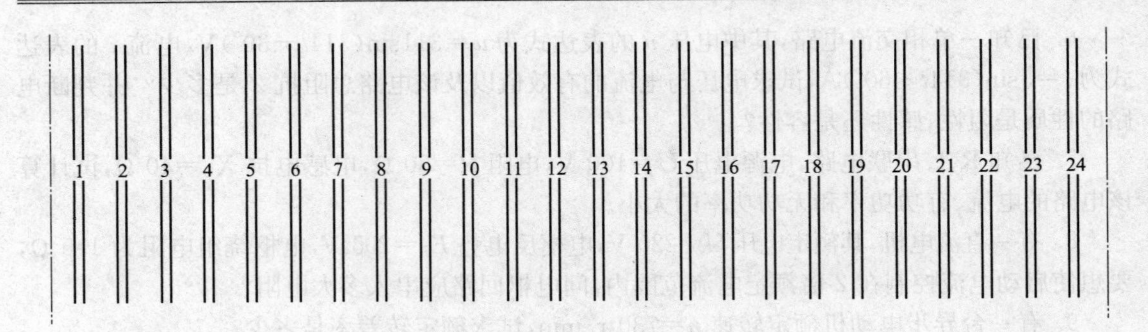

图 7

24. 试绘出三相异步电动机空载试验接线图。

25. 绘出异步电动机外施电压下降时的转矩特性，并说明当负载转矩不变而电压下降时电动机的转差率及转速将会怎样变化。

26. 分析 Y—△启动法的适用条件及启动参数。

27. 综述 YJ85A 型电机定、转子的检修过程。

28. 详述直流电动机电磁制动的三种方法。

29. 试分析深槽式异步电动机是利用什么原理实现启动性能改善的。

30. 直流电机气隙不均有什么影响？

31. ZD120A 型牵引电动机的换向器表面出现的条纹是什么样子的？怎么形成的？产生原因是什么？

32. 怎样解决直流电动机电枢过热的问题？

33. 怎样重新装配换向器？

34. 直流测速发电机是如何工作的？

35. 直流电动机的调速方法有哪几种？各有何利弊？

常用电机检修工(中级工)答案

一、填 空 题

1. 比例	2. 三相四线制	3. $I_{线}=I_{相}$	4. 磁化
5. 发电机	6. 电动机	7. 相序	8. 磁场强度
9. 自行闭合	10. $U_{线}=U_{相}$	11. PWM 波调制	12. 大小
13. 多次测量取平均值	14. 磁电	15. 12.5～25 μm	16. 绝缘
17. 微孔	18. 啮合	19. 抱轴承	20. 上升
21. 空载	22. 机械	23. 鼠笼式	24. 外表
25. 大	26. 25.4	27. 短路	28. 1
29. 轮对	30. 自愿平等	31. 物质	32. 四十四
33. 50°～60°	34. 1∶50	35. 两证一票	36. 拒绝危险作业
37. 抢救	38. 心肺复苏	39. 左右移动	40. 5
41. Y	42. 电阻分相	43. 改善换向	44. 电枢绕组
45. 换向片	46. 内应力	47. 高于 E 级	48. 同心式
49. 总槽数的一半	50. 高的硬度	51. 伏安法	52. 20%
53. 500 V	54. 120	55. 集肤效应	56. 启动
57. 电磁	58. 超重	59. 减小	60. 不平行于
61. 平方	62. 无关	63. 最大	64. R_a0.8 μm
65. 绝缘等级	66. 绝缘电阻值	67. 更新绕组	68. 更新
69. 降低	70. 1 MΩ/kV	71. 0.5	72. 4%
73. 聚酰亚胺薄膜	74. 机械	75. 严重下降	76. 40%
77. 铜	78. 升高	79. 架承式	80. 十二
81. 30	82. 正比	83. 绕线	84. 较轻
85. 80%	86. 垂直	87. 整齐	88. 轴承座
89. 完全重合的	90. 换向器对地短路	91. 调频启动法	92. 旋转
93. 极数	94. 等于	95. 静止	96. 转差率
97. 低于	98. 增加	99. 电磁线	100. 6
101. 软扁铜线	102. 漆膜	103. 3∶2	104. 热塑性
105. 耐电弧性	106. 塞入厚纸片	107. 修正槽形	108. 冲模
109. 风路	110. 轴向	111. 200	112. 冷轧
113. 换向极线圈	114. 18	115. 间隙配合	116. 增厚
117. 试验线圈法	118. 机座止口	119. 0.6～0.8	120. 大于
121. 功率因数	122. 相等	123. 调速	124. 节距

125. 高于 126. 脉振 127. 8 128. 铁芯重量
129. 整除 130. 相等 131. 第一槽 132. 整体高温回火
133. 研磨剂 134. 研磨膏 135. 内焰 136. 碳化
137. 换向周期 138. 大 139. 电枢绕组 140. 找正
141. 励磁方式 142. 他励发电机 143. 火花 144. 内径千分尺
145. 换向极 146. 硅钢片垫片 147. 过渡配合 148. 0.18 mm
149. 换向器 150. 铸钢 151. 不能互换 152. 转子
153. 电刷装置 154. 电流互感器 155. 分流器 156. 电压互感器
157. 倍率器 158. 36 V 159. 1.732 160. 0.707
161. 1 mm 162. 0.5 163. 1.0 164. 20%
165. 绝缘表面洁净度 166. 高压中频振荡波 167. 1∶50 168. ϕ125 mm
169. 55 K 170. 2 662 171. 9 172. 93
173. 单叠交错 174. 80% 175. 油压方式

二、单项选择题

1. C 2. D 3. D 4. B 5. A 6. C 7. D 8. A 9. A
10. C 11. A 12. A 13. A 14. B 15. C 16. A 17. B 18. A
19. B 20. C 21. D 22. D 23. C 24. D 25. C 26. B 27. D
28. B 29. A 30. A 31. D 32. C 33. C 34. B 35. D 36. B
37. B 38. B 39. A 40. A 41. C 42. D 43. C 44. C 45. C
46. B 47. B 48. A 49. B 50. B 51. B 52. C 53. B 54. A
55. C 56. B 57. A 58. D 59. D 60. A 61. B 62. C 63. C
64. C 65. D 66. B 67. C 68. A 69. A 70. A 71. B 72. C
73. B 74. B 75. B 76. B 77. A 78. A 79. A 80. A 81. B
82. D 83. C 84. C 85. B 86. A 87. B 88. C 89. B 90. C
91. A 92. C 93. C 94. A 95. A 96. A 97. A 98. D 99. A
100. C 101. B 102. A 103. C 104. C 105. C 106. D 107. D 108. A
109. A 110. B 111. A 112. A 113. B 114. A 115. B 116. B 117. A
118. C 119. A 120. C 121. A 122. D 123. C 124. B 125. B 126. A
127. C 128. C 129. A 130. A 131. D 132. A 133. D 134. A 135. A
136. C 137. A 138. B 139. D 140. C 141. B 142. D 143. C 144. A
145. C 146. A 147. B 148. A 149. C 150. A 151. C 152. C 153. D
154. D 155. D 156. A 157. B 158. D 159. C 160. B 161. C 162. C
163. D 164. A 165. D 166. C 167. A 168. A 169. C 170. D 171. D
172. B 173. B 174. A 175. C

三、多项选择题

1. ABC 2. ABCD 3. ABC 4. ABC 5. ABCD 6. ABCD 7. ABCD
8. AB 9. AC 10. ACD 11. ABC 12. CD 13. ABC 14. BCD

15. BCD 16. AB 17. AB 18. AB 19. ABD 20. AB 21. BC
22. BCD 23. ABCD 24. ABCD 25. ABCD 26. ABCD 27. BCD 28. ACD
29. ABD 30. ACD 31. ABCD 32. ABCD 33. ABD 34. ABD 35. ABCD
36. AB 37. ABCD 38. CD 39. AB 40. BCD 41. BCD 42. AC
43. ABD 44. ABCD 45. ABD 46. BC 47. AC 48. ABC 49. ABCD
50. ABCD 51. AC 52. ABD 53. ACD 54. ABCD 55. AD 56. ABCD
57. ABCD 58. ACD 59. ABCD 60. AD 61. CD 62. BD 63. AD
64. ABC 65. ABCD 66. BCD 67. ABC 68. ABCD 69. CD 70. AB
71. ACD 72. ABCD 73. BCD 74. AB 75. AC 76. CD 77. ABCD
78. ABCD 79. ABC 80. ABCD 81. ABCD 82. ABC 83. ABCD 84. ABD
85. ABCD 86. AC 87. ABC 88. BD 89. BCD 90. BD 91. BD
92. ABCD 93. ABCD 94. ABCD 95. ABCD 96. ABCD 97. ABC 98. ABCD
99. ABCD 100. ABCD 101. ABC 102. ABC 103. ABC 104. ABCD 105. ABC
106. AB 107. ABC 108. BD 109. AC 110. AB 111. ABCD 112. ABCD
113. ABCD 114. BC 115. ABCD 116. ABC 117. BCD 118. AB 119. ABD
120. BC 121. AC 122. BC 123. AD 124. ACD 125. ABCD 126. BC
127. AD 128. ABCD 129. AB 130. ABCD 131. CD 132. CD 133. BC
134. ABCD 135. BCD 136. ABCD 137. BCD 138. ABCD 139. BD 140. BC
141. ABD 142. AC 143. ABCD 144. BCD 145. CD 146. ABD 147. AB
148. BC 149. ABCD 150. ABCD 151. AB 152. ACD 153. BD 154. BCD
155. ABCD 156. AB 157. AB 158. BCD 159. AD 160. ABD 161. ABC
162. BCD 163. ABCD 164. ACD

四、判 断 题

1. √ 2. √ 3. √ 4. √ 5. √ 6. × 7. × 8. √ 9. ×
10. √ 11. × 12. × 13. √ 14. × 15. √ 16. × 17. √ 18. √
19. √ 20. √ 21. × 22. × 23. √ 24. √ 25. × 26. × 27. √
28. √ 29. √ 30. × 31. √ 32. √ 33. √ 34. × 35. × 36. √
37. × 38. × 39. × 40. × 41. √ 42. × 43. × 44. √ 45. √
46. √ 47. √ 48. × 49. √ 50. × 51. × 52. × 53. × 54. ×
55. × 56. √ 57. × 58. √ 59. × 60. × 61. × 62. √ 63. ×
64. √ 65. √ 66. √ 67. √ 68. √ 69. √ 70. × 71. √ 72. ×
73. √ 74. × 75. √ 76. √ 77. √ 78. √ 79. √ 80. √ 81. √
82. √ 83. × 84. √ 85. √ 86. √ 87. × 88. √ 89. × 90. √
91. × 92. √ 93. × 94. √ 95. × 96. × 97. × 98. × 99. ×
100. × 101. √ 102. × 103. √ 104. √ 105. × 106. √ 107. √ 108. √
109. × 110. √ 111. √ 112. × 113. × 114. √ 115. √ 116. √ 117. √
118. × 119. √ 120. √ 121. × 122. √ 123. × 124. × 125. × 126. ×
127. × 128. × 129. × 130. √ 131. √ 132. × 133. √ 134. √ 135. √

136. √ 137. √ 138. √ 139. √ 140. √ 141. √ 142. √ 143. √ 144. √
145. × 146. × 147. √ 148. × 149. × 150. √ 151. √ 152. √ 153. √
154. √ 155. √ 156. √ 157. √ 158. × 159. √ 160. × 161. × 162. √
163. √ 164. × 165. × 166. × 167. √ 168. √ 169. √ 170. × 171. √
172. √ 173. × 174. × 175. √ 176. × 177. × 178. √ 179. √ 180. √

五、简 答 题

1. 答：线、面投影规律是：当线、面倾斜于投影面时，投影比原长缩短，称收缩性(1分)；当线、面平行于投影面时，其投影与原线、面等长，又称真实性(1分)；当线、面垂直于投影面时，其投影聚集成点与线(直线成点，平面成线)，又称积聚性(1分)。运用线、面的投影规律去分析视图中线条框的含义和建立空间位置，从而把视图看懂的方法叫作线、面分析法(2分)。

2. 答：包括：(1)尺寸精度(1分)；(2)形状精度(1分)；(3)位置精度(1分)；(4)表面粗糙度(2分)。

3. 答：磁路中的磁通与磁势成正比，与磁阻成反比(2分)，用公式表示为：$\Phi=\dfrac{NI}{R_m}$(3分)。

4. 答：测量方法有直接测量法、比较测量法和间接测量三种(5分)。

5. 答：根据电动机转速的变化来自动转换控制线路(2分)，这种按速度进行控制的线路称为速度控制线路(3分)。

6. 答：(1)改变串联附加电阻(1分)；(2)改变磁通(2分)；(3)改变电枢端电压(2分)。

7. 答：采用绝缘轴承是为了防止制造中转子和定子不同心，或逆变器脉冲电源在电机轴上产生轴电流(5分)。

8. 答：装配的基本原则如下：(1)部件装配应从基准零件开始(1分)；(2)总机装配应从基准部件开始(1分)；(3)内、外零件的装配必须先内后外(1分)；(4)上、下零件的装配必须先下后上(1分)；(5)先装配零件不能影响后装零件的装配(1分)。

9. 答：电机采用轴向强迫通风方式，冷却风从非传动端端盖径向通风孔进入，经过转子通风孔、定转子间的气隙、定子背部的通风道后，从传动端端盖轴向排出(5分)。

10. 答：因为异步电动机的励磁电流是电网供给的，气隙大，所消耗的磁势也大，励磁电流也增大，将降低电机的功率因数。为了提高功率因数，气隙必须尽可能地小(5分)。

11. 答：(1)在带负荷运行时，转速明显下降并发出低沉的吼声，是由于三相电流不平衡，负荷过重或单相运行(2分)；(2)若定子绕组发生短路故障、笼条断裂，电动机也会发出时高时低的“嗡嗡”声，机身有略微的振动等(3分)。

12. 答：加强绝缘强度，改善电动机的散热能力以及提高绕组机械强度(5分)。

13. 答：常用有划线板(又称埋线板)、清槽片、压脚、划针、刮线刀、垫打板等(5分)。

14. 答：(1)启动前断线，电动机将不能启动(2分)；(2)运行中断线，电动机虽然仍能转动，但电机转速下降，其他两相定子电流增大，易烧毁电动机绕组(3分)。

15. 答：主要有四方面：(1)电源方面(1分)；(2)启动设备方面(1分)；(3)机械故障方面(1分)；(4)电动机本身的电气故障(2分)。

16. 答：定子铁芯由冷轧硅钢片冲制的定子冲片叠压，通过上吊挂组件、下吊挂组件、小吊挂组件三个组件及两个通风道与两端定子压圈焊接而成，定子冲片与两端压圈间各有一个点焊而成的定子端板以防冲片齿涨,定子铁芯的两个压圈间焊有一块安全托板(5 分)。

17. 答:加油过多、油质不纯、变质、轴承径向游隙太小、轴承窜油、轴承质量不良、油封摩擦以及内部不干净等原因(5 分)。

18. 答:(1)电刷或换向极分布不等分(1 分);(2)电刷不在中性位(1 分);(3)换向极气隙特别是第二气隙不合适(1 分);(4)电刷在刷盒内太松(1 分);(5)换向极绕组或补偿绕组匝间短路等(1 分)。

19. 答:牵引电机绕组绝缘处理是指用绝缘漆填充内层和覆盖表面,具体过程包括干燥和浸渍,有以下作用:(1)提高了电机绕组绝缘的耐潮性(1 分);(2)提高了电机绕组绝缘的电气性能(1 分);(3)加强了电机绕组绝缘的机械强度(1 分);(4)改善了电机绕组绝缘的导热性能(1 分);(5)提高了电机绕组的耐热性能和化学稳定性(1 分)。

20. 答:(1)刷握压指压力偏小(0.5 分);(2)电刷与换向器接触不良(0.5 分);(3)电刷磨耗过渡(0.5 分);(4)刷盒与换向器表面距离过大(1 分);(5)电刷径向跳动过大(1 分);(6)电枢动不平衡(1 分);(7)换向器表面有油污(0.5 分)。

21. 答:常见原因有:(1)定子与转子间的气隙增大,使磁阻增加,电流增大(1 分);(2)大修后装配质量不符合要求(1 分);(3)定子铁芯损坏,使硅钢片退火或片间绝缘损坏,导致涡流增大,导磁率下降,使电流增大(1 分);(4)新绕组数少于原匝数(1 分);(5)绕组接线错误,如将星形接成三角形、绕组串联接成了并联等等(1 分)。

22. 答:电动机外壳带电可能是由下列原因引起:(1)电动机绕组引出线或电源线绝缘损坏在接线盒处碰壳,因而使外壳带电(1 分);(2)电动机绕组绝缘严重老化或受潮,使铁芯或外壳带电(1 分);(3)错将电源相线当作接地线接至外壳,使外壳直接带相电压(1 分);(4)线路中出现接线错误,如三相四线制低压系统中,个别设备接地而不接零,当设备发生碰壳时,不但碰壳的设备外壳对地有电压,所有与零线相连接的其他设备外壳也均将带电,而且是危险的相电压(2 分)。

23. 答:线圈绕制是磁极线圈制造工艺过程中的一个重要环节,线圈绕得不好,使线圈达不到图纸要求,尺寸或大或小都将造成后患(1 分)。尺寸大,套极容易,但与铁芯间隙大,不易散热,温升高,同时由于松动,引线头易折断造成断电现象(2 分);尺寸小,在整形后线圈成瓢形,使线圈不平整,套极困难,且套极后与极靴接触面积小,不易散热,温升高(2 分)。

24. 答:绝缘材料应该具有良好的耐热性(1 分)、高的机械强度(1 分)、良好的介电性能(1 分)、良好的工艺性(1 分)、良好的耐潮性(1 分)。

25. 答:(1)将主极线圈在烘箱内加热到 100 ℃~110 ℃后拆除对地绝缘(1 分);(2)主极线圈复模整形(1 分);(3)主极线圈匝间耐压试验(1 分);(4)包扎对地和外包绝缘(1 分);(5)浸漆(0.5 分);(6)引线头搪锡(0.5 分)。

26. 答:(1)外观检查,检查电枢绕组是否有烧损、破损现象,电枢无纬带和槽楔紧固状态是否良好(1 分);(2)对地绝缘状态检查(1 分);(3)升高片焊接质量检查(1 分);(4)匝间绝缘状态检查(1 分);(5)转轴状态检查(1 分)。

27. 答:磁极线圈的主要故障有:主极、换向极、补偿线圈、接地和匝间短路,主极、换向极、补偿线圈的引出线和极间连线断裂、接头烧损,换向极和补偿绕组整形(5 分)。

28. 答:磁极线圈的引出线或极间连线开焊断裂后,进行修复时应做好防护工作,用石棉布(绳、泥)等遮挡各组线圈及其余连线,防止烤伤线圈绝缘,焊后清除焊渣,使线匝修复原位,焊上固定卡子,按工艺要求包扎绝缘(5 分)。

29. 答:(1)用软铜编织线替代硬连线(2 分);(2)增加连线固定卡子,以增加连线固定点,减少机车振动冲击造成的连线疲劳折断(3 分)。

30. 答:磁极线圈组装后,首先应检查各线圈的绕制方向及其相互之间连线是否连接正确,然后向磁极线圈通入低压直流电,用指南针或磁棒依次靠近各磁极来判定磁极的极性(5 分)。

31. 答:电刷压指弹簧压力相差太大(1 分)、并联电刷牌号不同(1 分)、个别电刷与刷盒连接不良(1 分)、各电刷高度差太大等,使各并联电刷之间的电流分配不均,造成出现不同的轨痕(2 分)。

32. 答:压装后的铁芯片间必须有一定的压力,加压时的压力大小要足以防止松动。为了满足这个要求,对于涂漆的硅钢片采用 8~10 kg/cm² 的压力足够,但在实际装配时,压力往往稍高一些,采用 10~15 kg/cm²(5 分)。

33. 答:如果在焊接过程中,焊件能够自由地收缩,则焊后焊件的变形较大,而焊接应力较小(2 分);如果在焊接过程中,焊件由于外力限制或自身刚性较大而不能自由收缩,则焊后焊件变形很小,但是内部存在着较大的残余应力(2 分)。在实际生产中,焊后结构既产生一些变形,又存在着一定的焊接残余应力(1 分)。

34. 答:串励直流电动机的特性是气隙主磁通随着电枢电流的变化而变化,转速随着负载的轻重变化而变化(1 分)。串励电动机在空载运行时,电枢电流等于励磁电流,而且很小,因此主磁通也很小,电枢反电动势近似于端电压(2 分)。另一方面,因主磁通很小,转子转速 n 将非常快,以致造成“飞车”现象,它会使换向条件严重恶化,甚至损坏转子,所以串励直流电动机规定绝不能在空载下运行(2 分)。

35. 答:由于电刷的延压作用和电刷振颤时的锤击作用,使换向器铜排延伸到云母槽内而形成铜毛刺;另外电刷与刷盒间隙过大,电机在两个方向运行时使电刷接触面积减小,增大了电流密度和压强,使换向器表面产生退火层,也易产生铜毛刺(5 分)。

36. 答:若接地故障点在绕组端部,修理的方法是:(1)先把损坏的绝缘物刮掉并清洗干净(1 分);(2)将电动机(定子)放进电热鼓风恒温干燥箱进行加热,使绝缘软化(1 分);(3)用硬木做成的打板对绕组端部进行整形处理,整形时用力要适当,以免损坏绕组的绝缘(2 分);(4)在故障处包扎新的同等级的绝缘物,再涂刷一些绝缘漆并进行干燥处理(1 分)。

37. 答:常见的电气故障有:(1)电枢绕组匝间短路或接地(1 分);(2)换向器表面有规律或无规律的发黑或烧痕(1 分);(3)换向器表面和电刷的过量磨耗(1 分);(4)磁极线圈接地及其连线断裂或接地(1 分);(5)刷握及其连线接地(1 分)。

38. 答:电机定子绕组绝缘过快老化或损坏的主要原因有:(1)电机的散热条件脏污造成风道堵塞,导致电机温升过高过快,使绕组绝缘迅速恶化(3 分);(2)电机长期过负荷运行(1 分);(3)在烘干驱潮时,温度过高(1 分)。

39. 答:电机在大电流下被扼转,与电刷接触的几组换向片局部过热、变形而凸出(1 分)。在电机运行中这些凸片磨耗较大,待电机冷却下来后,这几片便呈下凹状态(2 分),即产生规则性变形,再经过一段时间的运行,形成“波浪形”(2 分)。

40. 答:匝间绝缘是指同一线圈的各个线匝之间的绝缘(2 分),其作用是将电机绕组中电位不同的导体互相隔开,以免发生匝间短路(3 分)。

41. 答:对地绝缘电阻低、接地、匝间短路、匝间击穿、升高片焊接不良等(5 分)。

42. 答:电枢对地绝缘电阻低,除了电枢绕组内有接地故障外,大部分是由于碳粉、油垢侵入或电枢绕组受潮所致(5分)。

43. 答:焊接过程中对焊件进行局部的、不均匀的加热是焊接变形及应力产生的主要原因(5分)。

44. 所谓换向,是指旋转的电枢绕组元件从一条并联支路经过电刷短接到另一条并联支路,该元件中的电流由一个方向变换为另一个方向的过程(5分)。

45. 答:其作用是进一步减少换向极磁路的饱和度和极顶处的漏磁(5分)。

46. 答:测量主极与电枢铁芯表面的间隙,其最大或最小间隙与平均值之差不大于10%(5分)。

47. 答:牵引电机在热态时,换向器的跳动量应不大于0.04 mm,冷态和热态时的跳动量之差应不大于0.02 mm(5分)。

48. 答:各滚动体直径不一致和形状误差是影响主轴径向圆跳动误差的重要因素(5分)。

49. 答:此时可检查电刷的距离是否不均,应保证换向器上各电刷的距离相等(1分)。另外,火花较大地方的主磁极或换向极发生匝间短路也是常见原因(2分)。此时,可测量换向极或对主磁极各个绕组的电压进行比较,电压明显较小的可能有匝间短路,应进行检查修理或重绕(2分)。

50. 答:改变直流电动机转向的方法:(1)改变电枢绕组电流方向(2分);(2)改变励磁绕组电流方向(2分)。两者只可改变其一,如果都改变,则转向不变(1分)。

51. 答:不一样(1分)。启动时在绕线式异步电动机转子回路串入电抗与串入电阻,虽然均能够增加启动时电动机的总阻抗,起到限制启动电流的目的,但串入电抗器之后却不能够起到与串入启动电阻并增大转子回路功率因数一样的效果,反而大幅度地降低了转子回路的功率因数,使转子电流的有功分量大大减小,因而造成启动转矩的减小,使电动机启动困难(4分)。

52. 答:直接启动的设备与操作均简单,但启动电流大,电机本身以及同一电源提供的其他电气设备,将会因为大电流引起电压下降过多而影响正常工作,在启动电流以及电压下降许可的情况下,对于异步电动机尽可能采用直接启动方法。降压启动电流小,但启动转矩大幅下降,故一般适应用轻、空载状态下启动,同时降压启动还需要增加设备设施的投入,也增加了操作的复杂程度(5分)。

53. 答:异步电机启动困难的一般原因有:(1)电源电压过低(1分);(2)三相电源严重不平衡(1分);(3)电机绕组接线错误(1分);(4)绕组间发生短路故障或接地故障(1分);(5)负载过重或机械卡滞等(1分)。

54. 答:不是越大越好(1分)。只有串入适当大小的电阻才能够既减小启动电流又增加启动转矩。因为转子回路串入过大的电阻会使电动机等值阻抗增加而减小启动电流,但从电磁转矩公式 $M=C_M\Phi_m I'_2\cos\varphi$ 可见,转子电阻过大,造成转子电流下降过多,而使电磁转矩过小,因而电动机启动困难(4分)。

55. 答:焊缝符号是工程语言的一种,用于在图样上标注焊缝形式、焊缝尺寸和焊接方法等,焊缝符号是进行焊接施工的主要依据(3分)。焊缝符号一般由基本符号与指引线组成,必要时还可以加上辅助符号、补充符号和焊缝尺寸符号(2分)。

56. 答:直流电机负载运行时,电枢绕组内有电流流过,从而产生了电枢磁势,该电枢磁势使气隙磁场发生变化,电枢磁场对主磁场的影响称为电枢反应(5分)。

57. 答:线圈敲形后,如发现有的线圈引线头短就要拿出,否则焊头时就不易焊牢,出现甩头,造成事故(3分)。如敲形不与模子服贴,线圈成形后不齐,造成错位,使线圈尺寸增大,嵌线困难(2分)。

58. 答:测定电机绝缘电阻可以反映电机绝缘品质,还能判断绝缘是否受潮、沾污和其他绝缘缺陷等情况,是一种简便的非破坏性试验(5分)。

59. 答:电机在工作温度或温升试验后,绕组相间或绕组对机壳的热态绝缘电阻应不低于由下列公式确定的数值 R_θ:$R_\theta=\dfrac{U_N}{1\,000+\dfrac{P_N}{100}}$(MΩ),其中,$U_N$ 为电机额定电压(V);P_N 为电机额定功率(kW)(5分)。

60. 答:(1)对交流电机,如绕组始末端都引出机壳外,则应测量各绕组对地及相互间绝缘电阻,如绕组只有一端引出机壳外,则只测量绕组对地绝缘电阻(2分);(2)对绕线式电机或直流电机,应分别测量各绕组对地及相互间绝缘电阻(2分);(3)检测完毕应对地放电(1分)。

61. 答:电机绕组温升的测量方法有温度计法、电阻法或埋置检温计法(2分)。对额定功率5 000 kW及以上的交流电机定子绕组,采用埋置检温度计法,其他采用电阻法,不能采用电阻法的用温度计法(3分)。

62. 答:直流电机的功率一般是测出电流和电压,然后取电流和电压的乘积即为直流电机功率(5分)。

63. 答:可能有以下6个方面的原因:(1)电刷中性位不正(0.5分);(2)电刷沿换向器不等距(0.5分);(3)换向极气隙太大或太小(1分);(4)主极、换向极不等距布置(1分);(5)电刷在刷盒中太松(1分);(6)并联工作的电刷负荷分配不均(1分)。

64. 答:主要原因有:轴承油脂太多或太少、轴承磨损、轴承与轴配合太松、轴承游隙太大或太小、轴承装配清洗不干净、轴承本身质量差、电机过速等(5分)。

65. 答:(1)电枢绕组或换向器片间有短路故障(1分);(2)电枢绕组部分线圈的引线接反(1分);(3)换向极接反(0.5分);(4)定子、转子相擦(0.5分);(5)气隙不均匀,导致电枢绕组电流不平衡(1分);(6)叠绕组均压线接错(0.5分);(7)端电压过低(0.5分)。

66. 答:从发热情况看,当转子卡住堵转时发热最严重(2分)。因为处于堵转状态下的异步电动机,定子电流将达到其额定值的5～7倍之多,再加上通风条件破坏,将使电动机温度急速升高(3分)。

67. 答:(1)在设计电机时,应尽可能地减小电抗电势(2分);(2)装置换向极(1分);(3)增加换向回路的电阻,即根据具体的电抗选择合适的电刷,可以增加换向片与电刷间的接触电阻,以限制换向电流(2分)。

68. 答:事故原因分析不清不放过;事故责任者和群众没有受到教育不放过;没有防范措施不放过。(答出一个给2分,两个给4分,三个都答出给5分)

69. 答:(1)并励绕组断路或极性错误(0.5分);(2)复励电动机的串砺绕组接反(0.5分);(3)启动绕组接反(0.5分);(4)刷架位置不对(0.5分);(5)气隙不符合要求(0.5分);(6)电源电压不符(0.5分);(7)电枢绕组短路(0.5分);(8)串励电动机轻载或空载(0.5分);(9)励磁回路总电阻过大(0.5分);(10)励磁绕组、启动电阻或高调速器接触不良或断路(0.5分)。

70. 答:转子铁芯、线圈和风扇等转动件,由于材料质量不均匀、形状不对称、加工工艺等因素引起偏摆,会使转动体的重心对轴线发生偏移,转动时会产生离心力,使电机发生振动、噪声大、轴承负荷增大,严重时使电机不能使用,为了减少偏心质量离心力的作用,所以对转子校平衡(5分)。

六、综 合 题

1. 答:如图 1 所示。(10 分)

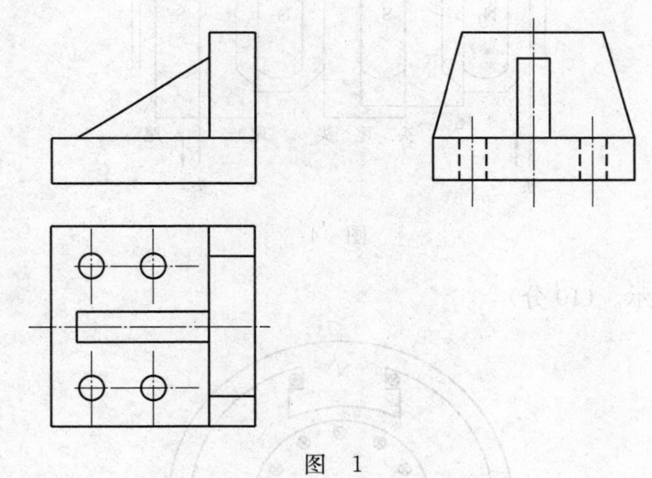

图 1

2. 答:如图 2 所示。(10 分)

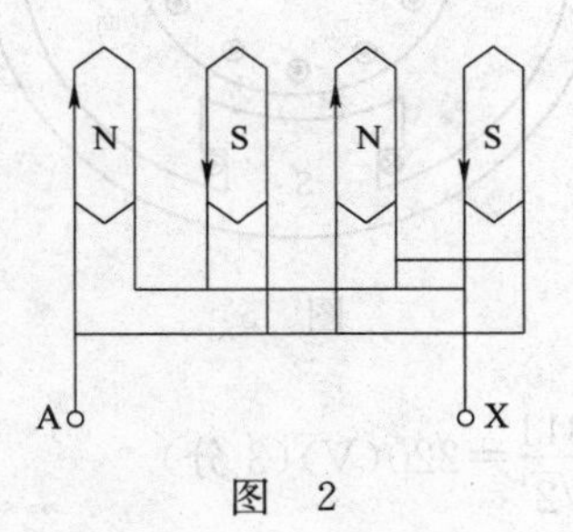

图 2

3. 答:如图 3 所示。(10 分)

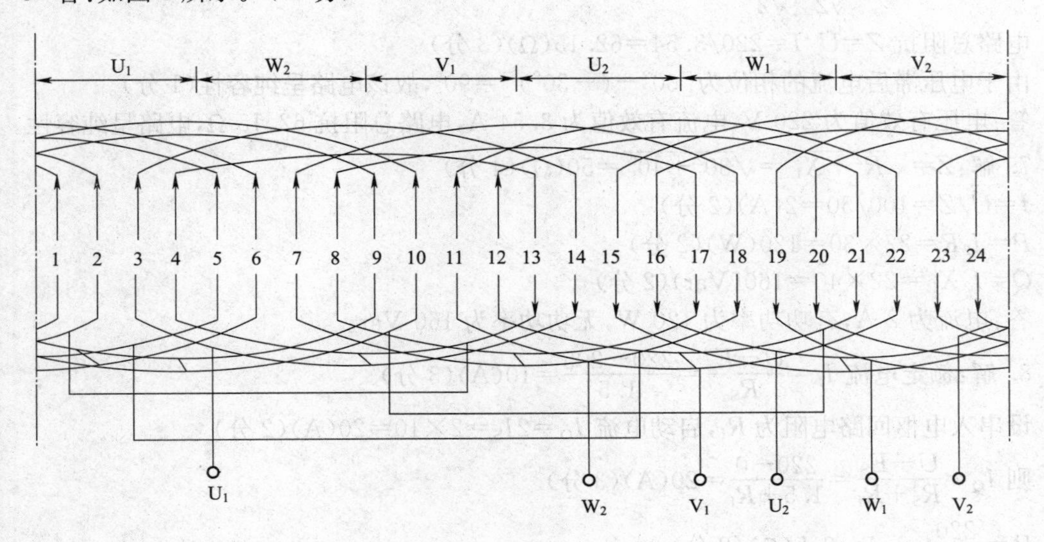

图 3

4. 答:如图 4 所示。(10 分)

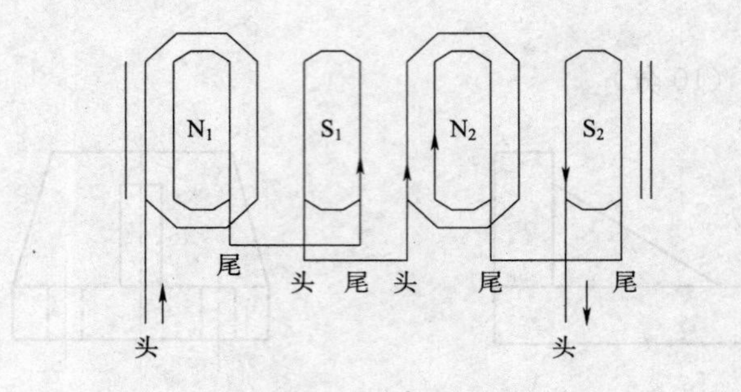

图 4

5. 答:如图 5 所示。(10 分)

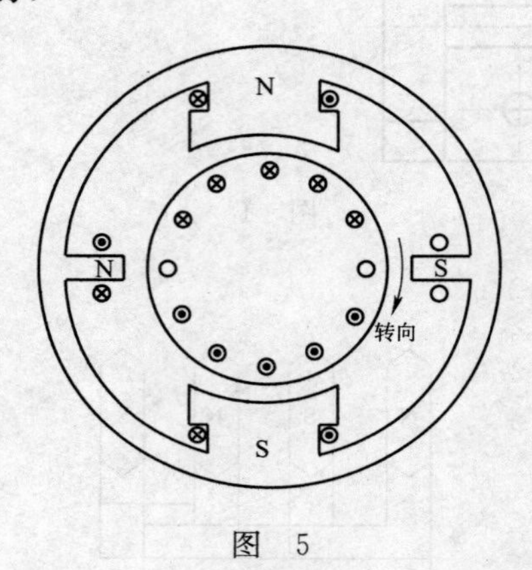

图 5

6. 解:电压有效值 $U=\frac{U_m}{\sqrt{2}}=\frac{311}{\sqrt{2}}=220(\text{V})$(3 分)

电流有效值 $I=\frac{I_m}{\sqrt{2}}=\frac{5}{\sqrt{2}}\approx 3.54(\text{A})$(3 分)

电路总阻抗 $Z=U/I=220/3.54=62.15(\Omega)$(3 分)

由于电压滞后电流的相位为[60°−(−30°)]=90°,故该电路呈纯容性(1 分)。

答:电压有效值为 220 V,电流有效值为 3.54 A,电路总阻抗 62.15 Ω,电路呈纯容性。

7. 解:$Z=\sqrt{R^2+X_L^2}=\sqrt{30^2+40^2}=50(\Omega)$(4 分)

$I=U/Z=100/50=2(\text{A})$(2 分)

$P=I_2R=22\times 30=120(\text{W})$(2 分)

$Q=I_2X_L=22\times 40=160(\text{Var})$(2 分)

答:电流为 2 A,有功功率为 120 W,无功功率为 160 Var。

8. 解:额定电流 $I_S=\frac{U-E_S}{R_S}=\frac{220-205}{1.5}=10(\text{A})$(3 分)

设串入电枢回路电阻为 R_f,启动电流 $I_Q=2I_S=2\times 10=20(\text{A})$(2 分)

则 $I_Q=\frac{U-E_S}{R_S+R_f}=\frac{220-0}{1.5+R_f}=20(\text{A})$(3 分)

$R_f=\frac{220}{20}-1.5=9.5(\Omega)$(2 分)

答:应串入 9.5 Ω 的电阻。

9. 解:n 接近 n_1,$n_1=750$ r/min,则由公式 $n_1=60\dfrac{f}{P}$ 知:

$P=60f/n_1=60\times 50/750=4$(对)(5 分)

由转差率公式 $S=\dfrac{n_1-n_2}{n_1}$ 得:

$S_N=\dfrac{750-730}{750}=0.026\ 7$(5 分)

答:额定转差率为 0.026 7。

10. 解:电枢电流 $I_a=I_N-I_f=40-1.2=38.8$(A)(1 分)

额定电压 220 V 下的电磁转矩 $M=C_M\Phi I_a$(1 分)

电压下降到 190 V 时的电磁转矩 $M'=C_M\Phi' I'_a$(1 分)

由于两种电压下负载转矩不变,即 $M=M'$(1 分)

故 $\Phi=\Phi'$,$I_a=I'_a$(1 分)

$E_a=C_e\Phi n=U-I_aR_a-2\Delta U$(1 分)

则$\dfrac{n'}{n_N}=\dfrac{U'-I'_aR_a-2\Delta U}{U-I_aR_a-2\Delta U}=\dfrac{190-38.8\times 0.5-2}{220-38.8\times 0.5-2}=0.849$(3 分)

电压 $U'=190$ V 时的转速 $n'=0.849\times 1\ 000=849$(r/min)(1 分)

答:电网下降为 190 V 时的转速为 849 r/min。

11. 答:常用的方法有以下几种:(1)用摇表测量,对 500 V 以下的电动机,若绕组对地的绝缘电阻在 0.5 MΩ 以下,则说明绕组受潮或绝缘变坏,若为零则为接地(2 分)。(2)用校验灯检查,拆开各相绕组,将 220 V 灯泡串联在被测绕组一端和电动机外壳之间,在被测绕组两端接入 220 V 交流电压,若灯泡发红,说明绝缘差,常称为“虚接”;若灯泡很亮,则说明有绕组接地,常称为“实接”。一般接地点多发生于槽口处,如为“实接”,其接地处的绝缘常有破裂和焦黑痕迹,可以通过观察寻找槽口处的接地点;如果为“虚接”,为了查找到接地点,可接入高电压将“虚接”部位击穿,通过火花或冒烟痕迹来判断接地点,只要接地点在槽口处,便可将绕组加热到 130 ℃左右,使绕组软化后,用竹片撬开接地处的绝缘将接地或烧焦部位的绝缘清理干净,将新绝缘纸插入铁芯与绕组之间,并涂以绝缘漆,若绕组引出线绝缘损坏,可换上新绝缘套管或者说用绝缘布包扎,若槽绝缘损坏,也可将绕组加热软化,趁热抽出槽楔,仔细拆出绕组重加绝缘,刷上绝缘漆,再将绕组嵌入槽内(8 分)。

12. 答:电动机绕组短路时应在将各相绕组拆开的情况下进行检查,检查绕组短路有以下几种方法:(1)外观检查,观察绕组有无冒烟、变色之处,若有,常为短路处(2 分);(2)用摇表测量每两相间的绝缘电阻,若为零,则说明该两相间短路(2 分);(3)用短路测试器检查,短路测试器实际上是一个开口变压器,是电动机修理常用的简便测试工具,可以自己制作,测试时,可将测试器绕组与 36 V 交流电源接通,将测试器跨在两个齿面上,并沿铁芯的圆周逐槽移动,同时观察电流表的变化情况,使用测试器时应注意,多路并联的绕组要先拆开连接点,三角形接法的电动机应把三相拆开,双层绕组应先把上层和下层绕组的各自对应元件边所在槽位区分清楚,然后分别测试和判断,找出故障的短路绕组,最容易发生短路的地方是同极同相的两相邻绕组,上下层绕组间和绕组的槽外部分,若能明显看出短路点,可拔开两绕组垫上绝缘,若短路点在槽内,可将绕组加热软化,并拆出绕组,重新处理绝缘,再仔细将绕组嵌入,如果整个绕组已经烧坏,则应重新绕制后换上(6 分)。

13. 答：清洗电动机滚动轴承具体方法如下：(1)用防锈油封存的轴承，使用前可用汽油或煤油清洗(1分)。(2)用高黏度油和防锈油脂进行防护的轴承，可先将轴承放入油温不超过100 ℃轻质矿物油(L-AN15型机油或变压器油)中溶解，待防锈油脂完全溶化再从油中取出，冷却后再用汽油或煤油清洗(2分)。(3)用气相剂、防锈水和其他水溶性防锈材料防锈的轴承(只限黑色金属产品)，可用皂类或其他漂洗剂水溶液漂洗。用油酸钠皂漂洗时，要洗三次：第一次取油酸皂2%～3%，配成水溶液加热到80 ℃～90 ℃，漂洗2～3 min；第二次漂洗，溶液成分和操作同前，温度为室温；第三次用水漂洗。用664漂洗剂或其他漂洗剂混合漂洗时，第一次取664漂洗剂，按2%～3%配成水溶液，加热温度75 ℃～80 ℃，漂洗2～3 min；第二次同前；第三次用水漂洗。注意上述两种水溶液漂洗的轴承，经漂洗后均应立即进行防锈处理，如用防锈油脂防锈，应脱水后再涂油。两面带防尘盖或密封圈的轴承，出厂前已加入润滑剂，安装时不要进行漂洗。另外，涂有防锈润滑两用油脂的轴承，也不需要漂洗(4分)。(4)清洗干净的轴承，不要直接放在工作台上不干净的地方，要用干净的布或纸垫在轴承下面，不要用手直接去拿，以防手汗使轴承生锈，最好是戴上不易脱毛的帆布手套(2分)。(5)不能用清洗干净的轴承检查与轴承配合的轴或轴承室的尺寸，以防止轴承受到损伤和污染(1分)。

14. 答：如图6所示。(10分)

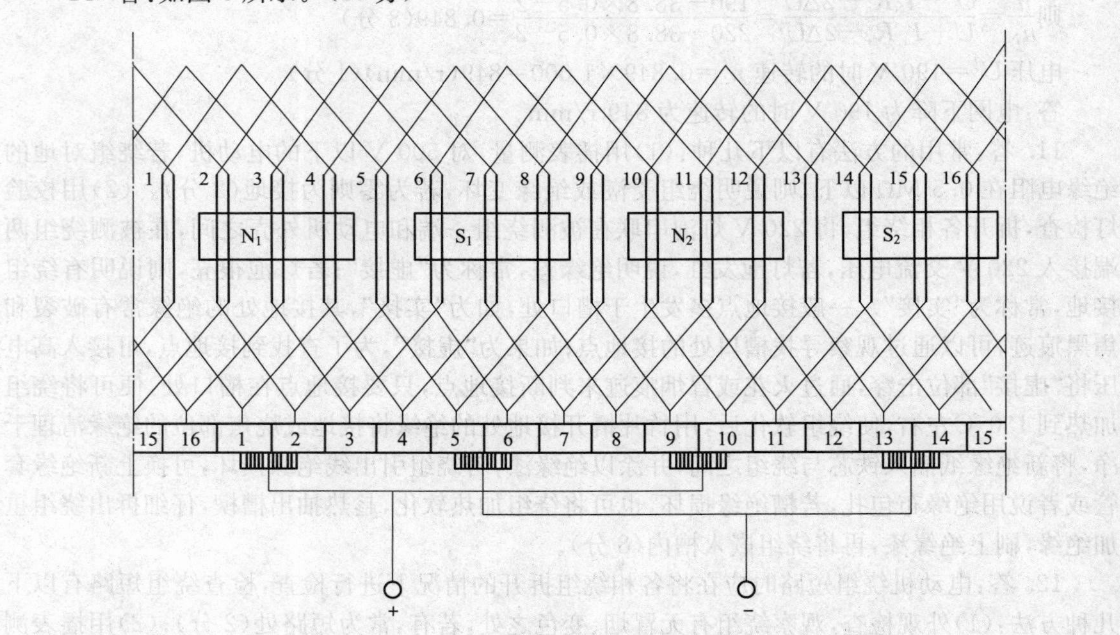

图 6

15. 答：(1)匝间绝缘：即同一线圈各线匝间绝缘，其作用是将电机绕组中电位不同的导体隔开，以免匝间短路(1分)；(2)对地绝缘：即绕组对机壳和其他不带电部件之间的绝缘，其作用是使电机中带电与不带电部件隔开(1分)；(3)外包绝缘：即包在对地绝缘外面的绝缘，其作用是保护对地绝缘免受机械损伤并使整个线圈结实平整(2分)；(4)层间绝缘：即线圈上下层间绝缘，其作用是防止线圈上下层之间由于摩擦致使对地绝缘破损，引起匝间短路(2分)；(5)填充及衬垫绝缘：填充绝缘主要用于填充绕组之间的空隙以及单个线圈的空隙，使整个绕组牢固地形成一个固化整体；衬垫绝缘的主要作用是保护绝缘结构在制造过程中免受机械损伤(3分)；(6)换向器绝缘：即保证电机正常换向的片间及对地绝缘(1分)。

16. 答:因为在牵引电机中,整个电枢绕组依着四个主极分成四条并联支路,每条支路的所有线圈都在一个磁极下面,这时若各磁极的气隙或磁路磁阻稍有不同,就会在各支路内感应出不同的电势,由于电枢绕组的内阻很小,不平衡电势会在并联支路中产生较大的环流,从而造成各并联支路的负载电流分配不均匀,使电枢铜耗增加。同时由于各电刷下的电流也不相同,将使某些电刷负载过大,引起换向困难,因此,需要采用均压线将各支路对应点连成等位点,以保证各支路电流均匀分配(10 分)。

17. 答:按以下方法进行检查:(1)在运行中,可从定子电流的变化中检查。当三相电流不平衡而且表针摆动时高时低,说明转子有笼条断裂。若笼条断裂槽数较多,电动机转速会突然下降或停止运行,停止运行后即使空载条件下也启动不起来(3 分)。(2)电机在未分解时的检查方法:可用调压器将三相 380 V 的电压降至 100 V 左右,接在定子绕组上,并串接电流表,用手转动转子,使转子慢慢启动。如果笼条是完好的,三相定子电流基本不变,仅有均匀微弱的摆动;如果有断裂的笼条,电流会突然下降(3 分)。(3)电机分解后的检查方法:外观检查法,即用眼睛对外观检查。若查不出断条时,可用短路侦察器检查笼条断裂位置。如果转子笼条完好,电流表读数为正常值,将短路侦察器转子圆周表面移动,使它的开口铁芯逐一跨在每一转子的槽口上,如果电流值突然下降或变小,则说明该处损坏或断裂(4 分)。

18. 答:电动机转子一般在动平衡机上校动平衡:(1)根据转子支承点间距离,调整两支承架相对位置,按转子的轴颈尺寸及转子的水平自由状态调节好支架高度,并加以紧固(1 分);(2)做好清洁工作,特别是转子轴颈、支架和传动处的外径等清洁工作(1 分);(3)安装转子时一定避免转子与支架的撞击,转子安装后在轴颈和支架表面上加少许清洁的机油(1 分);(4)调整好限位支架,以防止转子轴向移动,甚至窜出(1 分);(5)选择转速可根据工作质量、工作外径、初始不平衡量以及拖动功率决定,按平衡机规定的 mD^2n^2 和 mn^2(m 表示转子质量,D 表示转子直径,n 表示平衡转速)的限制位,选择好动平衡转速,并按转子的传动处直径和带轮大小调整好传动机构,若转子的初始不平衡量太大,出现转子在支承轴承上跳动时,要先用低速校正,有的转子虽然质量不大,但外径较大或带有风叶影响到拖动功率时,也只能用低速校正(1 分);(6)根据转子情况,在转子端面或外径上做上黑色或白色标记,调整光电转速传感器(光电头)位置,照向转子的垂直中心线,并对准标记(1 分);(7)按电测箱使用说明书规定,调节好操作面板上的各旋钮和开关(1 分);(8)检查电测箱与显示箱、电控箱、光电传感器(光电头)电动机、电源等是否按规定连接好(1 分);(9)在做好前述准备工作后,可试揿点启动按钮,检查工件轴向移动情况,调节左、右支承架高度,使工件无轴向移动(1 分);(10)开动平衡机,进行校平衡(1 分)。

19. 答:电动机的过负荷,可按一定条件分为长期过负荷和短时过负荷,通常也可称为小电流过负荷和大电流过负荷(2 分)。短时过负荷可理解为过负荷电流是额定电流的 140%~500%,是较大的过负荷,这种大电流过负荷的时间短,所以叫作短时过负荷(2 分)。短时过负荷所持续的时间比电动机绕组的发热时间常数小很多,发生短时过负荷时,绕组温度迅速上升,但还来不及达到稳定值,否则,在达到稳定值之前绕组的绝缘已经损坏(2 分)。长期过负荷属于小电流过负荷,过负荷电流等于额定电流 130%~135%(2 分)。在这种过负荷作用下电动机继续运行,绕组的温升达到极限,但绝缘未损坏。这种过负荷也是危险的,因为绝缘将因此而迅速老化,长期运行时电动机将损坏。长期过负荷时,绕组温度能达到稳定值(2 分)。

20. 答:电动机空载时产生振动,可能是下列原因引起的:(1)安装电动机的基础不水平、刚度不够或地脚螺栓固定不紧(0.5 分);(2)电动机转子不平衡或转子平衡后平衡块发生位移或风扇叶片损环(0.5 分);(3)电动机转轴弯曲或轴颈严重磨损(0.5 分);(4)电动机的结构强度较差，例如固定定子铁芯的筋数量不够或机壳单薄(0.5 分)；(5)电动机的轴承严重磨损，间隙太大(1 分)；(6)多台设备同时运行，基础发生共振(1 分)；(7)气隙不均匀或绕组存在故障(1 分)。

引起电动机加负载后振动的原因如下：(1)带轮或联轴器转动不平衡(1 分)；(2)两联轴器轴心线不一致，使电动机与被传动机械轴线不重合(1 分)；(3)电动机定子铁芯松动，并伴有电磁噪声(1 分)；(4)被传动机械存在故障，振动大，传给电动机(2 分)。

21. 答：点动、长动控制的电动机原理接线图如图 7 所示。(10 分)

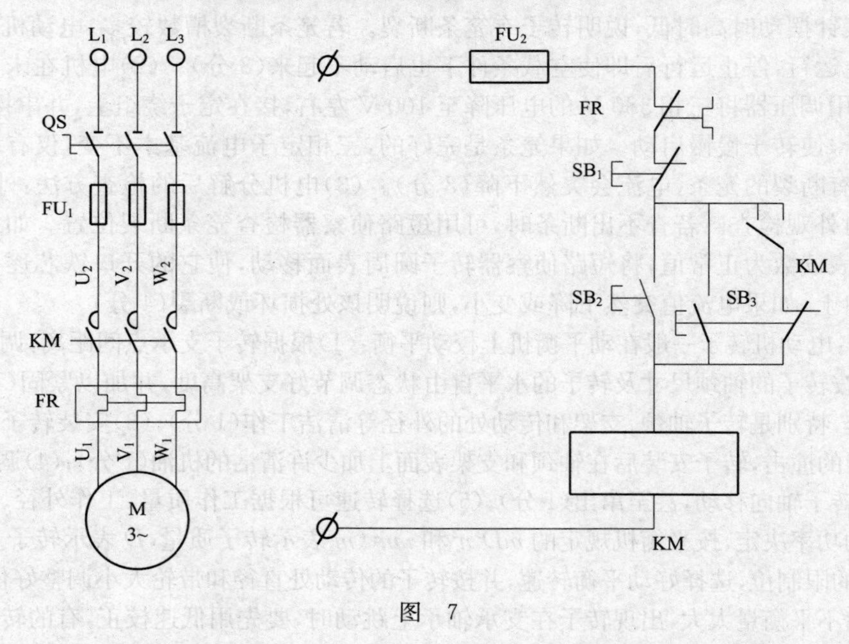

图　7

22. 答：接触器直接控制三相异步电动机原理接线图如图 8 所示。(10 分)

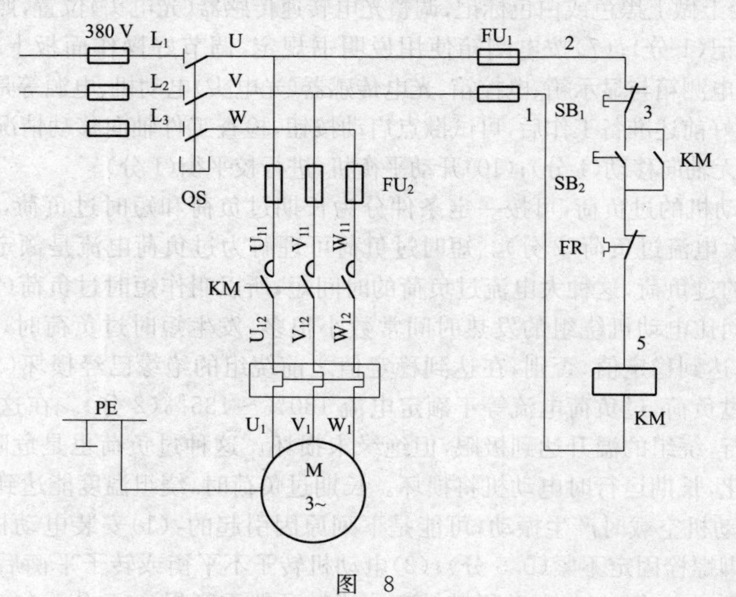

图　8

23. 答:$2P=4$、$Z=30$、$y=6$ 的三相交流电机叠绕组(一相)展开图如图 9 所示。(10 分)

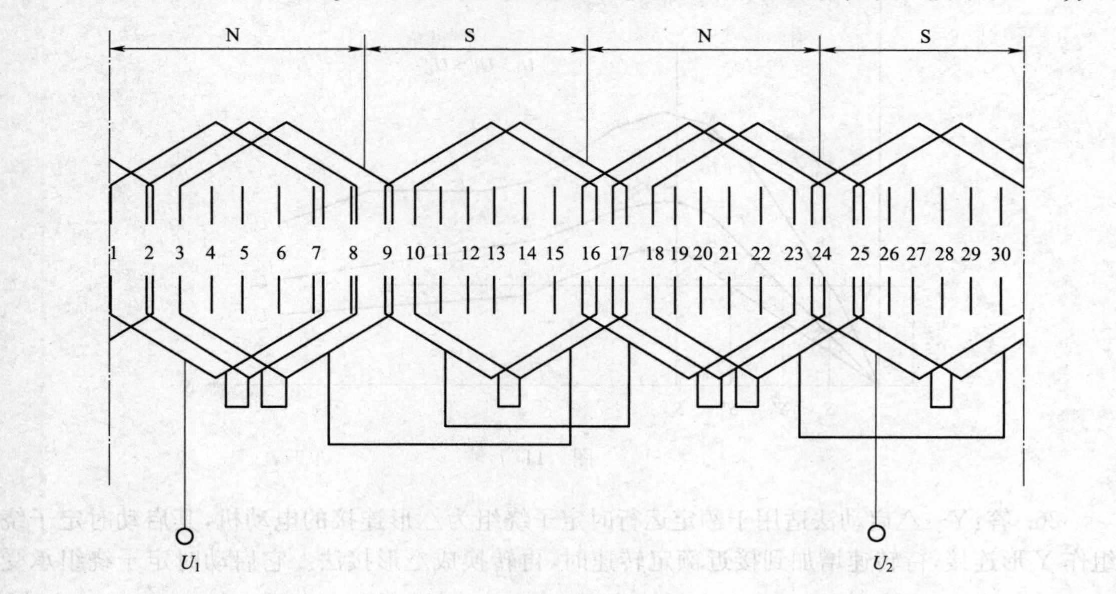

图 9

24. 答:三相异步电动机空载试验接线图如图 10 所示。(10 分)

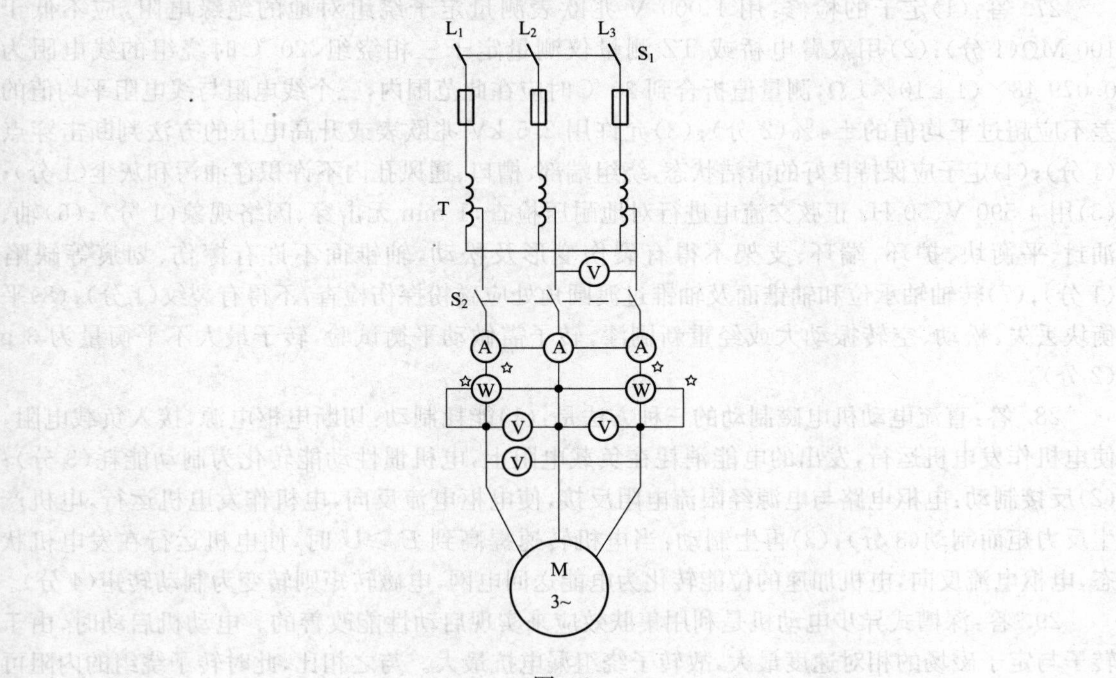

图 10

25. 答:异步电动机外施电压下降时的转矩特性如图 11 所示(8 分)。当负载转矩不变而电压下降时,转差率将增大(1 分),而转速将下降(1 分)。

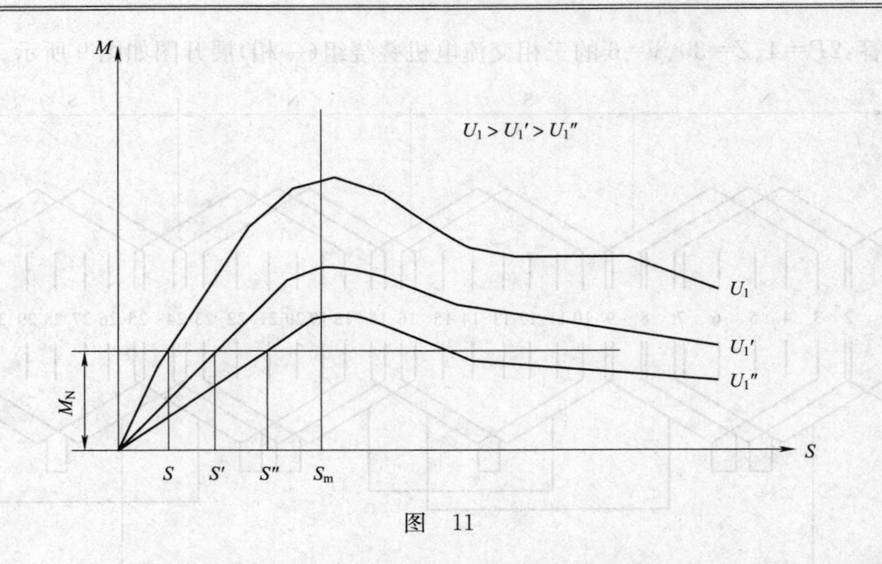

图　11

26. 答：Y—△启动法适用于额定运行时定子绕组为△形连接的电动机，其启动时定子绕组作 Y 形连接，待转速增加到接近额定转速时，再转换成△形接法。它启动时定子绕组承受的电压为电源电压的$\frac{1}{\sqrt{3}}$，启动电流为直接启动时电流的$\frac{1}{\sqrt{3}}$，启动转矩为直接启动时转矩的$\frac{1}{3}$，所以它只适合于轻载或空载启动(10 分)。

27. 答：(1)定子的检修：用 1 000 V 兆欧表测量定子绕组对地的绝缘电阻，应不低于 100 MΩ(1 分)；(2)用双臂电桥或 TZ 测量仪测量定子三相绕组，20 ℃时绕组的线电阻为 0.079 48×(1±10%) Ω，测量值折合到 20 ℃时应在此范围内，三个线电阻与线电阻平均值的差不应超过平均值的±4%(2 分)；(3)允许用 2.5 kV 兆欧表或升高电压的方法判断击穿点(1 分)；(4)定子应保持良好的清洁状态，绕组端部、槽口、通风孔内不许积存油污和灰尘(1 分)；(5)用 4 590 V、50 Hz 正弦交流电进行对地耐压检查，1 min 无击穿、闪络现象(1 分)；(6)轴、油封、平衡块、护环、端环、支架不得有裂伤变形及松动，轴锥面不许有擦伤、划痕等缺陷(1 分)；(7)转轴轴承位和轴锥面及轴锥过渡圆角处应磁粉探伤检查，不得有裂纹(1 分)；(8)平衡块丢失、松动、空转振动大或经重新刷漆，转子需做动平衡试验，转子最大不平衡量为 3 g (2 分)。

28. 答：直流电动机电磁制动的三种方法是：(1)能耗制动：切断电枢电源，接入负载电阻，使电机作发电机运行，发出的电能消耗在负载电阻上，电机惯性动能转化为制动能耗(3 分)；(2)反接制动：电枢电路与电源经限流电阻反接，使电枢电流反向，电机作发电机运行，电机产生反力矩而制动(3 分)；(3)再生制动：当电机转速提高到 $E_a \geqslant U$ 时，使电机运行在发电机状态，电枢电流反向，电机加速的位能转化为电能送回电网，电磁转矩则转变为制动转矩(4 分)。

29. 答：深槽式异步电动机是利用集肤效应来实现启动性能改善的。电动机启动时，由于转子与定子磁场的相对速度最大，故转子绕组漏电抗最大。与之相比，此时转子绕组的内阻可忽略不计，转子电流沿导体截面的分布由转子绕组漏电抗分布决定，由于转子漏磁通沿槽深方向由底向上逐渐减少，故转子漏电抗也自下而上逐渐减小，因此转子电流的绝大多数自导体上部经过，而下部几乎无电流通过——即集肤效应(又称趋表效应)，则导体的有效面积减小，转子绕组等值电阻相应增加，所以起到了限制启动电流、增加启动转矩的作用。双鼠笼式异步电动机改善启动性能的原理与深槽式基本一致(10 分)。

30. 答:直流电动机各主极和各换向极与电枢间的气隙 δ 必须均等。如果气隙不均,则各极下的磁阻不等,在相同的励磁磁势下,磁通量不相等,因此在部分刷架下将出现较大火花;同时,由于主极下的磁通量不等,电枢绕组内将出现环流和单边磁拉力。气隙不均一般是由于机座变形、轴承磨损等原因造成的(10 分)。

31. 答:条纹:沿换向器表面出现明暗色调变化的平行圆环,其宽度是随意的(2 分)。条纹是电刷与换向器接触面局部电流较集中或电刷的机械摩擦,使换向器局部薄膜变薄或消失,造成换向器异常磨耗形成的(3 分)。原因:(1)换向器表面有污垢层,造成电流分布不均;(2)换向器表面有沉积铜粒或有较硬的杂物产生集流;(3)换向器表面有益的薄膜被破坏,摩擦加大;(4)换向器表面硬度下降;(5)使用了不合适的电刷或电刷质量不佳;(6)换向器圆柱面由于不正确的研磨产生偏心(5 分)。

32. 答:针对引起电枢过热的各种原因,用下列几种方法予以解决:(1)用电压检查法找出短路点,予以包扎绝缘,若绕组短路严重,应拆除更新(2 分);(2)用电压检查法找出绕组引线接反处,纠正(2 分);(3)若换向极极性不对,应重新调整(2 分);(4)重新调整气隙,使之均匀(2 分);(5)重新按图样连接均压线(1 分);(6)提高端电压至额定值(1 分)。

33. 答:(1)切割好云母片及 V 形云母环后,即可重新装配换向器(1 分)。(2)装配换向器时,先将云母放在 V 形铁环上并进行加热,使内、外 V 形云母环与 V 形铁环套在一起,之后把换向片放在 V 形铁环上,再沿着换向片放下云母片,并使每两片换向片夹有一片云母片。装配时还应注意,云母环要固定不动。放好所有换向片及云母片后,再放上顶端 V 形环,拧紧螺母或对穿螺栓。拧紧螺栓时,要用火焰或其他加热方法加热换向器,以免将云母片或 V 形环挤坏(6 分)。(3)换向器装配后必须紧密,换向片应成直线。如果换向片不成直线,则应放松换向器,纠正换向片至正确位置后再夹紧(3 分)。

34. 答:直流测速发电机的工作原理与一般直流发电机相同。在恒定磁场下,旋转的电枢导体切割磁通产生的感应电动势与转速成正比。当测速发电机随被测机械一起旋转时,根据电枢电动势的大小即可知道被测机械的转速。负载电流小时,内部压降小,电枢反应也小,端电压与电动势基本一样。因此,用电压表测出电压就可知道相应的转速,故在电压表上可直接读出转速值(10 分)。

35. 答:直流电动机的调速方法有三种:(1)调节电枢回路串入的电阻:这种调速方法比较简单,但是附加了调节电阻的铜耗,使电机效率降低,同时使电机的机械特性变“软”,因此它的应用受到限制(3 分)。(2)调节励磁电流:这种方法调速范围较大,而且附加的电能损耗较小,调速后效率不致降低,因而是一种经济的调速方法;缺点在于使换向条件恶化,容易发生环火(3 分)。(3)改变电源电压:这种方法可以广泛而经济地调节电动机的转速。以前由于可调压的直流电源系统复杂,价格昂贵,因而此种方法较少采用;现在由于电子工业的发展,出现了各种可调直流电源,因此这种方法日益得到广泛的采用(4 分)。

常用电机检修工(高级工)习题

一、填 空 题

1. 电流表扩大量程应(　　)联电阻。

2. 电感线圈在直流回路中相当于(　　　)。

3. 铁磁材料在反复磁化过程中,磁感应强度的变化总是滞后于磁场强度的变化,这一现象称为(　　)。

4. 为充分利用仪表的准确度,应当尽量按使用标度尺后(　　　)段的原则选择仪表的量程。

5. 兆欧表在测量时,接线柱应采用(　　　)连接。

6. 流进一个节点的电流之和恒等于流出这个节点的电流之和,称为(　　　)定律。

7. 电机换向器换向铜片之间的云母板用于(　　　)绝缘。

8. 我国直脉流牵引电动机采用(　　　)激激磁方式。

9. 牵引电动机换向器一般采用(　　　)换向器。

10. 个别传动时电动机轴端的小齿轮直接或经联轴节驱动装在动轮轴上的(　　)来传递转矩。

11. 在维修旧电机时,若电机铭牌看不清或不能用转速表实测转速时,可以用(　　　)测算电动机的转速。

12. 劳动争议调解委员会是指依法成立的调解劳动争议的群众性组织,由(　　)、用人单位代表和工会代表组成。

13. YJ85A 型电机在热态下,用 1 000 V 兆欧表测量定子绕组对机座的绝缘电阻值应不低于 10 MΩ,冷态下绝缘电阻值应不低于(　　　)。

14. YJ85A 型电机的定子是用(　　)叠压而成的,定子采用开口式槽型。

15. 法定休假日安排劳动者工作的,支付不低于工资的(　　)的工资报酬。

16. 电容量分别为 C_1 和 C_2 的两个电容串联时,其总电容量为(　　)。

17. 某线圈电感为 L,连接在频率为 f 的交流电源上,其阻抗为(　　)。

18. 电流通过人体造成触电事故最多又最危险的途径是(　　)。

19. 触电急救方法有(　　)法和胸外挤压法两种。

20. 燃烧条件除可燃物、助燃物外,还有(　　)。

21. 常用的灭火方法除冷却法、窒息法、抑制法外,还有(　　　)。

22. 我国消防工作的方针是:预防为主,(　　　)结合。

23. 生产现场"(　　　)"活动是指对生产现场各生产要素所处的状态不断地进行整理、整顿、清洁、清扫和提高素养的活动。

24. (　　　)循环是一个标准的工作程序,通过计划、执行、检查、处理四个阶段构成一个工作循环。

25. 生产过程组织就是以最佳的方式将各种(　　)结合起来,对生产的各个阶段、环节、工序合理安排,使其形成一个协调系统。

26. ISO 9000 系列标准是指《质量管理和(　　)国际准则》。

27. 质量认证制度是指为进行认证工作而建立的一套(　　)制度。

28. 质量认证包括两个方面:产品和质量体系的认证、认证机构的(　　)。

29. (　　)职能是指为实现产品或服务满足规定或隐含要求所进行的一系列与质量有关活动的总和的效能。

30. 不论是电压互感器还是电流互感器,其二次绕组均必须有一点(　　)。

31. 编制组装或装配工艺规程的第一步是(　　)图纸,确定装配方法。

32. 装配部件划分的原则之一是:被划分的装配部件应是一个(　　)装配实体。

33. 部件装配必须遵守由(　　)零件装起的原则。

34. (　　)耐压试验时,介质损耗极微,是一种损坏性较小的耐压试验方法。

35. 对无均压线的直流电机电枢查找短路点时,普遍使用(　　)。

36. 异步电动机的定子与转子之间的空气间隙(　　),电动机的功率因数愈低。

37. 测量轴承的配合游隙时,一般使用(　　)来检查。

38. 检查铁芯紧密度时,当弹簧压力为 100~120 N 时,刀片伸入铁芯不超过(　　),否则说明铁芯松动。

39. 大容量的异步电动机,在电动机的额定容量不超过电源变压器额定容量的(　　)条件下,可直接启动。

40. 过载能力 $K_m=2$ 的三相异步电动机,当电压下降至额定电压的(　　)时,仍能够带额定负载运行,但转速将下降。

41. 当异步电动机的负载超重时,其启动转矩将与负载轻重(　　)。

42. 绕线式三相异步电动机常采用降低端电压的方法来改善(　　)性能。

43. 三相异步电动机降压启动是为了(　　)启动电流。

44. 交流电机气隙不均匀,则三相电流(　　),严重的产生单边磁拉力,使电机不能旋转。

45. 在额定恒转矩负载下运行的三相异步电动机,若电源电压下降,则电机的温度将会(　　)。

46. 三相交流电机定子绕组的(　　)就是在铁芯槽内嵌有上、下两个线圈的绕组。

47. 三相交流电机的定子槽数,若不能被极数和相数整除,即 q 是分数时,称为(　　)。

48. 异步电动机定子绕组相间短路、接地或接线错误及定子、转子绕组断路等故障,均导致电机(　　)。

49. 电机两侧端盖或轴承盖装配不平行时,会引起(　　)。

50. 短路故障的修复方法有:用绝缘材料将短路处隔开;包扎绝缘;更新线圈,然后(　　)。

51. 接地故障的检查方法有:观察法、检验灯法、兆欧表法、(　　)。

52. 当异步电动机出现对地绝缘击穿、相间短路、线圈间短路以及匝间短路等故障时,经检查认为故障点明显但破坏程度尚未扩大,则可以把故障点(　　)加强绝缘,再涂漆烘干。

53. 牵引电动机与一般电动机的不同之处在于它需要悬挂在机车或动车的(　　)上。

54. 双边传动的牵引电动机两边都采用(　　)轴承。

55. 电力机车牵引电动机由于负载急剧变化并经常在磁场削弱下工作,因此为了防止环火都设置有(　　)。

56. 鼠笼式电动机在冷态下允许启动的次数,正常情况下是(　　)次,每次间隔时间不小于5 min。

57. 涡流是指导体在变化磁场中切割磁力线,在导体中产生(　　)的感应电流。

58. 通常低速轻载荷时,滚动轴承应选用(　　)润滑。

59. 高速重载荷时,滚动轴承应选用(　　)润滑。

60. SS_8 型电力机车各辅助电机所用绝缘材料的绝缘等级为(　　)级。

61. 若交流绕组的节距为 $y=\frac{4}{5}\tau$,则可完全消除电枢电动势中(　　)次谐波。

62. 交流绕组采用短距绕组有利于削弱(　　)的高次谐波。

63. 从理论上说,异步电机既能作电动机,(　　)作发电机。

64. 三相异步电动机转子可分为鼠笼式转子和(　　)式转子。

65. 当转差率 $S>1$ 时,异步电动机处于(　　)状态。

66. 若绕组的节距小于极距,即 $y_1<\tau$,则称为(　　)绕组。

67. 异步电动机绕线型转子绕组与定子绕组形式基本相同,三相绕组的末端作(　　)连接。

68. 绕线型转子异步电动机采用电气串级调速具有许多优点,其缺点是功率因数较差,但如果采用(　　)补偿措施,功率因数可有所提高。

69. 一台三相异步电动机,其铭牌上标明额定电压为220/380 V,其接法应是(　　)。

70. 韶山8型电力机车用TZTF6.0型主变风机定子绕组为(　　)式绕组。

71. 三相异步电动机在额定负载的情况下,若电源电压超过其额定电压的10%,则会引起电动机过热;若电源电压低于其额定电压的10%,电动机将会出现(　　)现象。

72. 当负载转矩是三相△形连接的笼型异步电动机直接启动转矩的1/2时,减压启动设备应选用(　　)。

73. 为了使三相异步电动机的启动转矩增加,可采取的方法是适当(　　)转子回路的电阻值。

74. 异步电动机滚动轴承运行(　　)h后,应加一次润滑脂。

75. 三相异步电动机的延边三角形启动属于(　　)压启动。

76. SS_8 型电力机车用硅机组冷却通风机,定子绕组为(　　)层同心式绕组。

77. YJ85A型电机为了得到足够的机械强度、良好的电气性能与优良的热稳定性,定子绕组用(　　)固定。

78. 工艺规程是用来指导技术操作和(　　)用的。

79. 安全检查中的"三不伤害"是指不伤害自己、不伤害他人、(　　)。

80. 同样规格的零件或部件可以互相调换使用的性质称为零件或部件的(　　)。

81. 工艺费用可分为可变费用和(　　)两部分。

82. 经济评价方法就是分析不同工艺方案的(　　),以选出在一定生产条件下的最经济的工艺方法或工艺方案。

83. 使用直流双臂电桥进行测量之前,应将检流计(　　),否则测值不对。

84. 使用兆欧表测量绝缘电阻前,应先对表进行一次(　　)试验,检查表是否良好。

85. 千分尺分为外径千分尺、内径千分尺和(　　)三种。

86. 千分表是一种精密量具,它能量出(　　)的读数,是测量与检验工件表面形状偏差与相互位置偏差的重要工具。

87. 电桥测量电阻时,要把导线接在被测电阻上,不要用导线夹夹住,否则,一旦导线被碰掉,检流计就有可能(　　)。

88. 直流双臂电桥测电阻时要(　　),以免耗电量过大。

89. 使用千斤顶起重作业时,千斤顶必须安放牢固,顶部不得直接与(　　)接触,须用防滑垫木。

90. YJ85A 型电机的定子整体经过真空压力浸漆(VPI)处理,电机的绝缘耐热等级为(　　)级。

91. 焊接时用(　　)的方法将焊接区的热量散走,从而达到减小变形的目的,这种方法叫作散热法。

92. 交流电动机鼠笼转子的笼条焊接一般采用(　　)焊接。

93. 氧乙炔焊由于氧气与乙炔混合比例不同,可产生三种性质不同的焰,即中性焰、(　　)、氧化焰。

94. 氧乙炔焊接时,(　　)焰适合焊接一般低碳钢、不锈钢、紫铜和铝合金。

95. 串激电动机当端电压保持不变时,其转速随电流成(　　)变化。

96. 他激直流电动机的激磁绕组由(　　)供电。

97. 牵引电动机磁场削弱的目的是为了(　　)。

98. 刷握采用涡卷弹簧压力装置,当电刷高度改变时,电刷压力(　　)。

99. 串激电动机比他激电动机具有(　　)的过载能力。

100. 牵引电动机的(　　)是由电机结构、激磁方式和磁路饱和状态等因素决定的,它代表了电机本身具有的运行性能。

101. 正、反移动刷架圈对火花无明显的好转,说明产生火花的是(　　)原因。

102. 直流电机主磁极的极性在圆周上呈(　　)排列,主磁极所产生的磁场称为主磁场。

103. 通过对绕组绝缘电阻的测量,能判定绝缘材料的受潮、沾污或(　　)等问题。

104. 直流电动机进行调磁调速时,属于(　　)调速,从额定转速往上调节。

105. 直流电动机进行电枢调压调速时,属于(　　)调速,从额定转速往下调节。

106. 直流电机主磁极产生的磁场叫主磁场。当电机接有负载时,电枢绕组中的电流产生的磁场称为电枢磁场,电枢磁场的轴线与主磁场的轴线垂直相交,对主磁场产生影响,使主磁场发生变化,这种作用就称为(　　)。

107. 直流电机单波绕组的基本绕法是从N极出发绕到相邻的S极,接着再绕到下一个N极,如此循环,最后又都回到(　　)。

108. 单叠绕组的连接方法是把第一个元件的下层边与第二个元件的上层边通过(　　)连接在一起,并且第二个元件就在第一个元件相邻的槽内。

109. 在大功率直流电机和负载急剧变化的直流电机中,采用补偿绕组分布于(　　)的补偿槽内,并与电枢绕组串联,其磁动势的方向与电枢反应磁动势的方向相反。

110. 当换向极磁场强度太强时，在直流发电机内须将电刷向后移动，而在电动机内则须将电刷向(　　)。

111. 直流发电机刷架位置不当引起发电机电压过低时，应调整(　　)位置，以保证发电机电压在最高处为宜。

112. 直流电机电枢运转时，换向器刷握下冒火，电枢发热，应检查云母槽有无铜屑，并用毫伏表测量(　　)，查出绕组短路点。

113. 当直流电机电枢绕组匝间短路时，则在与短路绕组相连接的换向片上测得的电压降值明显降低；若换向片或升高片间短路时，则片间电压降(　　)。

114. 定子绕组中通入额定值的直流电流时，接触不良的接头将比正常接头(　　)。

115. 交流耐压试验时，加在绕组上的电压应从不超过试验电压全值的(　　)开始，在10～15 s内逐渐升到全值，维持1 min。

116. ZD115型电机的定子整体经过真空压力浸漆(VPI)处理，电机的绝缘耐热等级为(　　)级。

117. 交流电机的多相绕组，只要通过多相电流就能产生旋转磁势，若电流不对称，则将产生(　　)旋转磁势。

118. 异步电动机三相电压不平衡会引起电动机发热，因此三相电压不平衡度不得超过(　　)。

119. 机床加工中获得尺寸精度的方法有(　　)、定尺寸刀具法、调整法和自动控制法。

120. 切削用量包括切削深度、切削宽度和(　　)。

121. 控制铁芯叠压质量的三个要素是铁芯冲片的重量、铁芯冲片间的压力和(　　)。

122. 电力机车辅助电动机转子铸铝时所用铝材为(　　)。

123. 韶山电力机车所用YPX-280M-4型电机转子，铸铝转子(　　)套于转轴上。

124. 基准是一些点、线或面的综合，基准按它的任务可以分为设计基准和(　　)两大类。

125. 与滚动轴承相配合的轴颈和端盖孔要有较高的(　　)要求。

126. 配合公差是允许间隙或过盈的(　　)。

127. 形状公差是单一实际要素的形状所允许的(　　)。

128. 实际尺寸是通过(　　)所得的尺寸。

129. 公差等于最大极限尺寸与最小极限尺寸的代数差的(　　)。

130. 补偿绕组端部绑扎玻璃钢端箍可防止补偿绕组(　　)。

131. 转子校验动平衡的目的是检查转子重心的主惯性轴与旋转轴线是否(　　)。

132. 若转子的主惯性轴平行地偏离了(　　)，这种不平衡状态称为静不平衡。

133. 若转子的中心主惯性轴线相对一协同线倾斜但不相交，这种不平衡状态称为(　　)。

134. 引起不平衡的原因主要有设计与制造误差、(　　)、加工与装配误差。

135. 若转子的主惯性轴与轴线交于重心以外一点，这种不平衡称为(　　)。

136. 若转子的主惯性轴与轴线交于(　　)，称为转子偶不平衡。

137. 硬支撑式动平衡机用传感器直接检测由不平衡量产生的(　　)。

138. 软支撑式动平衡机用传感器检测由不平衡量产生的(　　)。

139. YJ85A型电机转子的端环一侧车一较浅的环槽，导条与端环进行(　　)，称为对接式结构。

140. YJ85A 型电机空转试验,电机在正弦 50 Hz、(　　)V 电源驱动下,正、反转各 30 min,测量轴承温升不超过 35 K。

141. 动平衡机的精度是指对某一重量的校验转子,试验机能检测到的(　　)。

142. 重复对电机同一绕组进行耐压试验时,试验电压不得超过规定值的(　　)。

143. 电机绕组部分重新绕制后,耐压试验电压不得超过规定值的(　　)。

144. 做短时升高电机电压试验,试验电压值应为其额定电压的(　　)。

145. ZD115 型牵引电机换向器表面温升规定不得超过(　　)K。

146. ZD115 型牵引电机轴承温升规定不得超过(　　)K。

147. ZD115 型牵引电机超速试验进行(　　)min。

148. ZD115 型牵引电机换向器跳动量不得超过(　　)mm。

149. 劈相机在最低网压下启动时间不大于(　　)即为合格。

150. 直流电机换向器表面出现无规律烧痕,主要是(　　)引起的。

151. 直流电机环火是指正、负电刷间被(　　)短路的现象。

152. 直流电机正反向转速偏差过大的原因是(　　)。

153. 电机中性位不正,则电机换向电势将不能完全补偿(　　)。

154. 电机换向火花分电气火花和机械火花两类,电气火花呈(　　)色,连续、稳定而细小。

155. 电机换向火花分电气火花和机械火花两类,机械火花呈(　　)色,断续、不稳定且较粗。

156. 引起异步电动机转向相反的原因是三相交流电(　　)。

157. 直流电机反接制动时,电枢电流会(　　)。

158. Y—△启动方法适应于电机在(　　)下启动。

159. 直流电机安装换向极是为了改善直流电机换向性能,消除或削弱电机(　　)。

160. 直流电机安装补偿绕组的作用是消除电枢反应引起的(　　),改善电机换向性能。

161. 当异步电机堵转时,定子将承受(　　)倍额定电流的冲击,过电流将会引起电机严重发热。

162. 交流试验电源平衡度要求负序分量在消除零序分量的影响后,应小于正序分量的(　　)。

163. 交流试验电源波形要求电源波形瞬时值与基波分量瞬时值之差应不超过基波波幅的(　　)。

164. 用直流双臂电桥测量电阻时,应使电桥接头的引出线比电流计接头的引出线更靠近(　　)。

165. 三相异步电动机的定子绕组,无论是单层还是双层,其节距都必须是(　　)。

166. 直流电动机电枢串电阻调速是恒(　　)调速。

167. 三相异步电动机定子绕组引出线首端和尾端的识别方法有灯泡检查法和(　　)检查法。

168. YJ85A 型电机的定子冲片用 50W470 硅钢片冲制而成,冲片内圆冲有(　　)个开口槽。

169. YJ85A 型电机的定子铁芯的吊挂件由压成(　　)的钢板和锻钢吊挂块焊接而成。

170. YJ85A 型电机转子的冲片上冲有(　　)个半闭口槽。

171. YJ85A 型电机在热态下,定子绕组对机座可承受(　　)V 工频耐压 1 min,无击穿和闪络。

172. YJ85A 型电机转向不对是由(　　)与电源连接错误引起的。

173. YJ85A 型电机定子绕组电阻值换算到 20 ℃时,阻值应与典型值的相对误差不超过(　　)。

174. YJ85A 型电机轴承拆装时,严禁直接锤击。加热温度不得超过(　　)℃,采用电磁感应加热时剩磁感应强度不大于 3×10^{-4} T。轴承内圈与轴的接触电阻值不大于统计平均值的 3 倍。

175. 韶山 7D 型电力机车所用的牵引电动机为带有补偿绕组的 6 极(　　)励脉流牵引电动机。

176. ZD120A 型牵引电动机主要由定子、转子、(　　)等部分组成。

177. ZD120A 型牵引电动机的定子是(　　)的重要通路并支撑电机。

178. ZD120A 型牵引电动机的转子是产生感应电势和(　　)以实现能量转换的部件。

179. ZD120A 型牵引电动机电刷装置的作用:一是电枢与外电路连接的部件,通过它使电流输入电枢或从电枢输出;二是与换向器配合实现(　　)。

180. ZD120A 型牵引电动机的均压线连接换向片的等电位点,用来平衡因(　　)不平衡在电枢绕组内部引起的环流。

181. ZD120A 型牵引电动机采用 93 组均压线,换向器片节距为(　　)。

182. ZD120A 型牵引电动机的换向器是将电枢绕组内部的交流电势用机械换接的方法转换为电刷间的(　　)。

183. ZD120A 型牵引电动机共有(　　)片换向片。

184. ZD120A 型牵引电动机的换向片的横截面为(　　)。

185. ZD120A 型牵引电动机的刷架圈装在电机前端盖上,用定位销定位,由(　　)块导向板固定。

186. 通常所指孔的深度为孔径(　　)倍以上的孔称为深孔,必须用钻深孔的方法进行钻孔。

187. 剖分式轴瓦的配刮是先刮研(　　)。

188. 在尺寸链中,确定各组成环公差带的位置,对相对于轴的被包容尺寸可注成(　　)。

189. ZD114 型电机的电枢绕组与升高片焊接采用(　　)。

190. ZD114 型电机机座的接线盒是一个装在电机中上部、可完全与外界(　　)的结构。

191. 安全教育是掌握各种安全生产知识和技能,防范(　　)的主要途径。

192. 机车大修必须贯彻质量第一和(　　)的方针。

193. 机车大修周期结构:大修(新造)—中修—(　　)—大修,大修间隔里程为 160 万～200 万公里。

194. 装配时,使用可换垫片、衬套和镶条等,以消除零件间的累积误差或配合间隙的方法是(　　)。

195. 封闭环公差等于各组成环(　　)。

196. ZD114 型电机的换向片由银铜材连铸后挤压而成,结构紧密,机械性能稳定,断面呈梯形状,故称为(　　)。

197. 在尺寸链中,当其他尺寸确定后,新产生的一个环是(　　)。

198. ZD120A 型牵引电动机的刷架圈开有缺口,开口处有左右旋转的(　　)螺栓,用以调节刷架圈的松紧和旋转。

199. ZD120A 型牵引电动机的引出线共(　　)根。

200. ZD120A 型牵引电动机为消除轴电流对轴承的影响,主极串励绕组采用一进一出的(　　)方式。

二、单项选择题

1. 在交流电压大于(　　)的电路中,一般采用电压互感器将较高的电压转换为一定数值的电压(通常为 100 V)以供测量使用。

(A)600 V　　(B)1 000 V　　(C)1 200 V　　(D)1 500 V

2. 电机、变压器用的 E 级绝缘材料,其极限工作温度为(　　)。

(A)120 ℃　　(B)105 ℃　　(C)180 ℃　　(D)180 ℃以上

3. 绝缘等级为 B 级的绝缘材料,其最高允许工作温度为(　　)。

(A)105 ℃　　(B)120 ℃　　(C)90 ℃　　(D)130 ℃

4. 电路中两点间的电位差就是(　　)。

(A)电压　　(B)电流　　(C)电势　　(D)电阻

5. 直流电机的感应电势 $E=C_e\Phi n$,这里 Φ 指(　　)。

(A)主磁通　　(B)漏磁通

(C)气隙中的合成磁通　　(D)由电枢磁势产生的磁通

6. 在电动机状态稳定时,直流电动机电磁转矩的大小由(　　)决定。

(A)电压大小　　(B)电阻大小　　(C)电流大小　　(D)负载

7. 串励式直流电机是励磁绕组和(　　)串联,并励式直流电机是励磁绕组和电枢绕组并联。

(A)补偿绕组　　(B)电枢绕组　　(C)均压线绕组　　(D)主极绕组

8. 电机从电动机状态转为发电机状态运行,其电磁功率传递方式变成由(　　)。

(A)转子通过气隙到定子　　(B)定子通过气隙到转子

(C)定子转子同时通入气隙　　(D)发电机到电动机传递

9. 兆欧表有“L”、“E”、“G”三个接线柱,其中“G”接线柱(　　)必须用。

(A)在每次测量时

(B)在要求测量精度较高时

(C)当被测绝缘电阻表面不干净时,为测量电阻

(D)测量较高绝缘时

10. 对并励直流电机进行调速时,随着电枢回路串加调节电阻的增大,其机械特性曲线将(　　)。

(A)斜率减小,特性变硬　　(B)斜率增大,特性变硬

(C)斜率增加,特性变软　　(D)斜率减小,特性变软

11. 就机械特性的硬度而言,(　　)的机械特性较软。

(A)串励直流电动机　　(B)复励直流电动机

(C)他励直流电动机　　(D)并励直流电动机

12. 机车电机由牵引转入制动时,其电枢电动势将(　　)。

(A)小于外加电压　　(B)等于外加电压

(C)大于外加电压　　(D)等于整流电压

13. 异步电动机在正常运转时,转子磁场在空间的转速为(　　)。

(A)转子转速　　(B)同步转速

(C)转差率与转子转速的乘积　　(D)转差率与同步转速的乘积

14. 当异步电动机的定子电源电压突然降低为原来的80%的瞬间,转差率维持不变,其电磁转矩将会(　　)。

(A)减小到原来电磁转矩的80%　　(B)减小到原来电磁转矩的64%

(C)维持不变　　(D)减小到原来电磁转矩的40%

15. 直流牵引电机带上负载后,气隙中的磁场是(　　)。

(A)由主极磁场和电枢磁场叠加而成的

(B)由主极磁场和换向磁场叠加而成的

(C)由主极产生的

(D)由主极磁场、换向磁场和电枢磁场叠加而成的

16. 并励直流电动机运行时,其负载电路(　　)。

(A)不能短路　　(B)可以短路　　(C)不能突然短路　　(D)可以突然短路

17. 三绕组电压互感器的辅助二次绕组是接成(　　)。

(A)开口三角形　　(B)三角形　　(C)星形　　(D)延边三角形

18. 故障出现时,保护装置动作将故障部分切除,然后重合闸,若是稳定性故障,则立即加速保护装置动作将断路器断开,这种保护叫(　　)。

(A)重合闸前加速保护　　(B)重合闸后加速保护

(C)二次重合闸保护　　(D)重合闸后过载保护

19. 发生三相对称短路时,短路电流中包含有(　　)分量。

(A)正序　　(B)负序　　(C)零序　　(D)脉动

20. 零序电压的特性是(　　)。

(A)接地故障点最高　　(B)变压器中性点零序电压最高

(C)接地电阻大的地方零序电压高　　(D)接地电阻为零的地方零序电压高

21. 电机与机车的连接为滚动抱轴承结构,单端外锥轴斜齿轮输出,输出面锥度为(　　)。

(A)1∶10　　(B)1∶20　　(C)1∶50　　(D)1∶70

22. 直流电机的电枢绕组若为单叠绕组,则绕组的并联支路数将等于(　　)。

(A)主磁极数　　(B)主磁极对数　　(C)2路　　(D)4路

23. 直流电机的电枢绕组若为单波绕组,则绕组的并联支路数将等于(　　)。

(A)主磁极数　　(B)主磁极对数　　(C)2路　　(D)4路

24. 修理直流电机时,各绕组之间的耐压试验使用(　　)。

(A)直流电　(B)交流电　(C)交、直流均可　(D)高频交流电

25. 修理后的直流电机进行各项试验的顺序为(　　)。

(A)空载试验→耐压试验→负载试验　(B)空载试验→负载试验→耐压试验

(C)耐压试验→空载试验→负载试验　(D)负载试验→耐压试验→空载试验

26. 修理直流电机时,常用毫伏表校验片间电压。将换向器两端接到低压直流电源上,将毫伏表两端接到相邻两换向片上,如果读数突然变小,则表示(　　)。

(A)换向器片间短路　(B)被测两片间的绕组元件短路

(C)绕组元件断路　(D)换向器故障

27. 进行直流电机电枢绕组的匝间绝缘强度试验时,若电机处于空载状态,应使电机在大于(　　)额定电压的过电压状态下运行,5 min内不击穿。

(A)20%　(B)30%　(C)60%　(D)80%

28. 电枢绕组与换向器的焊接质量除进行外观检查外,还需测量换向器的片间电压降,其最大(或最小)值与平均值之差不应超过平均值的(　　)。

(A)±3%　(B)±5%　(C)±8%　(D)±10%

29. 将一个磁极下属于同一相的线圈按一定方式(　　)成组,称为极相组。

(A)串联　(B)并联　(C)先并后串　(D)先串后并

30. 异步电动机直接启动时,转子启动电流与额定电流的比值 I_{1S}/I_{1N} 为(　　)。

(A)2~3　(B)3~5　(C)4~7　(D)5~9

31. YJ85A 型电机是逆变器供电的(　　)异步牵引电机。

(A)三相鼠笼式　(B)直流脉冲式　(C)交流　(D)直流

32. 机车在牵引运行状态时,牵引电机将(　　),通过轮对驱动机车运行。

(A)电能转换成机械能　(B)机械能转换成电能

(C)机械能转换成热能　(D)电能转换成热能

33. 并励直流发电机在原动机带动下正常运转时,如果电压表指示在很低的数值上不能升高,则说明电机(　　)。

(A)还有剩磁　(B)没有剩磁　(C)励磁绕组断路　(D)励磁绕组短路

34. 异步电动机转子的转动方向、转速与旋转磁场的关系是(　　)。

(A)两者方向相同,转速相同

(B)两者方向相反,转速相同

(C)两者方向相同,转子的转速略小于旋转磁场的转速

(D)两者方向相同,转子的转速略大于旋转磁场的转速

35. 直流电机电枢绕组(　　)。

(A)与交流电机绕组相同　(B)与交流电机转子绕组相同

(C)是一闭合绕组　(D)经电刷后闭合

36. 三相异步电动机与发电机的电枢磁场都是(　　)。

(A)旋转磁场　(B)脉振磁场　(C)波动磁场　(D)恒定磁场

37. 交流电动机定子绕组一个线圈两个边所跨的距离称为(　　)。

(A)节距　(B)长距　(C)短距　(D)极距

38. 当直流电动机采用改变电枢回路电阻调速时,若负载转矩不变,调速电阻越大,工作

转速(　　)。

(A)越低　　(B)越高

(C)不变　　(D)有可能出现"飞车"现象

39. 发电机定子三相绕组在空间布置上,其各相绕组轴线相差(　　)。

(A)120°机械角度　　(B)120°　　(C)任意角度　　(D)120°电角度

40. 当端电压下降时,异步电动机的最大电磁转矩将(　　)。

(A)下降　　(B)上升

(C)不变　　(D)与电压大小成反比

41. 1 度电可供"220 V、40 W"的灯泡正常发光的时间是(　　)。

(A)20 h　　(B)25 h　　(C)45 h　　(D)50 h

42. 当启动电流倍数(启动电流/额定电流)相同时,串励电动机与(　　)电动机相比可获得更大的启动转矩倍数。

(A)他励　　(B)并励　　(C)复励　　(D)自励

43. YJ85A 型电机在冷却空气温度不超过 40 ℃时,电机轴承允许温升限值为(　　)。

(A)50 K　　(B)55 K　　(C)60 K　　(D)65 K

44. 万用表的表头经检修后,一般出现灵敏度下降的现象,这是由于磁感应强度减小的缘故。为了减小这种影响,在取出线圈以前,(　　)同时还应减少检修次数。

(A)应用软铁将磁钢短路　　(B)应用钢线将线圈短接

(C)应用金属外罩作磁屏蔽　　(D)应将磁钢放入水中

45. (　　)的主要作用是改变刀具与工件的受力情况和刀头的散热条件。

(A)前角　　(B)后角　　(C)主偏角　　(D)副偏角

46. 韶山 8 型准高速客运电力机车采用(　　)悬挂方式。

(A)抱轴式　　(B)轮对空心轴式

(C)电机空心轴式　　(D)滚动抱轴承式

47. 测量电机绕组的直流电阻时,电枢应静止不动,然后用双臂电桥或(　　)测定。

(A)伏安法　　(B)单臂电桥　　(C)万用表　　(D)兆欧表

48. 牵引电动机抱轴承、抱轴瓦背通常采用(　　)制成。

(A)巴氏合金　　(B)锡基轴承合金

(C)铸锡青铜合金　　(D)铸钢

49. 人体触电时能感知的最小电流强度有(　　)mA 左右。

(A)10　　(B)100　　(C)5　　(D)1

50. 直流泄漏试验时,直流泄漏电流较大,但与直流电压仍维持直线关系变化,说明(　　)。

(A)匝间短路　　(B)绕组接地

(C)绕组绝缘受损　　(D)绕组绝缘受潮

51. 采用电桥或万用表测量交流电机定子绕组各相的直流电阻,如被测电机有六个出线头,即首先用万用表的电阻挡($R\times1$ 挡)找出每相绕组的两个线端,然后用电桥分别测量各相的直流电阻值,并将它们加以比较,其中(　　)便是可能存在短路的一相。

(A)电阻值最大的两相　　(B)电阻值最小的两相

(C)电阻值最小的一相　　(D)电阻值相等的一相

52. 采用电桥或万用表测量交流电机定子绕组各相的直流电阻，如被测电机有三个出线端，即星形连接，星点留在电动机内，则测出 U-V、V-W、W-U 间的直流电阻，若测得 U-V 和 W-U 的直流电阻比 V-W 间的电阻小，则表明(　　)内部存在短路故障。

(A)V 相　　(B)W 相　　(C)U 相　　(D)V-W 相

53. 用电压表检查三相电动机的短路故障，把有故障一相的各极相组连接线的绝缘剥开，在这相绕组的出线端通入低电压交流电，电压一般为 50～100 V，然后测量各极相组的压降，如读数相差较大，(　　)即为短路故障的极相组。

(A)最小的　　(B)最大的　　(C)相等的　　(D)为零的

54. 牵引电机轴承温升超过允许值时，首先应检查(　　)。

(A)轴承内圈的质量　　(B)轴承外圈的质量

(C)轴承的安装游隙　　(D)轴承的自由游隙

55. YJ85A 型电机在热态下，用 1 000 V 兆欧表测量定子绕组对机座的绝缘电阻值应不低于 10 MΩ。冷态下绝缘电阻值应不低于(　　)。

(A)100 MΩ　　(B)150 MΩ　　(C)200 MΩ　　(D)250 MΩ

56. 直流电机电刷与换向器接触不良，需重新研磨电刷，并使其在半负载下运行(　　)min。

(A)5　　(B)10　　(C)15　　(D)1

57. 绕线式异步电动机转子电路串联频敏电阻启动时，转子转速越低，频敏电阻的等效阻值(　　)。

(A)越大　　(B)越小

(C)不变　　(D)与转子回路电阻相等

58. 在电源频率和电动机结构参数不变的情况下，三相交流异步电动机的电磁转矩与(　　)成正比关系。

(A)转差率　　(B)定子相电压的平方

(C)定子电流　　(D)定子相电压

59. YJ85A 型电机的定子是用(　　)叠压而成的，定子采用开口式槽型。

(A)钢板　　(B)硅钢片　　(C)铸钢板　　(D)绝缘片

60. 异步电动机的三相绕组中，如果一相绕组头尾反接，则电动机的启动转矩(　　)。

(A)增大　　(B)保持不变　　(C)严重下降　　(D)几乎为零

61. 对于线圈的嵌反或接反，可用一磁针和低压直流电源来检查。调节电压，使送入绕组内电流为额定电流的 1/6～1/4，而直流电源应加在一相绕组上，如果是星形连接的三相绕组，电源应加在(　　)。

(A)引线 U 与 V 之间　　(B)引线 U 与 W 之间

(C)引线 V 与 W 之间　　(D)一相绕组的始端与中性点之间

62. 直流电机电枢绕组与换向片接错，若线圈左右两端“交叉”接反，可将指南针依次放到电枢铁芯的每个槽上，当指针出现与其正常情况相差 180°时，则说明槽中线圈两端接反了，将两端头(　　)即可恢复正常。

(A)向前移一接线头　　(B)向后移一接线头

(C)反向移动 180° (D)倒换一下

63. 对于线圈的嵌反或接反，可用一磁针和低压直流电源来检查。调节电压，使送入绕组内电流约为额定电流的1/6～1/4。而直流电源应加在一相绕组上，如果是三角形连接的三相绕组，接法是(　　)。

(A)把电源接在引线U与V之间

(B)把电源接在引线U与W之间

(C)把电源接在引线W与V之间

(D)把各相绕组的接头拆开，分别检查各相绕组

64. 三相异步电动机在运行中断相，则(　　)。

(A)必将停止转动

(B)负载转矩不变，转速不变

(C)负载转矩不变，转速下降

(D)适当减少负载转矩，可继续保持转速不变

65. 要保持电动机安全可靠地运行，电压波动和电压不平衡不得太大，由于转矩与电压平方成正比，所以在一般情况下电压波动不得超过(　　)。

(A)±3% (B)±5% (C)±10% (D)±15%

66. 对运行中的电动机监视其运行电流，在正常的情况下，电动机运行电流不应超过铭牌上标出的额定电流，同时还应注意三相电流是否平衡，通常任意两相间的电流差不应大于额定电流的(　　)。

(A)3% (B)5% (C)10% (D)15%

67. 采用双层绕组的直流电机绕组元件数和换向片数相比(　　)。

(A)多一倍 (B)少一倍 (C)少一片 (D)相等

68. 由于直流电机受换向条件限制，允许通过的最大电流不应超过额定电流的(　　)。

(A)1.5 (B)2～2.5 (C)2.5～3 (D)4

69. 在实际应用中，并励和复励式直流电动机要实现电机反转，一般可采用的方法是(　　)。

(A)只能通过改变电枢中的电源方向来实现

(B)同时改变电枢和定子中的电流方向来实现

(C)在电枢中串入不同的电阻值

(D)在定子中串入不同的电阻值

70. 表示绝缘材料在高温作用下不改变介电、力学、理化等性能的能力称为(　　)。

(A)热稳定性 (B)击穿强度 (C)热弹性 (D)介电系数

71. 铜排扁绕制过程中，线圈转角内R部分产生增厚、外R产生减薄现象，增厚部分可使线圈高度尺寸增加，并且在压型时会损坏绝缘，引起(　　)，因此必须除去增厚部分。

(A)接地故障 (B)匝间短路故障 (C)断路故障 (D)环流故障

72. 异步电动机中鼠笼式转子的槽数，在设计上为了防止定子谐波磁势作用而产生振动矩，造成电机振动和产生噪声，一般不采用(　　)。

(A)奇数槽 (B)偶数槽 (C)短距 (D)整距

73. 当三相交流电机线圈节距为 $y=\frac{1}{5}\tau$ 时,感应电动势中的(　　)次谐波被完全消除。

(A)5　　(B)6　　(C)7　　(D)3

74. YJ85A 型电机转子的冲片上冲有 58 个(　　)。

(A)全闭口槽　　(B)半闭口槽　　(C)1/3 闭口槽　　(D)1/4 闭口槽

75. 高压电机主要绝缘的基材一般采用耐电晕性能优良的(　　)。

(A)玻璃纤维织物　　(B)云母材料　　(C)聚酰亚胺薄膜　　(D)DMD

76. 对电压不大于(　　)的电机绝缘较简单,用于半开口槽的线圈,一般在嵌线时,槽内垫对地绝缘即可。

(A)500 V　　(B)800 V　　(C)1 000 V　　(D)1 200 V

77. 三相低压电动机定子绕组的实际接线是每根电源线只与一根导线连接,则是(　　)。

(A)一路 Y 连接　　(B)一路△连接　　(C)两路 Y 连接　　(D)两路△连接

78. 三相异步电机由△接变换为 Y 接运行后,电动机的额定功率降低了,其过载保护电流整定值应调整为(　　),否则会因过载得不到保护而将电机烧毁。

(A)△接时的 1.732 倍　　(B)△接时的 1/1.732 倍

(C)△接时的 3 倍　　(D)△接时的 1.414 倍

79. 异步电动机的三相绕组中,如果一相绕组首尾反接,即使空载运行,电动机也要(　　)。

(A)严重发热,如不及时断电,电动机很容易烧毁

(B)发热,可降压运转下去

(C)发热,可短时间运行

(D)发热,可降功运行

80. 异步电动机过载时造成电动机(　　)增加并发热。

(A)铜耗　　(B)铁耗　　(C)铝耗　　(D)铜耗与铁耗

81. 三相绕线型转子异步电动机的整个启动过程中,频敏变阻器的等效阻抗变化趋势是(　　)。

(A)由小变大　　(B)由大变小

(C)恒定不变　　(D)随电流增大而减小

82. 负载倒拉反转运行也是三相异步电动机常用的一种制动方式,但这种制动方式只适合用于(　　)。

(A)笼型异步电动机

(B)转子回路串入电阻的绕线型转子异步电动机

(C)转子回路串入频敏电阻器的绕线型转子异步电动机

(D)深槽式鼠笼电动机

83. 大电流的直流电机、电枢绕组一般采用绝缘扁线绕制,制作时,下料总长要超过实际需要(　　)mm。

(A)10　　(B)15～20　　(C)25～30　　(D)40

84. 选择滑动轴承的润滑油时,为了在摩擦面能形成足够薄的油膜,一般在轴承工作温度下,转速高时应选用(　　)的润滑油。

(A)黏度低　(B)纯度低　(C)黏度高　(D)纯度高

85. ZD120A 型牵引电动机的转轴是传递(　　)的受力部件,对其机械性能、表面粗糙度、加工精度要求较高。

(A)电机电压　(B)电机电流　(C)电机功率　(D)电机电阻

86. 只要能满足零件的经济精度要求,无论何种生产类型都应首先考虑采用(　　)装配。

(A)调整装配法　(B)选配装配法　(C)修配装配法　(D)互换装配法

87. ZD120A 型牵引电动机的电枢后支架在靠近电枢铁芯的一侧开 9 个径向(　　),用以降低电枢绕组后部温升。

(A)螺旋槽　(B)导油槽　(C)进风槽　(D)通风槽

88. 深槽鼠笼型异步电动机的启动性能比普通鼠笼异步电动机好得多,它是利用(　　)原理来改善启动性能的。

(A)涡流效应　(B)热效应　(C)集肤效应　(D)电磁效应

89. 电桥测量直流电阻值属于(　　)。

(A)直接测量法　(B)间接测量法　(C)计算测量法　(D)比较测量法

90. 用兆欧表测电枢绝缘电阻时,(　　)接线柱应接到铁芯或转轴上。

(A)L　(B)E　(C)G　(D)L 和 G

91. ZD120A 型牵引电动机的电枢绕组由 93 个(　　)组成。

(A)单叠线圈　(B)双叠线圈　(C)半叠线圈　(D)全叠线圈

92. 横向收缩变形在焊缝的厚度方向上分布不均匀是引起(　　)的原因。

(A)波浪变形　(B)扭曲变形　(C)角变形　(D)错边变形

93. 需要消除焊后残余应力的焊件,焊后应进行(　　)。

(A)加热　(B)高温回火　(C)正火　(D)正火加回火

94. 气焊时火焰可分为焰心、内焰和外焰三部分,且(　　)。

(A)焰心温度最高　(B)内焰温度最高

(C)外焰温度最高　(D)三部分温度接近

95. ZD120A 型牵引电动机的电枢线圈由 4 个并列元件组成,采用(　　)竖放,可降低换向附加损耗,提高槽的利用率和电机效率。

(A)半叠交错　(B)单叠交错　(C)双叠交错　(D)全叠交错

96. 为防止端盖裂纹在焊接时再延伸,当裂纹从端盖的边缘伸向镗孔方向时,应在裂纹端钻一个(　　)mm 的小孔。

(A)1.5　(B)2.5～3　(C)4～5　(D)6

97. 直流电机励磁电压是指在励磁绕组两端的电压,对(　　)电机,励磁电压等于电机的额定电压。

(A)他励　(B)并励　(C)串励　(D)复励

98. 牵引电动机电压恒定时,电动机的转速对电枢电流的关系曲线称为(　　)。

(A)转速特性曲线　(B)转矩特性曲线

(C)效率特性曲线　(D)机械特性曲线

99. ZD120A 型牵引电动机的均压线连接换向片的等电位点,用来平衡因(　　)不平衡在电枢绕组内部引起的环流。

(A)电路　(B)电场　(C)磁路　(D)磁场

100. 对直流电动机进行制动的所有方法中，最经济的制动是(　　)。

(A)机械制动　(B)反馈制动　(C)反接制动　(D)能耗制动

101. 三相同步电动机的制动控制应采用(　　)。

(A)反接制动　(B)再生发电制动　(C)能耗制动　(D)机械制动

102. 下列调速方法中，使直流电动机机械特性明显变化的是(　　)。

(A)改变电枢回路电阻　(B)改变励磁回路电阻

(C)改变端电压　(D)改变励磁回路电流

103. 直流电动机的调速方案，越来越趋向于采用(　　)调速系统。

(A)直流发电机—直流电动机　(B)交磁电机扩大机—直流电动机

(C)晶闸管可控制整流—直流电动机　(D)磁放大器二极管整流—直流电动机

104. 他励直流电动机的负载转矩一定时，若在电枢回路串入一定的电阻，其转速将(　　)。

(A)上升　(B)下降　(C)不变　(D)逐步变为零

105. ZD120A 型牵引电动机的换向器是将电枢绕组内部的交流电势用机械换接的方法转换为电刷间的(　　)。

(A)强流电势　(B)弱流电势　(C)交流电势　(D)直流电势

106. 运行中的三相异步电动机转子磁场为(　　)。

(A)旋转磁场　(B)脉振磁场　(C)电磁场　(D)恒定磁场

107. 直流电动机顺着电机转向移动刷架圈，电刷偏离中性线时，火花减小，说明换向极补偿(　　)。

(A)偏弱　(B)偏强　(C)适中　(D)太弱

108. 电压表测直流电压时，一般用(　　)扩大电表量程。

(A)电流互感器　(B)电压互感器　(C)分流器　(D)倍率器

109. 4 极单叠绕组，具有 16 个线圈元件的直流电机电枢，它的接线特点是第一个元件线圈的下层边引线端与其相邻的(　　)线圈的上层边引线端一起焊接在一个换向片上，然后按相同次序连接下去。

(A)第一个元件　(B)第二个元件　(C)第三个元件　(D)任意

110. 当直流电动机刚进入能耗制动状态时，电动机由于惯性继续旋转，此时电动机实际处于(　　)运行状态。

(A)直流电动机　(B)直流发电机　(C)交流电动机　(D)交流发电机

111. 直流电机运行时，由于电枢绕组和激磁绕组的电阻产生的损耗为(　　)。

(A)铁损耗　(B)机械损耗　(C)铜损耗　(D)不变损耗

112. 直流电动机的不变损耗(　　)可变损耗时，电机的效率最高。

(A)等于　(B)大于　(C)小于　(D)远小于

113. 电流表测交流电流时，一般用(　　)扩大电表量程。

(A)电流互感器　(B)电压互感器　(C)分流器　(D)倍率器

114. ZD120A 型牵引电动机的换向片的横截面为(　　)。

(A)梯形　(B)三角形　(C)平行四边形　(D)正方形

115. 如果采用分度盘，(　　)可进行多种分度。

(A)车削加工　(B)刨削加工　(C)铣削加工　(D)磨削加工

116. 低温回火得到的组织是(　　)。

(A)回火马氏体　(B)回火托氏体　(C)回火索氏体　(D)奥氏体

117. 焊件表面堆焊时，产生的应力是(　　)。

(A)单向应力　(B)双向应力　(C)平面应力　(D)体积应力

118. 标注尺寸时既要考虑设计要求，又要考虑工艺要求，对零件的使用性能的装配精度有影响的尺寸，要求从(　　)出发进行标注。

(A)设计基准　(B)工艺基准　(C)施工方便　(D)平面基准

119. ZD120A 型牵引电动机的刷架圈开有缺口，开口处有左右旋转的(　　)，用以调节刷架圈的松紧和旋转。

(A)单头螺栓　(B)双头螺栓　(C)定位螺栓　(D)紧固螺栓

120. 若要求实际要素处处位于具有理想开头的包容面内，且该理想开头的尺寸应为最大实体尺寸，这在形位公差标注中应注明(　　)。

(A)独立原则　(B)相关原则　(C)最大实体原则　(D)包容原则

121. H7/g6 表示该配合为基孔制间隙配合中的(　　)。

(A)间隙较大的转动配合　(B)间隙不大的转动配合

(C)间隙很小的滑动配合　(D)间隙较大的滑动配合

122. 在工装设计中，在满足使用要求的前提下，应尽可能选用(　　)。

(A)高的公差等级　(B)较低的公差等级

(C)基轴配合　(D)轴孔同级的公差等级

123. ZD120A 型牵引电动机为消除轴电流对轴承的影响，主极串励绕组采用一进一出的(　　)方式。

(A)紧固连接　(B)焊接连接　(C)双向连接　(D)单向连接

124. 具有过盈配合的孔公差带在轴公差带之(　　)。

(A)下　(B)上　(C)相互交叠　(D)完全重叠

125. 用间接测量法测量平面度误差时，评定平面度误差是包容表面而且距离为最小的两(　　)平面间的距离。

(A)垂直　(B)相交　(C)平行　(D)交叉

126. 在尺寸链中，确定各组成环公差带的位置，对相对孔的包容尺寸可注成(　　)。

(A)单向正偏差　(B)单向负偏差　(C)双向正偏差　(D)双向负偏差

127. 滚动轴承内径尺寸偏差是(　　)。

(A)正偏差　(B)负偏差　(C)双向偏差　(D)零偏差

128. 电机匝间耐压试验必须使用(　　)波形电压。

(A)高压高频振荡波　(B)高压中频振荡波

(C)高压中频脉冲波　(D)高压中频矩形波

129. 聚酰亚胺薄膜是(　　)绝缘材料。

(A)B 级　(B)H 级　(C)F 级　(D)C 级

130. 刷架连线对地绝缘外面加包聚四氟乙烯带是为了(　　)。

(A)环火后保护对地绝缘不被电弧烧损　(B)改善换向性能
(C)减少炭粉积聚　(D)加强绝缘强度

131. 脉流牵引电动机采用叠片机座是因为(　　)。
(A)加工工艺简单　(B)可减轻电机重量
(C)有利于脉流换向和提高机座磁导率　(D)可降低生产成本

132. ZD120A 型牵引电动机的同一刷盒内 3 个压指(　　)不能偏差太大。
(A)紧固压力　(B)过盈压力　(C)伸缩压力　(D)弹簧压力

133. 牵引电机主极连线改用软编织线的目的是(　　)。
(A)方便连接　(B)减少连线断裂故障
(C)便于与机座固定　(D)导电性能更好

134. 在拆除电动机旧绕组时，一般都是利用加热后使绝缘软化，将绕组从槽内拆出，为了不致损伤铁芯绝缘，一般加热温度不宜超过(　　)。
(A)180 ℃　(B)120 ℃　(C)100 ℃　(D)80 ℃

135. 交流异步电动机大修后交接时，额定电压为 1 000 V 以上者，在接近运行温度时的绝缘电阻值，定子绕组一般不低于 1 MΩ/kV，转子绕组不应低于(　　)。
(A)1 MΩ/kV　(B)0.5 MΩ/kV　(C)0.1 MΩ/kV　(D)5 MΩ/kV

136. ZD120A 型牵引电动机的电刷与换向器表面接触面积不小于电刷全面积的(　　)。
(A)60%　(B)70%　(C)80%　(D)90%

137. 校验转子动平衡的目的是检查转子重心的主惯性轴与旋转轴线是否(　　)。
(A)重合　(B)平行　(C)垂直　(D)水平

138. 转子的主惯性轴线在重心以外一点与轴线相交，这种平衡称为(　　)。
(A)静不平衡　(B)准静不平衡　(C)静平衡　(D)动平衡

139. 静平衡法的理论依据是(　　)。
(A)重力平衡　(B)反作用力平衡　(C)作用力平衡　(D)力矩平衡

140. ZD120A 型牵引电动机在检修时，测量热态时的换向器表面的(　　)应不大于 0.04 mm。
(A)平行度　(B)跳动量　(C)圆柱度　(D)圆度

141. 电机转子高速旋转时，由于平衡不好会产生严重的(　　)。
(A)向心力　(B)离心力　(C)重力　(D)惯性力

142. 划线时，应使划线基准与(　　)一致。
(A)设计基准　(B)安装基准　(C)测量基准　(D)定位基准

143. 圆锥齿轮用于两轴线(　　)的传动中。
(A)相交　(B)平行　(C)平交　(D)交叉

144. 锡焊是(　　)的一种。
(A)钎焊　(B)熔焊　(C)压焊　(D)定位焊

145. 铆接时，铆钉直径的大小与被连接板的(　　)有关。
(A)大小　(B)厚度　(C)长度　(D)宽度

146. 硬支撑动平衡机工作在共振频率以下，故其转速一般(　　)。
(A)较低　(B)较高　(C)等于共振频率　(D)与工件大小有关

147. 软支撑动平衡机工作在共振频率之上,故其转速一般(　　)。
(A)较低　(B)较高　(C)等于共振频率　(D)与工件大小有关
148. 矫正弯形时,材料产生的冷作硬化,可采用(　　)方法使其恢复原来的力学性能。
(A)回火　(B)淬火　(C)调质　(D)退火
149. 若转子的主惯性轴与轴线交于(　　),称为转子偶不平衡。
(A)中心　(B)偏心　(C)准心　(D)重心
150. 直流电机直流冷态电阻要求测量(　　)次,取其算术平均值作为测量结果。
(A)2　(B)3　(C)4　(D)5
151. 摇动兆欧表手柄使表笔开路,这时兆欧表应显示(　　)。
(A)∞　(B)0　(C)某一值　(D)最小
152. 摇动兆欧表手柄使表笔短路,这时兆欧表应显示(　　)。
(A)∞　(B)0　(C)100 MΩ　(D)不定
153. 兆欧表手柄转动快慢影响发电电压高低,手柄标准转速应为(　　)。
(A)80 r/min　(B)100 r/min　(C)120 r/min　(D)150 r/min
154. 直流电动机需进行空载试验以检查电机装配质量,试验时间应为(　　)。
(A)正反转各 30 min　(B)正反转各 45 min
(C)高速旋转 30 min　(D)正反转各 10 min
155. 为了检查电机各绕组及轴承、换向器发热情况而进行的试验是(　　)。
(A)超速试验　(B)换向试验　(C)空转试验　(D)温升试验
156. 为了考核电机各转动部分耐受离心力作用的能力而进行的试验是(　　)。
(A)超速试验　(B)换向试验　(C)空载试验　(D)离心力试验
157. 对三相异步电动机进行耐压试验后,其绝缘电阻应比耐压试验前的电阻值(　　)。
(A)稍大　(B)稍小　(C)相等　(D)不一定
158. 牵引电机换向火花一般分为(　　)级。
(A)3　(B)4　(C)5　(D)6
159. 牵引电机中性位校正时,要求感应电压不大于(　　)。
(A)0 mV　(B)2 mV　(C)5 mV　(D)10 mV
160. 只有(　　)的材料才能进行矫正。
(A)硬度较高　(B)塑性较好　(C)脆性较大　(D)抗拉强度大
161. 电机换向电气火花一般呈(　　)色。
(A)白或青　(B)红或粉　(C)蓝或紫　(D)红或黄
162. 电机换向机械火花一般呈(　　)色。
(A)白或青　(B)红或粉　(C)蓝或紫　(D)红或黄
163. Y—△启动方式适合于(　　)负载下启动电机。
(A)轻或空　(B)重或中　(C)起重　(D)机械
164. 异步电动机全部更换定子绕组后,交流耐压试验电压为(　　)。
(A)2 倍额定电压+1 000 V,但不低于 1 500 V
(B)1.5 倍额定电压+1 000 V,但不低于 1 200 V
(C)0.8 倍额定电压+1 000 V,但不低于 1 100 V

(D)1 倍额定电压+1 000 V,但不低于 1 200 V

165. 单相异步电动机空载电流和损耗的测定:在进行空载试验之前,电动机应在额定电压下空载运转 10~15 min,使电动机轴承的温度及摩擦损耗达到稳定状态,然后测量电压、电流及输入功率,测量功率时需要用低功率因数瓦特表测量,检查试验所测得的空载特性数据必须与(　　)的空载特性曲线进行校对,符合技术条件的方可认为合格。

(A)空载试验　(B)型式试验　(C)堵转试验　(D)例行试验

166. ZD114 型电机的电枢绕组与升高片焊接采用(　　)。

(A)氧气焊　(B)保护焊　(C)氩弧焊　(D)固定焊

167. ZD114 型电机为(　　)结构。

(A)支撑悬挂　(B)轴承悬挂　(C)焊接悬挂　(D)抱轴悬挂

168. ZD114 型电机机座的接线盒是一个装在电机中上部、可完全与外界(　　)的结构。

(A)相贴密封　(B)封闭密封　(C)紧固密封　(D)隔离密封

169. ZD114 型电机补偿绕组采用(　　)方式。

(A)对角槽　(B)平行槽　(C)三角槽　(D)对称槽

170. 使用万用表测量电压或电流时,应选择合适的量程挡,最好使指针指示在该挡满刻度的(　　)处为好。

(A)1/2 以下　(B)1/3~1/2　(C)1/2~2/3　(D)满刻度

171. 用万用表欧姆挡测量电阻时,要选择好适当的倍率挡,应使指针尽量接近(　　)处,测量结果比较准确。

(A)高阻值的一端　(B)低阻值的一端　(C)在标尺中心　(D)任意位置

172. 要测量 380 V 交流电动机绝缘电阻,应选用额定电压为(　　)的绝缘电阻表。

(A)250 V　(B)500 V　(C)750 V　(D)1 000 V

173. 用绝缘电阻表摇测绝缘电阻时,要用单根电线分别将线路 L 及接地 E 端与被测物连接,其中(　　)端的连接线要与大地保持良好绝缘。

(A)L　(B)E　(C)V　(D)X

174. 用电流平衡法检查笼型异步电动机定子绕组星形连接的匝间短路时,如果三相电流表读数相差 5%以上,则(　　)的相可能有匝间短路。

(A)电流大　(B)电流小　(C)电压大　(D)电压小

175. 工频交流耐压试验是考验被试品绝缘承受各种(　　)能力的有效办法。

(A)额定电压　(B)过电流　(C)过电压　(D)额定电流

176. 测量绝缘电阻时,要使测量能真实代表试品的绝缘电阻值,通常要求加压(　　)时间后,读取指示的数值。

(A)15 s　(B)30 s　(C)1 min　(D)3 min

177. 焊接电弧是气体的(　　)现象。

(A)燃烧　(B)导电　(C)对流　(D)振动

178. E5016 焊条的药皮类型为(　　)。

(A)氧化铁型　(B)低氢钠型　(C)钛钙型　(D)高纤维钠型

179. 焊接碳素钢熔渣的主要成分是(　　)。

(A)碳化物　(B)氟化物　(C)氧化物　(D)硫化物

180. 两焊件表面构成大于或等于135°、小于或等于180°夹角的接头称为(　　)。
(A)T形接头　(B)对接接头　(C)角接接头　(D)搭接接头
181. (　　)坡口的焊缝填充金属最少。
(A)I形　(B)V形　(C)X形　(D)U形
182. (　　)坡口加工最容易。
(A)I形　(B)V形　(C)X形　(D)U形
183. 在同样焊接条件下采用(　　)坡口,焊接残余变形最小。
(A)I形　(B)V形　(C)X形　(D)U形
184. (　　)是指产生在焊件母材与焊缝连接处(焊趾)的沟槽或凹陷。
(A)夹渣　(B)气孔　(C)裂纹　(D)咬边
185. 焊缝倾角为0°、焊缝转角为90°的焊接位置是指(　　)。
(A)平焊位置　(B)横焊位置　(C)立焊位置　(D)仰焊位置
186. 焊缝倾角为90°、焊缝转角为270°的焊接位置是指(　　)。
(A)平焊位置　(B)横焊位置　(C)立焊位置　(D)仰焊位置
187. 焊接坡口是为了在焊接时(　　)。
(A)增加熔宽　(B)保证焊透　(C)增大熔合化　(D)工件装配方便
188. 在焊接一些厚度较大、焊接接头冷却较快和母材金属淬硬倾向较大的焊件时,焊缝中容易产生(　　)。
(A)气孔　(B)夹渣　(C)咬边　(D)冷裂纹
189. 改善焊件结构设计以降低焊接接头的拘束应力,在设计时尽可能地消除应力集中,并且焊前采取预热措施,可有助于防止焊缝(　　)的产生。
(A)气孔　(B)夹渣　(C)咬边　(D)冷裂纹
190. 焊件的坡口钝边如太大,在焊接时容易产生(　　)。
(A)焊瘤　(B)夹渣　(C)咬边　(D)未焊透
191. 物体三视图的投影规律是:主俯视图(　　)。
(A)长对正　(B)宽相等　(C)高平齐　(D)上下对齐
192. 机械制图标准规定:在垂直螺纹线方向的视图中,螺纹牙底用(　　)表示。
(A)虚线　(B)细实线　(C)3/4细实线圆　(D)点画线
193. 退刀槽和越程槽的尺寸可标注成(　　)。
(A)槽深×直径　(B)槽宽×槽深　(C)槽深×槽宽　(D)直径×槽深
194. 零件的(　　)包括尺寸精度、几何形状精度和相互位置精度。
(A)加工精度　(B)经济精度　(C)表面精度　(D)精度
195. 总余量是指零件从(　　)整个加工过程中某一表面所切除金属层的总厚度。
(A)粗加工到精加工　(B)一个工序
(C)所有工序　(D)毛坯变为成品
196. 螺纹的顶径是指(　　)。
(A)外螺纹大径　(B)外螺纹小径　(C)内螺纹大径　(D)内螺纹中径
197. 粗车螺纹时,硬质合金螺纹车刀的刀尖角应(　　)螺纹的牙型角。
(A)大于　(B)等于　(C)小于　(D)小于或等于

198. 在机床上用以装夹工件的装置称为(　　)。
(A)车床夹具　(B)专用夹具　(C)机床夹具　(D)通用夹具
199. 设计夹具时,定位元件的公差应不大于工件公差的(　　)。
(A)1/2　(B)1/3　(C)1/5　(D)1/10
200. 在质量检验中,要坚持"三检制度",即(　　)。
(A)首检、巡回检、尾检　(B)自检、互检、专职检
(C)自检、巡回检、专职检　(D)首检、中间检、尾检

三、多项选择题

1. 定子是磁场的重要通路并支撑电机,由(　　)与端盖、轴承等组成。
(A)主极　(B)换向极　(C)补偿绕组　(D)机座
2. ZD120A 型牵引电动机在环境条件或内部出现缺陷时会使换向器表面受到破坏而出现异常现象,主要有(　　)。
(A)黑片　(B)条纹和沟槽
(C)电刷轨痕　(D)电刷表面高度磨光
3. 电动机电刷冒火、滑环过热的可能原因是(　　)。
(A)电刷的牌号或尺寸不符　(B)电刷的压力不足或过大
(C)电刷与滑环的接触面磨得不好　(D)滑环表面不平、不圆或不清洁
4. 电动机内部冒火或冒烟的原因是(　　)。
(A)电枢绕组有短路
(B)电动机内部各引线的连接点不紧密或有短路、接地
(C)鼠笼式两极电动机在启动时,由于启动时间较长,启动电流较大,转子绕组中感应电压较高,因而鼠笼与铁芯之间产生微小的火花,启动完毕后,火花也就消失了
(D)电动机转子铁芯叠压系数不足
5. 电动机有不正常的振动和响声的原因可能是(　　)。
(A)电动机的基础不平或地脚螺丝松动,电动机安装得不好
(B)滚动轴承的电动机轴颈与轴承的间隙过小或过大
(C)滚动轴承装配不良或滚动轴承有缺陷
(D)电动机的转子和轴上所有的皮带轮、飞轮、齿轮等平衡不好
6. 电动机修理后但未更换线圈,空载损耗变大的原因可能是(　　)。
(A)滚动轴承的装配不良,润滑脂的牌号不适合或装得过多
(B)滑动轴承与转轴之间的摩擦阻力过大
(C)电动机的风扇或通风管道有故障
(D)外线供电压过低
7. 电动机空载电流较大的原因是(　　)。
(A)电源电压太高
(B)硅钢片腐蚀或老化,使磁场强度减弱或片间绝缘损坏
(C)定子绕组匝数不够或△形接线误接成 Y 形接线
(D)轴承与转轴之间的摩擦阻力过大

8. 轴承过热的原因是(　　)。

(A)轴承损坏　(B)轴与轴承配合过紧或过松

(C)轴承与端盖配合过紧或过松　(D)润滑油脂过多或过少或油质不好

9. 同步电动机启动后不能拖入同步的原因是(　　)。

(A)电网电压低

(B)油开关接主励磁装置的辅助接点闭合不良或励磁装置故障，没有直流输出

(C)转子回路接触不良或开路

(D)无刷励磁系统故障，硅管损坏无输出

10. 直流电机电刷磨损异常的原因是(　　)。

(A)换向器表面粗糙　(B)电刷质量不好

(C)电刷弹簧压力太小　(D)电刷振动

11. 电气设备的“三定”是(　　)。

(A)定期检修　(B)定期检查　(C)定期试验　(D)定期清扫

12. 对于低压带电作业，下列说法正确的是(　　)。

(A)低压带电作业不设专人监护

(B)应穿绝缘鞋和全棉长袖工作服，并戴手套、安全帽和护目镜，站在干燥的绝缘物上进行

(C)断开导线时，应先断开中性线后断开相线

(D)人体不得同时接触两根线头

13. 三相交流异步电动机进行等效电路时，必须满足(　　)。

(A)等效前后转子电势不能变　(B)等效前后磁势平衡不变化

(C)等效前后转子电流不变化　(D)等效前后转子总的视在功率不变

14. 异步电动机等效电路的推导中，一般情况下是转子向定子折算等效即(　　)。

(A)把转子的频率先与定子频率进行相等，然后再折算其他参数

(B)把转动的转子看作不动的转子，然后进行其他参数的折算

(C)其实就是先进行 $S=1$ 时的讨论，然后进行其他参数的折算

(D)不管进行什么样的折算，能量平衡不能变

15. 三相交流感应电动机进行等效电路时，必须满足(　　)。

(A)等效前后转子电势不能变

(B)等效前后磁势平衡不变化

(C)不管进行什么样的折算，能量平衡不能变

(D)等效前后转子总的视在功率不变

16. 感应电动机等效电路的推导中，一般情况下是转子向定子折算等效即(　　)。

(A)等效前后磁势平衡不变化

(B)把转动的转子看作不动的转子，然后进行其他参数的折算

(C)等效前后转子电势不能变

(D)不管进行什么样的折算，能量平衡不能变

17. 车削螺纹时，因受车刀跟工件的相对位置的影响，使车刀(　　)发生了变化。

(A)螺旋线　(B)前角　(C)刃倾角　(D)后角

18. 自励电动机包括(　　)。
(A)半励电动机　(B)串励电动机　(C)复励电动机　(D)并励电动机
19. 在带电设备周围严禁使用(　　)进行测量工作。
(A)钢卷尺　(B)皮卷尺
(C)夹有金属丝的线尺　(D)直尺
20. 在室内高压设备上工作,下列(　　)位置应悬挂“止步,高压危险!”的标示牌。
(A)工作地点两旁运行设备间隔的遮栏(围栏)上
(B)工作地点对面运行设备间隔的遮栏(围栏)上
(C)禁止通行的过道遮栏(围栏)上
(D)进入工作地点的门外
21. ZD114 型牵引电机运行时,下列说法正确的是(　　)。
(A)电压应控制在 1 020 V 左右,瞬时值不得超过 1 185 V
(B)电流应控制在 845 A 左右,最大电流不得超过 1 200 A 且只允许短时内运行
(C)最大转速为 1 925 r/min
(D)A、B、C 都对
22. 电动机的(　　)部分均应装设牢固的遮栏或护罩。
(A)引出线　(B)电缆头
(C)外露的转动部分　(D)连接轴
23. 下列人员中,(　　)应经过安全知识教育后,方可下现场参加指定的工作,并且不得单独工作。
(A)新参加电气工作　(B)实习人员
(C)管理人员　(D)临时工
24. 下列属于局部放电的是(　　)。
(A)高压电机的槽内放电　(B)高压电机线圈绝缘层内部气隙放电
(C)电机线圈端部电晕　(D)高压电机线圈接地
25. 键常发生的失效形式是(　　)。
(A)剪切　(B)摩擦　(C)断裂　(D)挤压
26. 下列电机中,(　　)能将机械能转变为电能。
(A)直流发电机　(B)同步电动机　(C)变压器　(D)异步发电机
27. 三相异步电动机的转子有(　　)。
(A)鼠笼式转子　(B)永磁式转子　(C)电磁式转子　(D)绕线式转子
28. 下列各项中,(　　)等为绕线式三相异步电动机的组成部分。
(A)定、转子铁芯　(B)定、转子绕组　(C)滑环　(D)电刷
29. 下列关于三相异步电动机额定数据的叙述,正确的有(　　)。
(A)P_N是在额定运行情况下,电动机轴上输出的机械功率
(B)U_N是在额定运行情况下,外加于定子绕组上的相电压
(C)I_N是在额定电压下,轴端有额定功率输出时,定子绕组的相电流
(D)f_N为我国规定的标准工业用电频率
30. YJ85A 型电机轴承产生刮痕的解决办法是(　　)。

(A)选择最佳润滑油和润滑系统,使之形成完整的油膜
(B)通过集流环或绝缘轴承避免电流流动
(C)使用附带加压装置的润滑剂
(D)选择较小径向游隙和预压的方式避免滑动

31. 下列属于他励直流电机可变损耗的是(　　)。
(A)机械损耗　(B)电枢绕组本身电阻的损耗
(C)电刷摩擦损耗　(D)电刷接触损耗

32. 下列属于并励直流电机可变损耗的是(　　)。
(A)机械损耗　(B)电枢绕组本身电阻的损耗
(C)电刷摩擦损耗　(D)电刷接触损耗

33. 零件的加工精度反映在(　　)精度上。
(A)尺寸　(B)形状　(C)位置　(D)粗糙度

34. 切屑的类型有(　　)。
(A)带状切屑　(B)挤裂切屑　(C)粒状切屑　(D)崩碎切屑

35. 车削运动分为(　　),工件的旋转运动是主运动。
(A)切深运动　(B)主运动　(C)进给运动　(D)旋转运动

36. 常用车刀的材料有(　　)。
(A)高速钢　(B)硬质合金钢　(C)陶瓷　(D)白钢

37. 车孔的关键技术是解决内孔车刀的(　　)问题。
(A)刚性　(B)排屑　(C)密度　(D)强度

38. 加工后工件表面发生的表面硬化是由于金属与刀具后刀面的强烈(　　)变形造成的。
(A)摩擦　(B)挤压　(C)碰撞　(D)相切

39. 刀具的磨损由(　　)两方面作用造成。
(A)角度　(B)机械摩擦　(C)热效应　(D)材料

40. 刀具角度中对断屑影响最明显的是(　　)。
(A)修光刃　(B)副偏角　(C)主偏角　(D)刃倾角

41. 电动机空载或加负载时,三相电流不平衡,其可能的原因是(　　)。
(A)三相电源电压不平衡　(B)定子绕组中有部分线圈短路
(C)大修后,部分线圈匝数有错误　(D)大修后,部分线圈的接线有错误

42. 金属焊接作业的三大主要危险是(　　)。
(A)窒息　(B)触电　(C)火灾　(D)爆炸

43. 不锈钢焊接时,考虑到熔合线的影响,最好选用(　　)尽可能低的不锈钢焊条。
(A)P　(B)Ni　(C)S　(D)C

44. 氩弧焊时,常用的适合作为不熔化电极材料的有(　　)。
(A)石墨　(B)纯钨　(C)纯铜　(D)钍钨

45. 电渣焊不便实施的焊缝位置有(　　)。
(A)平焊　(B)立焊　(C)横焊　(D)仰焊

46. 对电渣焊件应当割除的部分是(　　)。

(A)引出部分　(B)起焊部分　(C)铅焊部分　(D)复焊部分

47. 电焊烟尘的成分及浓度主要由(　　)决定。

(A)焊接方法　(B)焊接电流　(C)焊接材料　(D)焊接规范

48. 安全生产包括两个方面,即(　　)。

(A)预防工伤事故的发生　(B)预防职业病的危害

(C)多为企业创效益　(D)为生产进度服务

49. 铸铁冷焊时,焊后立即锤击焊缝的目的是(　　)。

(A)提高焊缝塑性　(B)提高焊缝强度　(C)减小焊接应力　(D)防止裂纹

50. 金属结构和其他机械产品制造中的连接通常分为(　　)两大类。

(A)可拆卸的连接　(B)铆接　(C)永久性连接　(D)螺栓连接

51. 测量方法误差可能是(　　)等原因引起的。

(A)计算公式不准确　(B)测量方法选择不当

(C)工件安装不合理　(D)计量器制造不理想

52. 在测量过程中影响测量数据准确性的因素很多,其中主要有(　　)。

(A)计量器具误差　(B)测量方法误差　(C)标准器误差　(D)环境误差

53. 三相负载的连接方法有(　　)连接。

(A)矩形　(B)三角形　(C)圆形　(D)星形

54. 交流电动机分为(　　)电动机。

(A)差动　(B)同步　(C)三相　(D)异步

55. 异步电动机由(　　)组成。

(A)机座　(B)铁芯　(C)定子　(D)转子

56. 鼠笼式电动机的启动方法有(　　)。

(A)间接启动　(B)直接启动　(C)增压启动　(D)降压启动

57. 装夹误差包括(　　)。

(A)夹紧误差　(B)刀具近似误差

(C)成形运动轨迹误差　(D)基准位移误差

58. 影响工艺系统刚度的主要原因是(　　)。

(A)量仪的刚度　(B)机床各部件的刚度

(C)刀具的刚度　(D)工件的刚度

59. 工艺系统是指由(　　)在加工时所形成的一个整体。

(A)机床　(B)夹具　(C)刀具　(D)工件

60. 车床能够加工的表面有(　　)。

(A)内、外圆柱面　(B)回转体成型面　(C)圆锥面　(D)螺纹面

61. 可以用来铣削平面的铣刀有(　　)。

(A)阶梯铣刀　(B)三面刃铣刀　(C)圆柱铣刀　(D)端面铣刀

62. 铣削斜面的方法有(　　)。

(A)倾斜工件　(B)倾斜铣刀　(C)一般铣削　(D)角度铣削

63. 在钻床上可以进行(　　)加工。

(A)锪平面　(B)攻螺纹　(C)钻孔　(D)铰孔

64. 砂轮的硬度是指(　　)。
(A)砂轮所用磨料的硬度　(B)磨粒从砂轮表面脱落的难易程度
(C)结合剂粘结磨粒的牢固程度　(D)砂轮内部结构的疏密
65. 螺纹连接包括有(　　)连接。
(A)螺栓　(B)双头螺柱　(C)紧定螺钉　(D)螺钉
66. 常用的曲面刮刀有(　　)。
(A)普通刮刀　(B)三角刮刀　(C)弯头刮刀　(D)蛇头刮刀
67. 碳化物磨料主要用于(　　)的研磨。
(A)铸铁　(B)黄铜　(C)硬质合金　(D)陶瓷
68. 钻小孔的加工特点是(　　)。
(A)加工直径小　(B)排屑困难
(C)切削液很难注入切削区　(D)刀具重磨困难
69. 在斜面上钻孔,可采取(　　)的措施。
(A)铣出一个平面　(B)车出一个平面
(C)錾出一个小平面　(D)锯出一个平面
70. 加强职业纪律修养,(　　)。
(A)必须提高对遵守职业纪律重要性的认识,从而提高自我锻炼的自觉性
(B)要提高职业道德品质
(C)培养道德意志,增强自我克制能力
(D)要求对服务对象谦虚和蔼
71. 下列有关职业道德的说法,正确的是(　　)。
(A)服务群众是社会主义职业道德区别于其他社会职业道德的本质特征
(B)爱岗敬业是职业道德的基础和基本精神
(C)办事公道是职业道德的基本准则
(D)诚实守信是职业道德的根本
72. 职业道德教育的要求是(　　)。
(A)要配合党风廉政建设和反腐败斗争抓职业道德教育
(B)针对行业中当前突出的职业道德问题抓职业道德教育
(C)要首先抓职业责任心的培养
(D)领导要率先垂范
73. “修养”通常包含的含义是(　　)。
(A)指政治思想、道德品质、知识技术等方面所进行的勤奋学习和涵养锻炼的功夫以及所达到的水平
(B)从业人员的职业责任感
(C)指“修身养性”之道
(D)指逐渐养成的、有涵养的待人处世的态度
74. 并励直流发电机发电的条件是(　　)。
(A)并励发电机内部必须有一定的剩磁　(B)励磁绕组接线极性要正确
(C)励磁电阻 R_f≤临界电阻 R_{fLj}　(D)必须先给励磁通电

75. 直流电动机的启动方法有(　　)。
(A)直接启动　(B)电枢回路并联电阻启动
(C)电枢回路串联电阻启动　(D)降压启动
76. 决定三相交流异步电动机的输出因素是(　　)。
(A)负载的功率　(B)负载的转矩　(C)电源的电压　(D)电源的频率
77. 直流电机的调速一般可以采用的方法有(　　)。
(A)电枢回路串接电阻的调速方法　(B)改变电源电压的调速方法
(C)改变电动机主磁通的调速方法　(D)改变电动机结构的调速方法
78. 电机电气制动的方法一般有(　　)。
(A)电枢电源反接制动　(B)能耗制动
(C)回馈制动　(D)倒拉反接制动
79. 交流异步电动机中的定子部分有(　　)。
(A)电枢　(B)铁芯　(C)外壳　(D)端盖
80. 下列电器中,(　　)不能起短路保护作用。
(A)热继电器　(B)交流接触器　(C)按钮　(D)组合开关
81. 改善交流电动机的旋转磁场质量时,一般采用的方法是(　　)。
(A)电源质量高些　(B)集中绕组　(C)整距分布绕组　(D)短距分布绕组
82. 下列属于并励直流电机不变损耗的是(　　)。
(A)轴承损耗、通风损耗　(B)机械损耗
(C)电刷接触损耗　(D)电刷摩擦损耗、周边风阻损耗
83. 获得加工零件相互位置精度,主要由(　　)来保证。
(A)刀具精度　(B)机床精度　(C)夹具精度　(D)工件安装精度
84. 三相交流异步电动机的运行状态分为(　　)。
(A)电动机状态　(B)电磁制动状态　(C)发电机状态　(D)反接制动状态
85. 三相交流感应电动机的运行状态分为(　　)。
(A)反接制动状态　(B)电磁制动状态　(C)发电机状态　(D)电动机状态
86. 他励直流电动机中影响换向的因素是(　　)。
(A)电抗与电枢反应　(B)电抗与物理化学
(C)电枢反应与机械　(D)A、B、C 都正确
87. 三相交流同步电机的励磁方式有(　　)。
(A)直流发电机作为励磁电源的直流励磁机励磁系统
(B)用硅整流装置将交流转化成直流后供给励磁的整流器励磁系统
(C)静止整流器励磁系统
(D)旋转整流器励磁系统
88. 聚酰亚胺薄膜具有优良的(　　)。
(A)耐低温性能　(B)耐高温性能　(C)抗辐射性能　(D)介电性能
89. 一般情况下同步电动机常用的启动方法有(　　)。
(A)辅助启动法　(B)减压启动法　(C)异步启动法　(D)变频启动法
90. 无换向器电动机有两种运行方式,分别是(　　)。

(A)直流无换向器电动机　　(B)永磁无换向器电动机
(C)脉冲无换向器电动机　　(D)交流无换向器电动机

91. 单相交流异步电动机进行等效电路时,必须满足(　　)。
(A)等效前后转子电势不能变　　(B)等效前后磁势平衡不变化
(C)等效前后转子电流不变化　　(D)等效前后转子总的视在功率不变

92. CO_2 气体保护焊的焊接参数有(　　)。
(A)电弧电压及焊接电流　　(B)焊接回路电感
(C)焊接速度　　(D)气体流量及纯度

93. 堆焊金属合金成分的选择原则是(　　)。
(A)满足焊件的使用要求　　(B)经济便宜
(C)焊接性好　　(D)符合我国资源条件

94. 控制电机中交流伺服电动机的调速方式一般有(　　)。
(A)变极数　　(B)幅—相控制　　(C)相位控制　　(D)幅值控制

95. 焊接时电弧过长会出现(　　)。
(A)电弧不稳定　　(B)保护作用差　　(C)电流过大　　(D)瞬时电压过大

96. 埋弧焊的优点有(　　)。
(A)生产率高　　(B)焊缝质量高
(C)节约焊接材料和电能　　(D)劳动条件好

97. 埋弧焊的缺点有(　　)。
(A)焊接过程中焊剂覆盖焊接坡口,不利于及时调整焊接过程
(B)主要适用于平焊位置,其他位置焊接困难
(C)难以用来焊接铝、钛等氧化性强的金属及其合金
(D)焊接设备复杂,只适于较长且规则焊缝的焊接

98. 酸性焊条的特点有(　　)。
(A)焊接工艺性较好　　(B)焊接电弧长
(C)对铁锈不敏感　　(D)焊缝成形好

99. 关于碱性焊条,下列说法正确的是(　　)。
(A)氧化性弱
(B)对油、水、锈等较敏感
(C)焊缝冲击韧度好
(D)焊接工艺性差,引弧困难,电弧稳定性差,飞溅较大,必须采用短弧焊接

100. 选用焊条时,应遵循的原则是(　　)。
(A)首先考虑母材的力学性能和化学成分　　(B)考虑焊件的工作条件
(C)考虑焊接结构的复杂程度和刚度　　(D)考虑劳动条件、生产率和经济性

101. 下列关于 E5015 焊条型号的意义表述,正确的是(　　)。
(A)E——表示焊条
(B)50——表示焊缝熔敷金属的抗拉强度不小于 490 MPa
(C)1——表示焊条适于全位置焊
(D)15——表示焊条属于低氢钠型,采用直流反接焊接

102. 使用 E5015 焊条时应注意的条件是(　　)。
(A)焊条使用前必须在 350 ℃～400 ℃烘干 1～2 h
(B)采用直流反接
(C)采用短弧焊
(D)焊接药皮过多
103. 焊条电弧焊的工艺特点有(　)。
(A)工艺灵活,适应性强
(B)设备简单,操作方便
(C)易于通过工艺调整来控制变形和改善应力
(D)对焊工要求高,劳动条件差,生产率低
104. 焊缝的内部缺陷有(　　)。
(A)气孔　(B)夹渣　(C)未焊透　(D)裂纹
105. CO_2气体保护焊的优点表现在(　　)。
(A)焊接成本低　(B)生产率高
(C)焊后残余应力和变形小　(D)抗锈能力强
106. CO_2气体保护焊的主要工艺问题是(　　)。
(A)焊接飞溅较多　(B)焊缝表面成形差
(C)产生气孔的可能性大　(D)防风能力差,不能在风力较大的地方使用
107. 根据氧气与乙炔的混合比的不同,氧乙炔焰可产生的不同性质的火焰有(　)。
(A)碳化焰　(B)中性焰　(C)氧化焰　(D)高火焰
108. 电机电刷产生火花的原因有(　)。
(A)换向器表面不平整、不圆或不清洁　(B)电刷被卡在刷握内,与换向器接触不良
(C)电刷型号尺寸与刷架不匹配　(D)电刷压力过大或过小
109. 关于直(脉)流电机电刷,下列说法正确的是(　)。
(A)同一组刷握均应排列在同一直线上,不能错开
(B)带有倾斜角的电刷,其锐角尖必须与转动方向相同
(C)各组电刷必须调整在换向器的电气中性线上
(D)同一台电机可以使用不同制造厂的电刷
110. 引起直(脉)流电动机转速偏低的可能原因是(　)。
(A)电枢或换向器短路　(B)电枢绕组开路
(C)电源电压过高,与额定电压不符　(D)轴承损坏
111. 三相异步电动机空载时,三相电流过大的可能原因是(　　)。
(A)电源电压过低　(B)定子与转子间隙过大
(C)电动机装配不当,机械损耗过大　(D)误将定子绕组△形接法接成 Y 形
112. 造成电机轴承过热的可能原因是(　)。
(A)轴承室中润滑脂过多　(B)轴承室中润滑脂过少
(C)轴承中有杂物　(D)轴承与轴承室配合过松或过紧
113. 下列属于直(脉)流电机定子组成部分的是(　　)。
(A)换向器　(B)换向极　(C)转轴　(D)主磁极

114. 下列属于直(脉)流电机转子组成部分的是(　　)。
(A)换向器　(B)换向极　(C)转轴　(D)主磁极
115. 韶山系列电力机车牵引电机采用了(　　)励磁方式。
(A)串励　(B)并励　(C)他复励　(D)永磁
116. 可以采用(　　)的方式提高直流电机的转速。
(A)增加电压　(B)增大主磁通　(C)降低电压　(D)减小主磁通
117. 在正常工作的情况下,直(脉)流电机换向器表面会形成一层薄膜,薄膜的构成成分主要有(　　)。
(A)氧化铜　(B)氧化亚铜　(C)碳粉　(D)石墨
118. 直(脉)流电机线端标志(　　)代表补偿绕组。
(A)C1　(B)C2　(C)D1　(D)D2
119. 换向器产生闪络(环火)的主要原因是(　　)。
(A)磁场增强　(B)磁场削弱
(C)换向器片间电压过高　(D)换向器片间电压过低
120. 关于补偿绕组,下列说法正确的是(　　)。
(A)用于产生主磁场　(B)可以消除磁场畸变,防止环火产生
(C)补偿绕组和换向极绕组串联　(D)补偿绕组和换向极绕组并联
121. 牵引电机大修时,刷架装置中须更新的是(　　)。
(A)紧固螺栓　(B)绝缘子　(C)放电板　(D)刷握弹簧、压指
122. YJ85A 型电机采用的新技术有(　　)。
(A)外锥斜齿轮输出　(B)直齿输出
(C)无机座化定子铁芯　(D)进口绝缘轴承
123. ZD115 型牵引电机大修时,关于主磁极检修,下列说法正确的是(　　)。
(A)主极绕组、换向极绕组与铁芯装配须采用"一体化"结构
(B)主极、换向极绕组须进行真空压力浸漆处理
(C)主极、换向极外包绝缘及匝间绝缘须更新
(D)连线状态良好者可不更新
124. ZD115 型牵引电机大修时,关于电枢检修,下列说法正确的是(　　)。
(A)电枢绕组(含均压线)引线头和升高片连接须采用氩弧焊焊接
(B)换向器表面粗糙度不高于 1 μm
(C)电枢轴可以焊修
(D)用 1 000 V 兆欧表测量电枢绝缘电阻,阻值不小于 50 MΩ
125. ZD115 型牵引电机大修时,关于组装要求,下列说法正确的是(　　)。
(A)轴承与轴的接触电阻不超过 200 μΩ,轴承内圈安装时加热温度不超过 120 ℃
(B)同台电机必须使用同一厂家同一牌号的产品
(C)电刷与换向器表面接触面积不小于 80%
(D)电机在 70%最大转速下空载运行须灵活平稳
126. 关于 YJ85A 型电机,下列说法正确的是(　　)。
(A)YJ85A 型电机是逆变器供电的三相鼠笼式异步牵引电机

(B)该电机为滚抱结构,单端输出

(C)采用双轴承结构,轴承均为绝缘轴承

(D)在二端盖处设有注油口,可补充润滑脂

127. 关于 YJ85A 型电机定子,下列说法正确的是(　　)。

(A)定子直接由硅钢片叠压而成,采用交叉式槽型

(B)定子绕组为双层硬绕组

(C)绕组采用聚酰亚胺薄膜带熔敷的导线两根并绕而成

(D)电机的绝缘等级为 C 级

128. ZD115 型牵引电机定子采用了全叠片无机壳机座结构,这种结构的主要优点是(　　)。

(A)能改善电机脉流换向及过渡过程的换向性能

(B)提高定子的装配质量

(C)减小电机的速率特性差异

(D)简化线圈的制造安装工艺,有利于改善线圈的散热条件

129. 直(脉)流电机线端标志(　　)代表串励绕组。

(A)C1　　(B)C2　　(C)D1　　(D)D2

130. 关于聚酰亚胺薄膜(黄金薄膜),下列说法正确的是(　　)。

(A)具有良好的耐高温性能　　(B)具有良好的耐低温性能

(C)其绝缘等级为 C 级　　(D)具有良好的耐辐射性能

131. 关于云母,下列说法正确的是(　　)。

(A)具有较高的耐高温性能　　(B)具有良好的电绝缘性能

(C)具有良好的化学稳定性　　(D)具有良好的机械性能

132. 下列型号的柔软云母板中,属于 H 级绝缘的是(　　)。

(A)5133　　(B)5135　　(C)5150　　(D)5151

133. 关于电气绝缘浸渍漆,下列说法正确的是(　　)。

(A)可以提高绝缘结构的绝缘等级　　(B)可以提高绝缘结构的电气机械性能

(C)可以提高绝缘结构的导热性能　　(D)可以提高绝缘结构对环境的防护性能

134. 用摇表(兆欧表)可以得到(　　)。

(A)直流电阻　　(B)绝缘电阻　　(C)吸收比　　(D)以上都能

135. 关于绝缘电阻,下列说法正确的是(　　)。

(A)热态绝缘电阻是高压电机绕组绝缘的考核指标之一

(B)冷态绝缘电阻是高压电机绕组绝缘的考核指标之一

(C)热态绝缘电阻常被用来判断是否施加工频电压

(D)冷态绝缘电阻常被用来判断是否施加工频电压

136. 真空压力浸漆设备主要包括(　　)。

(A)浸漆罐　　(B)烘箱　　(C)真空泵　　(D)储漆罐

137. 绕线式异步电动机转子回路串入适当大小的电阻启动时(　　)。

(A)可以增大启动电流　　(B)可以减小启动力矩

(C)可以减小启动电流　　(D)可以增大启动力矩

138. 下列可以防止大型发电机定子绕组电晕的措施是(　　)。
(A)定子线棒表面涂覆不同电阻率的半导体漆
(B)加强定子线棒在槽中的固定,防止松动
(C)定子线棒内层同心包绕金属箔或半导体薄层,即内层屏蔽
(D)定子绕组采用分数绕组
139. 下列绝缘试验不属于破坏性试验的是(　　)。
(A)介质损耗试验　(B)耐压试验　(C)泄漏电流试验　(D)绝缘电阻试验
140. 关于大容量异步电动机,下列说法错误的是(　　)。
(A)可以无条件直接启动
(B)完全不能直接启动
(C)鼠笼式可以直接启动,绕线式不能直接启动
(D)在电动机额定容量不超过电源变压器额定容量20%～30%的条件下,可以直接启动
141. 关于异步电动机的额定功率,下列说法错误的是(　　)。
(A)输入的有功功率　(B)输入的视在功率
(C)转轴输出的机械功率　(D)电磁功率
142. 下列调速属于无极调速的是(　　)。
(A)变频调速　(B)变极调速
(C)改变转差率调速　(D)A、B、C都是
143. 电机不宜在轻载或过载的情况下运行,下列现象与过载有关的是(　　)。
(A)功率因数降低　(B)电机温度升高　(C)效率降低　(D)电流大
144. 常用于消除系统误差的测量方法有(　　)等。
(A)反向测量补偿法　(B)基准变换消除法
(C)对称测量法　(D)抵消法
145. 电动机长期缺相运行会造成烧损,下列原因不会造成缺相运行的是(　　)。
(A)某个接触点接触不良　(B)供电电源缺相
(C)电源开关接触不良　(D)三相负荷不平衡
146. 三相异步电动机的旋转方向与通入三相绕组的三相电流(　　)无关。
(A)大小　(B)方向　(C)相序　(D)频率
147. 下列因素可以引起电动机转速低于额定转速的是(　　)。
(A)外部电路一相断电　(B)鼠笼式转子断条
(C)绕线式电动机转子回路电阻过小　(D)△形连接的绕组错接成了Y形
148. 关于串励直流电机电磁转矩,下列说法正确的是(　　)。
(A)电磁转矩与电枢电流成正比
(B)电磁转矩与电枢电流的平方成正比
(C)电磁转矩与电枢电流和主磁通的乘积成正比
(D)电磁转矩与主磁通成反比
149. 鼠笼式异步电动机的启动方法中,不可以频繁启动的是(　　)。
(A)用自耦补偿器启动　(B)星—三角形换接启动
(C)延边三角形启动　(D)转子绕组串联启动电阻启动

150. 发电机失磁后会(　　)。

(A)发出有功　(B)吸收无功　(C)吸收有功　(D)发出无功

151. 下列方法可以判断电动机绕组首末端的是(　　)。

(A)用小灯泡和电池法　(B)用万用表和电池法

(C)利用电动机转子的剩磁和万用表法　(D)用小灯泡和万用表法

152. 用万用表和电池法判断电动机绕组首末端,错误的是(　　)。

(A)万用表有读数,说明第一相绕组的终端和第二相绕组的始端接在一起

(B)万用表没有读数,说明第一相绕组的终端和第二相绕组的始端接在一起

(C)万用表读数偏大,说明第一相绕组的终端和第二相绕组的始端接在一起

(D)万用表读数偏小,说明第一相绕组的终端和第二相绕组的始端接在一起

153. 下列因素可以造成异步电动机空载电流过大的是(　　)。

(A)空气隙过大　(B)电源电压太低

(C)定子绕组匝数不够　(D)电机绝缘老化

154. 下列关于直流电机和交流电机的说法,正确的是(　　)。

(A)交流电机比直流电机的调速范围广

(B)直流电机比交流电机启动性能好,操作简单方便

(C)直流电机可用于动力制动,但比交流电机的维护工作多

(D)A、B、C 都对

155. 关于真空压力浸漆,下列说法正确的是(　　)。

(A)浸漆工件应进行预烘

(B)预烘后的工件应冷却至室温才允许放入浸漆灌

(C)真空的作用是去除工件空隙内的空气、水分和残余溶剂

(D)加压是为了使绝缘漆更容易进入填充空隙

156. 关于绝缘材料老化,下列说法正确的是(　　)。

(A)由辐射引起的老化通常是从绝缘材料内部开始的

(B)老化的内在原因是绝缘材料的分子结构存在弱点

(C)老化是一种自由基连锁反应

(D)老化是不可逆的

157. 关于 ZD114 型牵引电机机座,下列说法正确的是(　　)。

(A)采用全叠片结构

(B)采用整体式抱轴悬挂结构

(C)采用可与外界隔离的密封结构的接线盒

(D)采用半叠片的铸钢机座

158. 三相交流同步电动机的励磁方式有(　　)。

(A)直流发电机作为励磁电源的直流励磁机励磁系统

(B)用硅整流装置将交流转化成直流后供给励磁的整流器励磁系统

(C)静止整流器励磁系统

(D)旋转整流器励磁系统

159. 同步电机有旋转磁极式和旋转电枢式两种,在应用中一般要注意(　　)。

(A)旋转电枢式一般应用在大容量电机中 (B)旋转磁极式一般应用在小容量电机中
(C)旋转电枢式一般应用在小容量电机中 (D)旋转磁极式一般应用在大容量电机中

160. 下列关于 ZD115 型电机运行条件的说法,正确的是( )。
(A)电压应控制在 1 030 V 左右,瞬时值不超过 1 200 V
(B)当电流大于 945 A 时,只能做短时运行
(C)运行时最高允许转速为 2 200 r/min
(D)A、B、C 都对

161. 下列 ZD115 型电机试验前检查项目,正确的是( )。
(A)检查电机转子轴向窜动量应为 0.29~0.51 mm
(B)检查换向器表面跳动量应不大于 0.04 mm
(C)检查绕组对机座及绕组间绝缘电阻应大于 5 MΩ
(D)用感应法校正电刷中性线位置,并检查电刷状态

162. 测量 ZD115 型牵引电机冷态直流电阻,下列说法正确的是( )。
(A)测量时应同时记录室温,当用温度计测得的绕组表面温度与周围空气的温差不大于 4 K 时,即认为是实际冷态
(B)用伏安法或电桥法测量,并以电桥法测量的结果为准
(C)每项电阻值须测量三次,并以三次的算术平均值作为实际值,且任意一次测量值与平均值的偏差不得大于 2%
(D)用伏安法测量电阻时电流值不得超过 100 A

163. ZD115 型牵引电机脉流供电状态下各部位的允许温升,正确的是( )。
(A)主极绕组 180 K (B)换向极绕组 180 K
(C)电枢绕组 180 K (D)换向器 160 K

164. 下列试验项目属于例行试验的是( )。
(A)空载特性的测定 (B)超速试验
(C)电枢绕组匝间耐压试验 (D)湿热试验

165. 下列 ZD115 型牵引电机的技术参数,正确的是( )。
(A)额定电压为 1 030 V
(B)采用轮对空心轴弹性传动方式
(C)定子为 H 级绝缘,转子为 F 级绝缘
(D)励磁方式为串励,固定磁场分路 87%,最深磁场削弱 43%

166. 下列 YJ85A 型牵引电机的技术参数,正确的是( )。
(A)额定功率为 1 250 kW (B)额定电压为 2 150 V
(C)定子、转子均为 C 级绝缘 (D)接线方式为△

167. 下列 ZD120A 型牵引电机的技术参数,正确的是( )。
(A)额定功率为 850 kW(小时制)/800 kW(持续制)
(B)额定电压为 910 V(持续制)
(C)定子、转子均为 H 级绝缘
(D)励磁方式为他复励、无极削弱

168. 社会主义职业道德必须以集体主义为原则,这是( )的必然要求。

(A)社会主义道德要求 (B)社会主义经济建设
(C)社会主义政治建设 (D)社会主义文化建设

169. 建设与社会主义市场经济相适应的( )环境,要求加强职业道德建设。
(A)公共道德 (B)政治道德 (C)职业道德 (D)法制道德

170. 焊接变形主要有( )等几种。
(A)收缩变形 (B)弯曲变形(挠曲变形)
(C)角变形 (D)波浪变形

171. 通过退火可以( )。
(A)提高钢的硬度 (B)降低钢的硬度 (C)提高塑性 (D)降低塑性

172. 造成绝缘材料老化的因素有( )。
(A)热负荷 (B)电负荷 (C)机械振动 (D)辐射

173. 根据国家标准,碳钢焊条型号是以( )进行分类的。
(A)熔敷金属力学性能 (B)化学成分
(C)焊接位置 (D)药皮类型和电流种类

174. 碳钢焊条型号中表示焊条用于全位置焊接的代号是( )。
(A)0 (B)1 (C)2 (D)3

175. E5024 焊条适用的焊接位置为( )焊。
(A)平 (B)立 (C)仰 (D)平角

176. 焊缝符号标注原则是:坡口角度、根部间隙等尺寸标注在基本符号的( )。
(A)左侧 (B)右侧 (C)上侧 (D)下侧

177. 目前气焊主要应用在( )。
(A)有色金属及铸铁的焊接与修复 (B)难熔金属的焊接
(C)小直径管道的安装与制造 (D)碳钢薄板的焊接

178. 气焊时必须使用气焊焊剂的有( )等材料。
(A)铸铁 (B)铜 (C)铝 (D)不锈钢

179. 焊嘴与焊件间的夹角称为焊嘴倾角,当焊嘴倾角过小时则( )。
(A)火焰分散 (B)火焰集中 (C)工件升温慢 (D)热量损失大

180. 焊嘴与焊件间的夹角称为焊嘴倾角,当( )时,焊嘴倾角就要大些。
(A)焊接厚度较小 (B)焊接厚度较大
(C)材料导热性好 (D)材料的熔点较高

181. 气割时,切割氧压力过大会造成( )。
(A)浪费氧气 (B)节省氧气 (C)割缝加大 (D)割缝表面粗糙

182. CO_2焊时产生氮气孔的原因有( )。
(A)CO_2气体流量过小 (B)喷嘴至工件距离过大
(C)工件表面有铁锈 (D)喷嘴被飞溅物堵塞

183. 三相异步电动机空载试验的损耗包括( )。
(A)定子铜耗 (B)定子铁耗 (C)转子铜耗 (D)机械损耗

184. ZD114 型牵引电机直流小时温升正确的是( )。
(A)定子绕组 180 K (B)轴承 55 K

(C)电枢绕组 140 K　　(D)换向器 95 K

185. 关于 ZD114 型牵引电机转轴，下列说法正确的是(　　)。

(A)传动端有 1∶15 的锥度　　(B)采用 40CrNiMoA 高强度合金钢材料

(C)各主要工作面的粗糙度在 1 μm 及以上　　(D)锥面与小齿轮的接触面要大于 85%

186. ZD114 型牵引电机轴承内圈与转轴的配合过盈量正确的是(　　)。

(A)换向器端 0.023～0.060 mm　　(B)非换向器端 0.043～0.086 mm

(C)换向器端 0.030～0.060 mm　　(D)非换向器端 0.035～0.065 mm

187. 无溶剂浸渍漆和有溶剂浸渍漆相比，下列说法正确的是(　　)。

(A)无溶剂浸渍漆的内干性好，粘结强度高

(B)无溶剂浸渍漆减少溶剂挥发，降低了环境污染

(C)无溶剂浸渍漆需要较长的烘干时间

(D)无溶剂浸渍漆固体含量较低

188. ZD114 型牵引电机前端盖轴承装配时，装脂量正确的是(　　)。

(A)轴承内约 90 g　　(B)端盖内约 175 g

(C)轴承盖内约 595 g　　(D)A、B、C 都对

189. ZD114 型牵引电机刷架装配时，试验要求正确的是(　　)。

(A)刷盒压力为 31.14～38.06 N

(B)刷盒中心线沿换向器 ϕ500 圆柱面分布偏差不大于±1 mm

(C)以刷盒刷架为两级

(D)A、B、C 都对

190. 刷盒和电刷对换向有很大影响，下列 ZD114 型牵引电机刷盒和电刷的日常维护方法正确的是(　　)。

(A)检查刷盒时，要用高压风吹去刷盒内的粉尘，并用清洁干燥的布擦拭

(B)如果电刷和刷盒之间的间隙超过 0.8 mm，应更换刷盒或电刷

(C)在实施检查电刷磨耗、电刷压力、刷盒状况等项目时要求转动刷架圈，检查完毕后，必须将刷架圈恢复原位

(D)单个刷盒更换允许在车上进行，两个及以上刷盒更换必须落车在地面进行

191. ZD120 型牵引电机串励线圈检修的主要技术要求，下列正确的是(　　)。

(A)包对地绝缘前，内侧尺寸为 312.5 mm×213.5 mm

(B)线圈中线距引线头距离不超过 280 mm

(C)匝间中频耐压 100 V，历时 15 s，无击穿、闪络现象

(D)对地工频耐压 7 500 V，历时 1 min，无击穿、闪络现象

192. ZD120 型牵引电机换向极线圈检修的主要技术要求，下列正确的是(　　)。

(A)包对地绝缘后，内侧尺寸为 287 mm×37 mm

(B)匝间中频耐压 100 V，历时 15 s，无击穿、闪络现象

(C)对地工频耐压 4 500 V，历时 1 min，无击穿、闪络现象

(D)A、B、C 都对

193. ZD114 型牵引电机主极线圈检修的主要技术要求，下述正确的是(　　)。

(A)包对地绝缘后，内侧尺寸为 331 mm×201 mm

(B)线圈中线距引线头距离不超过 250 mm

(C)匝间中频耐压 200 V,历时 3 s,无击穿、闪络现象

(D)A、B、C 都对

194. ZD114 型牵引电机电枢绑扎无纬带技术要求,正确的是(　　)。

(A)绑扎前,电枢应预烘　　(B)绑扎时,无纬带拉力为 300～500 N

(C)无纬带不得高出铁芯表面　　(D)绑扎后无纬带应平整,不平度不大于 2 mm

195. ZD114 型牵引电机定子绕组、电枢绕组及刷架装置检修后,应进行 1 min 工频耐压试验,试验电压正确的是(　　)。

(A)定子绕组 5 100 V　　(B)电枢绕组 4 500 V

(C)刷架装置 5 600 V(旧品按 85%)　　(D)电枢绕组 4 300 V

四、判 断 题

1. 公差带图中正偏差位于零线上方,负偏差位于零线下方。(　　)

2. 电动机每组绕组在某一极面下所占的宽度叫作相带,可用所占的电角度和所占的槽数来表示。(　　)

3. 节点电流定律表明电流具有连续性。(　　)

4. 电机与机车的连接为滚动抱轴承结构,单端外锥轴斜齿轮输出,输出面锥度为 1∶10。(　　)

5. 向量相加是利用平行四边形法则来进行的。(　　)

6. 电感元件的电压在相位上滞后电流 90°。(　　)

7. YJ85A 型电机是逆变器供电的三相鼠笼式异步牵引电机。(　　)

8. 若将复励直流电动机的串励绕组接错,在电枢电压和并励绕组磁动势都一定时,随着负载转矩的增加,其电枢转速必然会下降。(　　)

9. 绕线型转子异步电动机采用电气串级调速具有许多优点,其缺点是功率因数较差,但如果采用电容补偿措施,功率因数可有所提高。(　　)

10. 当线圈中的磁通要发生变化时,感生电流就要产生一个磁场去阻碍这种变化,这个规律称为法拉第电磁感应定律。(　　)

11. 衬垫云母板主要用作电机的衬垫绝缘。(　　)

12. 硅钢片和电工纯铁均属于软磁材料。(　　)

13. H 级绝缘材料最高允许工作温度为 180 ℃。(　　)

14. 在电机中选用绝缘材料时,一般要求绝缘材料具有较高的熔点和软化点。(　　)

15. 在测量具有大电容设备的绝缘电阻后,可直接停止兆欧表的发电机手柄的转动。(　　)

16. 如果功率表的电流、电压端子接错,表的指针将向负方向偏转。(　　)

17. 整体高温回火的温度越高、时间越长,残余应力消除得越彻底。(　　)

18. 渗碳零件必须用中碳钢或中碳合金钢来制造。(　　)

19. 金属伸长、弯曲和扭转而不断裂或破坏的能力叫作塑性。(　　)

20. 铣削过程中将产生冲击与振动,故加工质量较低。(　　)

21. 在蜗杆传动中,蜗杆的轴向模数和蜗轮的端面模数应相等。(　　)

22. 轴向直廓蜗杆在垂直于轴线的截面内，齿形是阿基米德螺旋线。（ ）

23. 机车在牵引运行状态时，牵引电机将机械能转换成电能，通过轮对驱动机车运行。（ ）

24. 脉流牵引电动机采用焦炭基或炭黑基的电化石墨电刷。（ ）

25. 当转差率 $S>1$ 时，异步电动机处于电磁制动状态。（ ）

26. 直流电机的电刷放置位置，在静态时按几何中性线放置。（ ）

27. 不论异步电动机转速如何，其定子磁场与转子磁场总是相对静止的。（ ）

28. 电动机定子槽数与转子槽数一定相等。（ ）

29. 直流电机的几何中性线与物理中性线始终是重合的。（ ）

30. 对于较大的电机，由于无纬玻璃丝带绑扎时张力不能过大，而带的截面又小，绕组端部不易扎紧，因此可先预扎钢丝箍，然后在 80 ℃～100 ℃温度下烘焙 2 h，再边拆钢丝箍边绑扎无纬玻璃丝带。（ ）

31. 我国安全生产管理体制是：企业负责、行业管理、国家监察、民主监督、劳动者遵规守纪。（ ）

32. YJ85A 型电机在冷却空气温度不超过 40 ℃时，电机轴承允许温升限值为 65 K。（ ）

33. YJ85A 型电机在热态下，用 1 000 V 兆欧表测量定子绕组对机座的绝缘电阻值应不低于 10 MΩ，冷态下绝缘电阻值应不低于 100 MΩ。（ ）

34. 鼠笼式异步电动机的启动性能比绕线式好。（ ）

35. 当用颜色表示相序时，A、B、C 三相依次为黄、红、绿色。（ ）

36. 电气设备的运行状态常用红、绿色指示灯来表示，其中绿灯表示电气设备处于带电状态。（ ）

37. 在实际电路中，当交流电流过零时，是电路开断的最好时机，因为此时线路中储存的磁场能量接近于零，熄灭交流电弧比熄灭直流电弧容易。（ ）

38. 同步电机因其转子转速与定子磁场转速相同而称为“同步”。（ ）

39. 电机的额定电压是指线电压。（ ）

40. 不论是电压互感器还是电流互感器，其二次绕组均必须有一点接地。（ ）

41. 电桥的灵敏度只取决于所用检流计的灵敏度，而与其他因素无关。（ ）

42. 交流电机通常采用短距绕组，以消除相电势中的高次谐波。（ ）

43. 若绕组的节距小于极距，即 $y_1<\tau$，则称为短距绕组。（ ）

44. 牵引电机采用棱柱形机座，空间限界利用较好，但换向极高度较高使漏磁较大。（ ）

45. 控制电动机用的交流接触器不允许和自动开关串联使用。（ ）

46. YJ85A 型电机的定子是用硅钢片叠压而成的，定子采用开口式槽型。（ ）

47. 采用合理的工艺方案和工艺方法并认真执行，是保证电机检修质量稳定可靠的重要条件。（ ）

48. 在制定装配工艺规程时，每个装配单元通常可作为一道装配工序，任何产品一般都能分成若干个装配单元。（ ）

49. 通过经济评价方法来选择工艺方案，可以避免盲目性和提高科学预见性。（ ）

50. 不同工艺方案的选择，在很多情况下是根据它们的经济效果来决定取舍的。(　　)

51. ZD120A 型牵引电动机的电枢绕组由 93 个双叠线圈组成。(　　)

52. 在修理标准电动机时，通过降低电机损耗改制高效率电动机的标准是：与原有的总损耗相比应降低 20%～30%，功率因数不低于原电机水平，则认为改成了高效率电动机。(　　)

53. 他励直流电动机在一定负载转矩下稳定运行时，若电枢电压突然大幅下降，则电枢电流将减小到一定数值，其方向不变。(　　)

54. 铜的氧化是焊接铜与铜合金的主要问题。(　　)

55. 为了减少焊接残余应力，多层焊时每层都要锤击。(　　)

56. ZD120A 型牵引电动机的电枢线圈由 4 个并列元件组成，采用双叠交错竖放，可降低换向附加损耗，提高槽的利用率和电机效率。(　　)

57. 他激电动机当端压为常数时，其转速随电流的变化而发生很大的改变。(　　)

58. 串激电动机的防空转能力比他激电动机强。(　　)

59. 主极线圈匝间短路有可能使和电枢均压线相连的换向片烧黑。(　　)

60. 直流电动机磁极螺栓未拧紧或气隙太小，会使电机温升过高。(　　)

61. 轴承的径向间隙太大将造成过大的振动冲击。(　　)

62. 轴承润滑脂加太多会引起轴承发热。(　　)

63. 串激电动机不允许用皮带传动，否则会发生危险。(　　)

64. 串激电动机绝不允许在额定电压下空载轻载启动或空载轻载运行。(　　)

65. 他激电动机空载和负载运行时，激磁绕组绝不允许断开。(　　)

66. 直流电动机换向极过补偿后引起火花，欠补偿不会产生火花。(　　)

67. 钻小孔时，因钻头直径小、强度低、容易折断，故钻孔时的钻头转速比钻一般的孔要低。(　　)

68. 用深孔钻钻削深孔时，为了保持排屑畅通，可使注入的切削液具有一定的压力。(　　)

69. 金属材料都能进行矫正和弯曲。(　　)

70. 在冷加工塑性变形过程中，产生的材料变硬现象称为冷硬现象。(　　)

71. 螺纹精度由螺纹公差带和旋合长度组成。(　　)

72. 齿轮传动可用来传递运动的转矩，改变转速大小和方向，还可以把转动变为移动。(　　)

73. 孔或轴具有允许的材料量为最多时的状态称为最大实体状态。(　　)

74. 滚动轴承在装配前自由状态下的游隙是配合游隙。(　　)

75. 尺寸链中，当封闭环增大时，增环也随之增大。(　　)

76. 减小轴承的宽度可以提高旋转机械轴承的稳定性，减小油膜振荡发生的机会。(　　)

77. 电枢绕组端部无纬带绑扎与钢丝绑扎相比，可减少绕组端部漏磁，改善电磁性能。(　　)

78. 真空压力浸漆可以较彻底地驱除绕组内的潮气和挥发物，又可以避免浸不透的现象。(　　)

79. ZD120A 型牵引电动机的均压线连接换向片的等电位点,用来平衡因磁路不平衡在电枢绕组内部引起的环流。( )

80. 脉冲匝间耐压仪可使匝间耐压值达到几百伏,有利于检测匝间绝缘的故障。( )

81. 补偿线圈采用预制成型的连续绝缘能明显提高补偿绕组绝缘能力并有利于嵌装。( )

82. 电机转轴常见的损坏现象有轴头弯曲、轴颈磨损、轴裂纹或者断裂等。( )

83. 换向器过热、短路或装配不良等都会引起换向器松弛而导致换向片过高形成凸片现象。( )

84. 检查换向片的轴向平行度,使换向片沿轴线的偏斜度不超过换向片的厚度,否则会造成换向不良。( )

85. 换向器修复后,须做对地耐压试验,试验电压通常为两倍的额定电压加 1 500 V,持续时间为 1 min。( )

86. 换向器修复后,应用 220 V 检验灯逐片检查片间是否短路,若短路就加以排除。( )

87. 同一台电机可采用不同型号的电刷。( )

88. 电刷在刷握内应能活动自如,既不能太松也不能太紧。( )

89. 更换电刷时应一次全部更新,否则会引起电流分布不均。( )

90. 直流电机经过一段时间的运行之后,在换向器的表面上形成一层氧化膜,其电阻较大,对换向有利。( )

91. 为了防止环火和电位差火花,在大型电机中装有补偿绕组。补偿绕组与电枢绕组并联,补偿绕组中的电流方向应与相同机械角度主磁极下电枢导体的电流方向相同。( )

92. 他励直流发电机的转速和主磁极磁通一定时,若负载电阻减小,则电磁转矩会相应地增高,电磁功率会相应地降低。( )

93. 直流电机电刷下火花太大,通过检查,发现各排电刷位置没有在相对位置一直线上,此时应用感应法校正中性线位置,使各排电刷位置处在相对的一直线上。( )

94. 直流电机电刷下火花太大,通过检查,发现电刷压力不均匀,此时用直流电通入并励绕组,重新建立磁场,并调整刷握弹簧压力或调换刷握。( )

95. 直流电机电刷下火花太大,通过检查,发现换向器片间云母凸出,此时应将换向器精车、刻槽、砂光。( )

96. 直流电刷下火花太大,通过检查,发现换向极绕组短路,并烧熔严重,此时就应对短路点进行修理,寻找相同规格母材,剪除烧熔部分,进行银磷铜对接焊,并锉平砂光,进行绝缘处理。( )

97. 直流电刷下火花太大,通过检查,测得某处片间压降值显著降低,此时应对此换向片进行拉槽、倒角、清灰、砂光。( )

98. 直流电动机不能启动,通过检查,发现负载较重,此时应更换启动器,降低负载,重新启动。( )

99. 直流电动机不能启动,通过检查,发现启动电流太小,此时就应更换熔断体,轻载重新启动。( )

100. 转轴的弯曲主要是在加工过程中造成的。( )

101. 测量转轴振动一般使用位移传感器。(　　)

102. 轴颈的圆柱度误差,较多的是出现锥度形状。(　　)

103. 螺纹连接是一种可拆的固定连接。(　　)

104. 圆柱面的过盈连接,一般应选择其最小过盈等于或稍大于连接所需的最大过盈。(　　)

105. 三相异步电动机的频率是电动机所接交流电的频率,单位为 Hz。(　　)

106. 三相异步电动机的接法是电动机在额定电压下定子三相绕组采用的连接方法,有 Y 形、△形两种。(　　)

107. 三相交流电机定子的绕组:由许多个线圈按照一定规律通过串、并联连接起来的线圈整体,构成绕组的元件是线圈,绕组是由许多线圈组成的,是线圈的总称。(　　)

108. 三相交流电机定子绕组的两个磁极间的跨距,称为节距。(　　)

109. 三相交流电机定子绕组的每极每相槽数在三相电机的每个磁极中都有三相互相绝缘的极相组,因此,每相绕组在每个磁极下所分配到的槽数,叫作每极每相槽数。(　　)

110. 三相交流电机定子绕组的极相组在三相电机中,每一极距范围内有三个互相绝缘的一个或若干个线圈串在一起的线圈组,称为极相组。(　　)

111. 三相同步电动机与三相异步电动机两者在电磁现象上的不同之处在于,前者转子电流是靠传导方式通入的直流电流,而后者是以感应方式产生的差频交流电流。(　　)

112. 三相交流电机定子绕组的每相每一个绕组区段的宽度,称为相带。(　　)

113. 三相交流电机在定子绕组内每相中有多个极相组的引线头直接与电源相连接,叫作绕组的串联支路。(　　)

114. 三相交流电机定子绕组的双层绕组的特点是每一个槽内有上、下两个线圈边,线圈的某一个边嵌在某一个槽的下层,另一个边则嵌在相隔节距为 y_1 槽的下层,整个绕组的线圈数正好等于槽数。(　　)

115. 电机铁芯烧损严重时,必须将烧损区域的冲片换掉,或将整台铁芯冲片更新,重新叠压并紧固。(　　)

116. 铁芯重新压装后,铁芯端面与各侧面应互相垂直。(　　)

117. 电机气隙的均匀程度反映定、转子轴线之间安装误差的大小,两端气隙都完全均匀的电机,其定、转子中心轴线是完全重合的。(　　)

118. 电动机过载一般有以下四种原因:端电压太低;绕组接法不正确;机械方面的原因;选型不当,启动时间长。(　　)

119. 电动机尚未启动就发生一相断路,则启动时电动机不能运转,若不立即切断电源,绕组很快就会烧毁。(　　)

120. 运行中的电动机发生缺相故障,在负载不大时,电动机仍然能够继续运转,但属于“带病”不正常工作,绕组也会过热,甚至烧毁。(　　)

121. 当电动机损坏的绕组已被拆除,只剩下空壳铁芯,又无铭牌和原始数据可查时,该电动机就无法修复了,只能报废。(　　)

122. 异步电动机的调速方法主要有以下几种:依靠改变定子绕组的极对数调速、改变转子电路和电阻调速、变频调速、串级调速等。(　　)

123. 在空载情况下,电动机的最高转速与最低转速之比称为调速范围。(　　)

124. 负载倒拉反转运行也是三相异步电动机常用的一种制动方式,但这种制动方式仅适用于转子回路串入电阻的绕线转子异步电动机,对于笼型异步电动机不适用。( )

125. 并励直流电动机的机械特性曲线之所以具有较硬的特性,是由于它的机械特性曲线是上翘的。( )

126. 深槽式异步电动机启动时,它的集肤效应就相当于在转子电路中自动的加入一个电阻,这样既提高了启动转矩又减小了启动电流。( )

127. 对于异步电动机,其定子绕组匝数增多会造成嵌线困难、浪费铜线,并会增大电机漏抗,从而降低最大转矩和启动转矩。( )

128. 若三相异步电动机定子绕组接线错误或嵌反,通电时绕组中电流的方向也将变反,但电动机磁场仍将平衡,一般不会引起电动机振动。( )

129. 为了提高三相异步电动机的启动转矩,可使电源电压高于电机的额定电压,从而获得较好的启动性能。( )

130. 绕线型转子异步电动机在转子回路中串入频敏变阻器进行启动,频敏变阻器的特点是其电阻值随着转速的上升而自动地、平滑地减小,使电动机能平稳地启动。( )

131. 铸铝转子有断条故障时,要将转子槽内铸铝全部取出更换,若改为铜条转子,一般铜条的截面积应适当比槽面积小一些,以免造成启动转矩小而启动电流增大的后果。( )

132. 绕线型转子异步电动机在转子电路中串接电阻或频敏变阻器,用以限制启动电流,同时也限制了启动转矩。( )

133. 无论是直流发电机还是直流电动机,其换向极绕组和补偿绕组都应当与电枢绕组串联。( )

134. 将三相电动机绕组的三相引接头任意假定其首、尾后,把三个尾接在一起成 Y,再把其中一相接上 36 V 交流电,在其余两相出线端上接上电压表,看有无读数,做记录;然后再在另一相接上 36 V 交流电源,在其余两相出线端上接上电压表,观看电压表有无读数,若两次都没有读数,说明接线正确。( )

135. 对于决定绕组重绕、进行大修的电动机,在拆线前应判断出三相绕组的接法,假使每根电源线与四个线圈相连接,这台电动机可能是两路并联三角形连接或者四路并联星形连接。( )

136. 单相异步电动机常做的检查试验有:堵转电流及堵转损耗的测定、空载电流和损耗的测定、离心开关断开时转速的测定等。( )

137. 交流电机定子绕组根据结构和制造方法的不同,可分为软绕组(散嵌绕组)和硬绕组(成型绕组)两大类型。( )

138. 笼型转子常见的故障是断笼,断笼包括断条、断环,断条是指笼条中一根或数根断裂,断环是指端环中一处或多处裂开。( )

139. 转子断笼后的异常现象有负载运行时转速比正常时低,机身振动且伴有噪声,随着负载的增大情况更加严重,同时启动转矩和额定转矩增高。( )

140. 笼型转子断笼后,用断笼侦察器检查,转动转子逐槽测量,如果转子断笼,则毫伏表读数增大。( )

141. 绕线型转子常见故障的原因有电机频繁过载,造成转子电流大、绕组温升高。( )

142. 绕线型电机转子端部绑扎钢丝有磁性和非磁性两种,非磁性钢丝的涡流损耗较大,可以避免因涡流过热而使钢丝延伸和松动,但价格较贵,只用于容量较大的 2 极电机中。( )

143. 使并励直流发电机自励的必要条件是:励磁电流所产生的磁动势与剩磁方向相反。( )

144. 划线时,应使划线基准与安装基准一致。( )

145. 锡焊是熔焊的一种。( )

146. 绕线式电机转子回路电阻适中才能获得较大的启动转矩,电阻过大过小都将使转矩减小。( )

147. 为保证三相电动势对称,交流电机三相定子绕组在空间布置上,其三相轴线须重合。( )

148. 复励直流电动机的工作特性介于并励和串励直流电动机之间。如果串励磁绕组磁动势起主要作用,其工作特性就接近于串励直流电动机,因此,在空载下启动和运行时会出现飞车现象。( )

149. 额定电压指相电压。( )

150. 直流电机的几何中性线与物理中性线不一定重合。( )

151. 动平衡是为了消除转子内部的不平衡因素。( )

152. 在负载转矩逐渐增加而其他条件不变的情况下,积复励直流电动机的转速呈下降趋势,但差复励直流电动机的转速呈上升趋势。( )

153. 绕线式三相异步电动机采用降低端电压的方法来改善启动性能。( )

154. 三相异步电动机降压启动是为了减小启动电流,同时也增加启动转矩。( )

155. 星形连接的异步电动机,若在空转运行时 A 相突然断线,则电机将会停止下来。( )

156. 由于电动机容量偏低,启动时间过长会缩短电动机寿命,甚至烧毁电机。( )

157. 交流电机绝缘电阻可仅在冷态下进行测量。( )

158. 电机直流电阻的测量应采用三次测量的算术平均值作为测量结果。( )

159. 测交流电机的空载损耗应使用低功率因数表。( )

160. 对 380 V 的交流电动机,其匝间绝缘介电强度应能承受三相交流 600 V 的线电压。( )

161. 对 380 V 的交流电动机,要求绕组对地之间能承受 2 000 V 的耐压试验。( )

162. 检测交流电动机短路电流的方法是将其转子堵转后检测其定子电流值。( )

163. 机车劈相机的作用是将单相 380 V 交流电分成三相 380 V 交流电。( )

164. 劈相机是一种特殊的交流异步电机。( )

165. 铆接时,铆钉直径的大小与被连接板的厚度有关。( )

166. ZD120A 型牵引电动机的换向器是将电枢绕组内部的交流电势用机械换接的方法转换为电刷间的直流电势。( )

167. ZD120A 型牵引电动机的换向片的横截面为梯形。( )

168. ZD120A 型牵引电动机的刷架圈开有缺口,开口处有左右旋转的双头螺栓,用以调节刷架圈的松紧和旋转。( )

169. ZD120A 型牵引电动机为消除轴电流对轴承的影响，主极串励绕组采用一进一出的紧固连接方式。（ ）

170. ZD120A 型牵引电动机的同一刷盒内 3 个压指弹簧压力不能偏差太大。（ ）

171. ZD120A 型牵引电动机的电刷与换向器表面接触面积不小于电刷全面积的 80%。（ ）

172. ZD120A 型牵引电动机在检修时，测量热态时的换向器表面的圆度应不大于 0.04 mm。（ ）

173. 矫正弯形时，材料产生的冷作硬化，可采用调质方法使其恢复原来的力学性能。（ ）

174. 对机械设备进行周期性的彻底检查和恢复性的修理工作，称为中修。（ ）

175. 螺纹连接为了达到可靠而紧固的目的，必须保证螺纹副具有一定的预紧力矩。（ ）

176. 楔键是一种紧键连接，能传递转矩和承受双向径向力。（ ）

177. 平键连接是靠平键与键槽的两侧面接触来传递转矩。（ ）

178. 标准圆锥销具有 1∶20 的锥度。（ ）

179. 过盈连接装配是依靠配合面的压力产生的摩擦力来传递转矩。（ ）

180. 圆锥面过盈连接的装配方法为用螺母压紧圆锥面法。（ ）

181. 滚动轴承外径与外壳孔的配合应为基孔制。（ ）

182. 滚动轴承内径的偏差是负偏差。（ ）

183. 测定产品及其部件的性能参数而进行的各种试验称为型式试验。（ ）

184. 根据被测量的大小选择仪表适当的量程，要能使被测量为仪表量程的 1/2～2/3 为好。（ ）

185. 测量交直流功率的仪表大多采用磁电系结构。（ ）

186. 电动机的绝缘等级表示电动机绕组的绝缘材料和导线所能耐受温度极限的等级，如 E 级绝缘其允许的最高温度为 120 ℃。（ ）

187. 用电流表和电压表测量直流电阻时，采用电压表前接法适用于测量电阻值较大的电阻。（ ）

188. 用电流表和电压表测量直流电阻时，采用电压表后接法适用于测量电阻值较小的电阻。（ ）

189. 焊剂的作用主要是为了获得光滑美观的焊缝表面成形。（ ）

190. 焊接时开坡口、留钝边的目的是为了使接头焊缝根部焊透。（ ）

191. 焊接电流越大，熔深越大，因此焊缝成形系数越小。（ ）

192. 咬边是产生在焊件母材与焊缝连接处（焊趾）的沟槽或凹陷。（ ）

193. 由焊接电流与焊条直径的关系可知：焊条直径越大，要求焊接电流也较大。（ ）

194. 利用铆钉把两个或两个以上的零件或构件连接为一个整体，这种连接方法称为铆接。（ ）

195. 测量电器设备的绝缘电阻是检查电器设备的绝缘状态、判断其可否投入或继续运行的唯一有效办法。（ ）

196. 在清理直流电动机的换向器时，可使用面纱、毛刷或布。（ ）

197. 在调整直流电动机的中性线位置时,对发电机应将电刷逆旋转方向偏移换向片,对电动机应顺旋转方向偏移。(　　)

198. 焊接V形坡口平板对接焊缝时,发现电弧始终偏向一边,这可能是因为平板带有磁性产生的磁偏吹现象。(　　)

199. 绕线转子异步电动机采用转子串电阻启动时,所串电阻越大,启动转矩越大。(　　)

200. 故障的类型很多,由于操作人员操作不当所引发的故障可归纳为偶发性故障。(　　)

五、简 答 题

1. 三视图的投影规律是什么?
2. 正弦交流电的三要素有哪些?
3. 回路电压定律内容是什么?
4. 简述单层绕组的优缺点。
5. 三相双叠绕组有什么特点?
6. YJ85A型电机非传动端端盖是怎么组装的?
7. 什么叫加工硬化现象?
8. 直流电机产生火花的主要原因有哪些? 改善换向性能的主要方法有哪些?
9. 集电环表面损伤应怎样处理?
10. 电机真空压力浸漆的要素是什么?
11. 直流电动机转速异常的原因是什么?
12. 简述处理事故的“三不放过”原则。
13. 切断触电者电源时,要注意些什么?
14. 触电后紧急救护知识有哪些?
15. 简述YJ85A型电机轴承的特点。
16. YJ85A型电机转速太低的原因是什么?
17. 试说明直流电机电刷下1级、$1\frac{1}{4}$级火花的程度。
18. 怎样监听运行中电动机流动轴承的响声? 应怎样处理?
19. 异步电动机产生不正常振动和异常声音,在电磁方面的原因一般是什么?
20. 怎样测量轴承温度? 轴承的允许温度是多少?
21. YJ85A型电机发生绝缘击穿时应该从什么方面分析?
22. YJ85A型电机振动大是由于什么引起的?
23. 电机装配工艺包括哪些内容?
24. 产品工艺流程图由哪三部分组成? 画图时都以什么来表示?
25. 简述YJ85A型电机的检修工艺过程。
26. 电枢接地点的查找方法有哪些?
27. 用毫伏表如何检查直流电枢绕组中的短路、断路点?
28. 电枢匝间短路的检查方法有哪些?
29. 牵引电机端盖上设置负压孔的作用及维护特点是什么?
30. 简述直流电动机的调速方法有哪些。

31. 什么是牵引电动机的工作特性曲线？
32. 影响电机气隙均匀度的主要形位误差有哪些？
33. ZD120A 型牵引电动机轴承安装的要求是什么？
34. 造成三相异步电动机单相运行的原因有哪些？最常见的是哪一种情况？
35. 三相交流电机定子绕组的极性(绕组头、尾的正确连接)检查试验的目的是什么？
36. 何为交流绕组的每极每相槽数？怎样计算？
37. 三相异步电动机电源缺相后，电动机运行情况有什么变化？缺相前后电流如何变化？
38. 三相异步电动机主要由哪些部件组成？
39. 怎样改变三相异步电动机的旋转方向？
40. 为什么要规定电动机的温升限度？温升根据什么来决定？
41. 电动机端电压过低或过高对电动机工作有什么影响？
42. 三相电压不平衡对电动机工作有什么影响？允许不平衡的范围是多大？
43. 试述千分尺为什么能够测量出 0.01 mm。
44. 焊接电流与焊缝位置有何关系？
45. 重大危险源和事故隐患管理教育的主要内容是什么？
46. 过盈连接的原理是什么？
47. 鼠笼型电动机转子绕组断条是怎样形成的？
48. 写出电动机热态绝缘电阻最小允许值计算公式。
49. 何谓绕组接地？接地故障有哪些危害？
50. 简述牵引电机冷态直流电阻的检测、计算方法及要求。
51. 简述直流电机绕组温升的计算方法。
52. 试述引起直流电动机励磁绕组过热的原因及处理方法。
53. 某电机电枢绕组绝缘电阻检测 60 s 时为 4 000 MΩ，15 s 时为 2 000 MΩ，求该电机绝缘吸收比是多少？
54. 任意对调交流异步电动机的两相电源线，为什么能改变电动机的转向？
55. 磁路基尔霍夫定律的含义是什么？
56. 影响切削力的因素有哪些？
57. 怎样减小表面粗糙度？
58. 电动机在运行中出现哪些现象时应立即停车检修？
59. 三相交流异步电动机的出厂试验项目有哪些？
60. 简述电力机车劈相机启动试验的内容和方法。
61. 简述劈相机绕组匝间耐压试验的标准。
62. 简述交流异步劈相机空载试验的检测内容及方法。
63. 简述机车通风机电动机和压缩机电动机短路试验的内容及方法。
64. 电动机有异常噪声或振动过大的原因有哪些？
65. 简述机车通风机电动机和压缩机电动机匝间耐压试验的内容及方法。
66. 简述直流电动机换向器跳动量的检测方法。
67. 简述直流牵引电动机空转试验的目的、内容和方法。

68. 简述用感应法校正直流电动机中性位的方法。

69. 试说明牵引电动机温升试验的内容和方法。

70. 简述直流电动机速率特性试验的目的、内容和方法。

六、综 合 题

1. 如图 1 所示,根据主视图、俯视图,补作左视图。

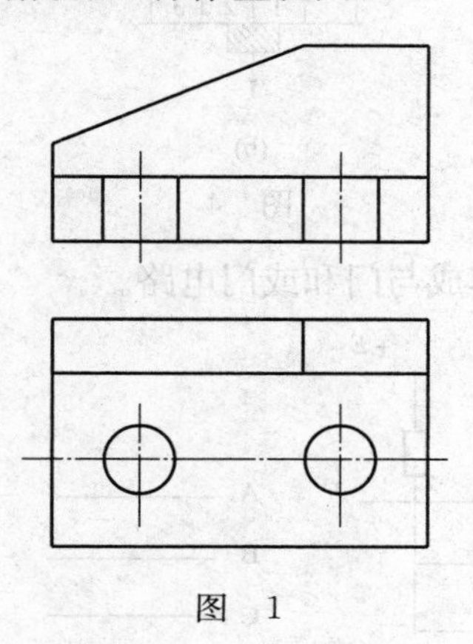

图 1

2. 如图 2 所示,作出观察点 1-0、2-0、3-0、4-0 的波形图。

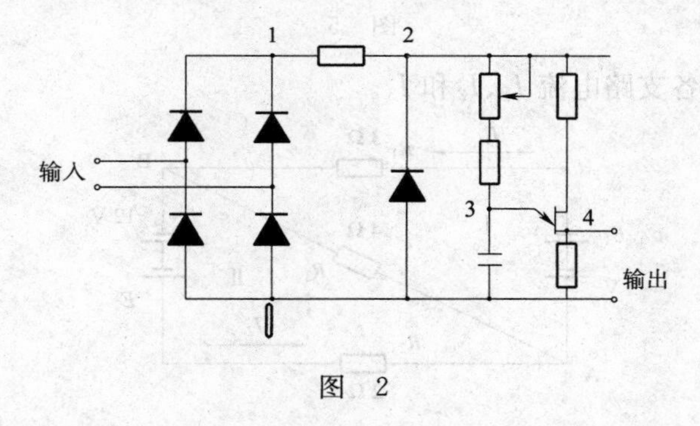

图 2

3. 补充图 3 中的交轴短路电流 I_g、交轴电枢反应磁通 Φ_g、直轴电流 I_d(负载电流)及直轴电枢反应磁通 Φ_d的方向。

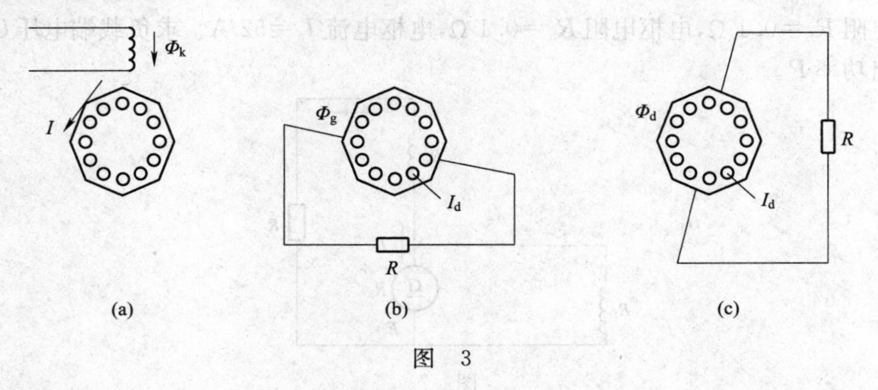

图 3

4. 作出图 4 换向过程中的换向开始、换向过程中及换向结束时的电流方向。

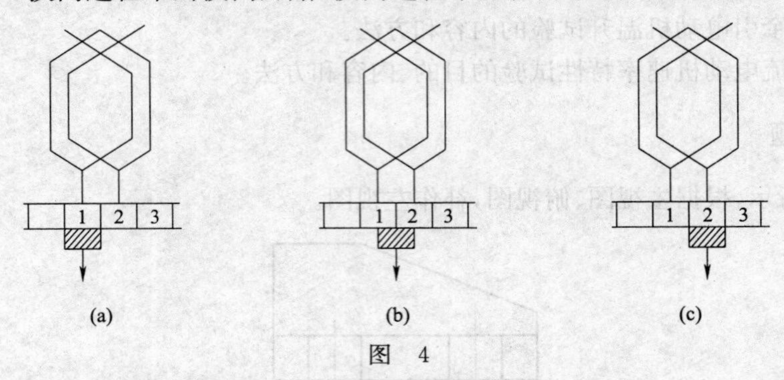

(a) (b) (c)

图 4

5. 作出图 5 中的二极管，使其成与门和或门电路。

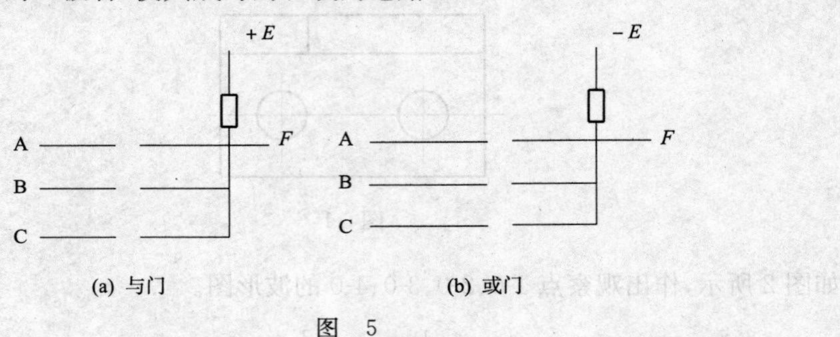

(a) 与门 (b) 或门

图 5

6. 如图 6 所示，求各支路电流 I_1、I_2 和 I_3。

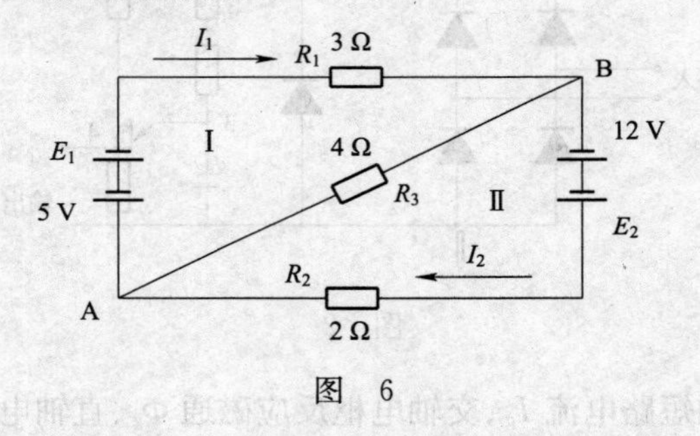

图 6

7. 复励直流发电机如图 7 所示，已知：感应电动势 $E=120.2$ V，并励绕组电阻 $R_f=57.5$ Ω，串励绕组电阻 $R_s=0.1$ Ω，电枢电阻 $R_a=0.1$ Ω，电枢电流 $I_a=52$ A。求负载端电压 U、负载电流 I 及输出功率 P。

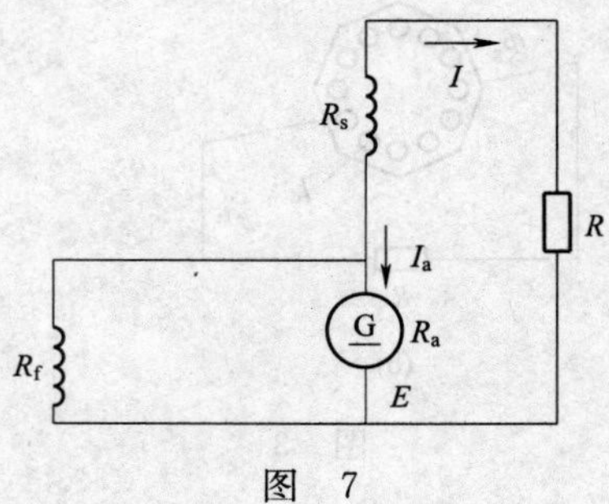

图 7

8. 怎样检修电枢绕组及换向器短路故障?

9. 怎样检查绕组质量?

10. 一台 P 对极直流发电机,电枢绕组为 a 对支路,电枢导体总数为 N,电枢转速为 n,气隙磁通为 Φ,试写出直流发电机电枢电动势的表达式。

11. 直流他激电动机技术数据为:额定功率 $P_e=1.5$ kW,额定电压 $V_e=110$ V,额定电流 $I_{se}=17.5$ A,额定转速 $N_e=1\ 500$ r/min,激磁电压 $V_f=110$ V,激磁电流 $I_{fe}=0.99$ A,电枢回路总电阻 $r_s=0.5\ \Omega$,求理想空载转速 n_0。

12. 脉流牵引电机转子铁芯装配时应注意哪些问题?

13. 定子铁芯的常见故障有哪些? 怎样检修?

14. 端盖检修时应注意哪些方面的准确性?

15. 补画图 8 三通三视图中的缺线。

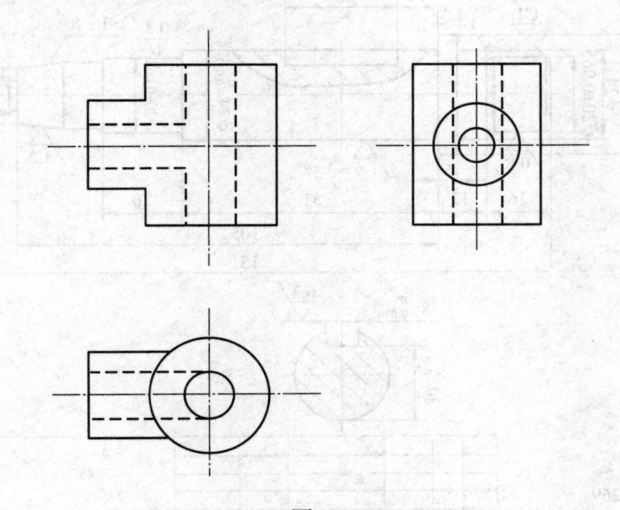

图　8

16. 在图 9 上绘出 $2P=4$、$Z=30$、$y=6$ 的三相交流电机叠绕组展开图。(仅画出一相即可)

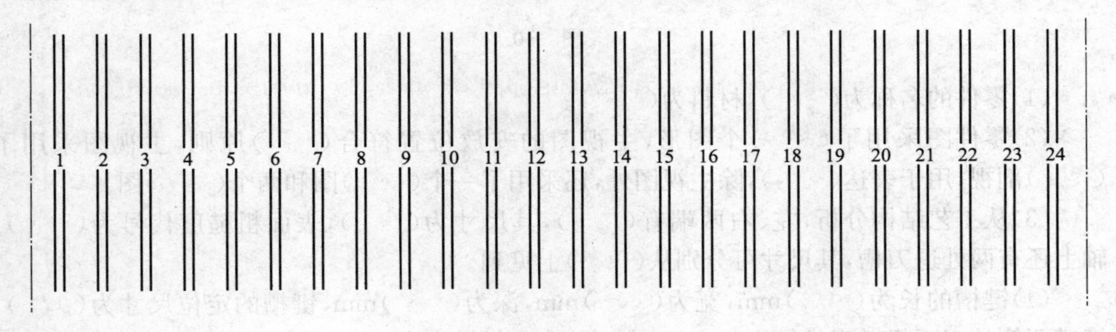

图　9

17. 为了提高绝缘的击穿强度,应采取哪些措施?

18. 试绘出绕线式异步电动机转子绕组串电阻启动控制线路原理图。

19. 当转子绕组发生不稳定接地故障时,为查找故障点,应首先将其转变成为稳定故障,请画出交流烧穿法的接线图。

20. 绘出用开口变压器法确定异步电动机定子绕组接地点的试验接线图，并简述其工作原理。

21. 试绘出用短路侦察器检查鼠笼式异步电动机转子断条位置的试验接线，并简述其工作原理。

22. 电磁启动器安装启动器之前应做好哪些工作？

23. 火花等级及其判别标准是什么？

24. 识读图 10 所示的传动轴零件图，回答下列问题：

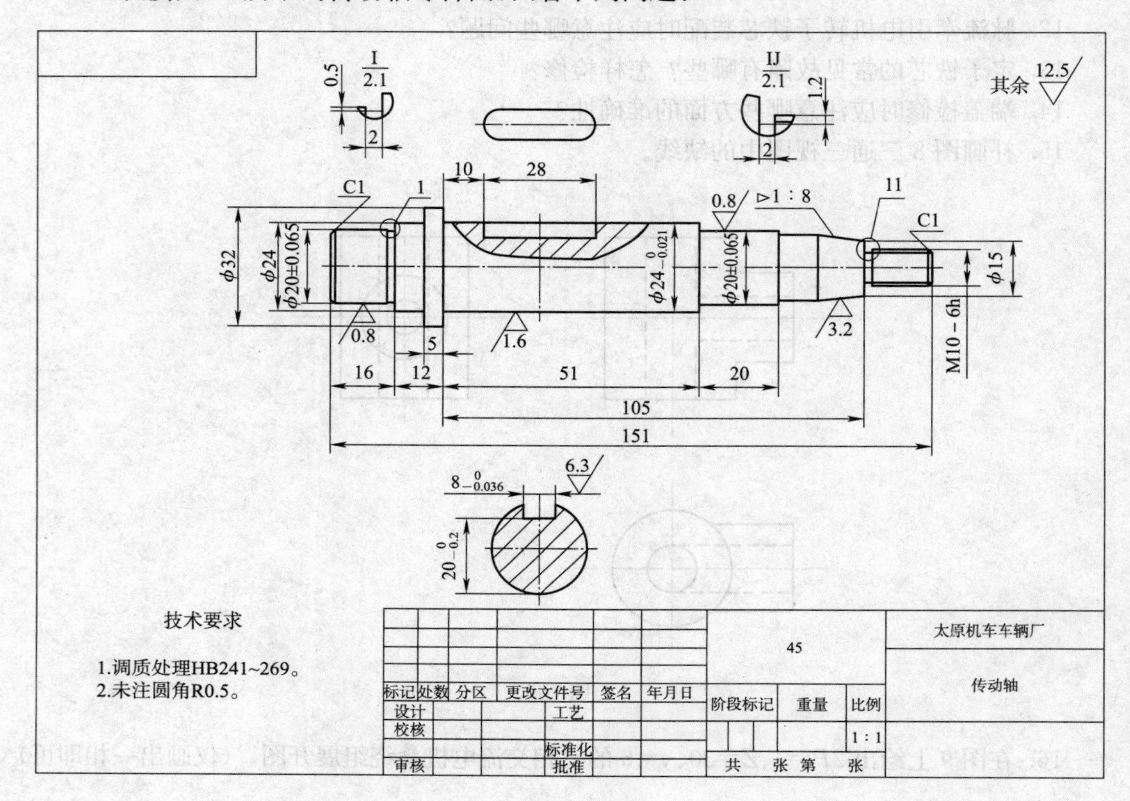

图　10

(1)零件的名称为(　　)，材料为(　　)。

(2)零件图采用了(　　)个图形，主视图的安放位置符合(　　)原则，主视图采用了(　　)剖视，用于表达(　　)，除主视图外，还采用了一个(　　)图和两个(　　)图。

(3)从工艺结构分析，左、右两端有(　　)，其尺寸为(　　)，表面粗糙度代号为(　　)。轴上还有两处退刀槽，其尺寸可分别从(　　)上见到。

(4)键槽的长为(　　)mm，宽为(　　)mm，深为(　　)mm，键槽的定位尺寸为(　　)，键槽两侧的表面粗糙度代号为(　　)，底面的表面粗糙度为(　　)。

(5)尺寸 $\phi20\pm0.065$，其基本尺寸为(　　)，上偏差为(　　)，下偏差为(　　)，公差为(　　)。

(6)高度和宽度方向的尺寸基准为(　　)，长度为方向的尺寸基准有(　　)等几处。

(7)M10-6h 的含义是(　　)。

(8)从传动轴的形体分析，主要由几段不同直径的(　　)体和一段(　　)体组成，右端还有一段(　　)。

25. 试述电机装配的主要技术要求。

26. 有一个异步电动机，$P=2$，$S=0.04$，接于 $f=50$ Hz 的电源上，求其转速有多大？

27. 有一个异步电动机，$P=1$，转子转速 $n=2\,940$ r/min，$f=50$ Hz，求该电动机的转差率是多少？

28. 有一个电流表，其量程为 75 A，内阻为 1×10 Ω，若要将量程扩大到 150 A，应并联多大的分流电阻？

29. 请计算 1 500 V、700 kW 的电动机的热态绝缘电阻最小允许值为多少？

30. 如何将一只量程为 100 μA、内阻为 1 000 Ω 的微安表，改装成量程为 10 mA 的毫安表？

31. 有一只最大量程为 $U_0=250$ V 的电压表，其内阻为 $R_0=250\,000$ Ω，如果欲将其改装成 1 000 V 的电压表，请问应如何改装？

32. 一台三相 4 极异步交流电动机接在工频电源上，试问其定子旋转磁场的转速是多少？如果转差率是 0.04，求转子额定转速是多少？

33. 某三相异步电动机额定转速 $n_N=1\,440$ r/min，求其同步转速、极对数、转差率为多少？

34. 一台三相异步交流电动机，额定功率 $P_N=14$ kW，$U_N=380$ V，三角形接法，$n_N=1\,460$ r/min，$\eta_N=0.875\,5$，$\cos\varphi_N=0.89$，$M_{st}/M_N=1.6$，$I_{st}/I_N=6.5$，试求：(1)额定电流是多少？(2)若启动时采用星形接法，则启动电流是多少？星形接法时启动力矩是额定值的多少倍？

35. 有一个功率为 $P=10$ kW，$\cos\varphi_1=0.6$ 的电动机，接到 220 V、$f=50$ Hz 的交流电源上，试问现欲提高其功率因数到 0.9，需要并联多大的电容器？并联前后电路中的电流分别是多少？

常用电机检修工(高级工)答案

一、填 空 题

1. 并　2. 短接　3. 磁滞　4. $\frac{1}{4}$
5. 单股导线　6. 节点电流(或基尔霍夫电流)　7. 片间
8. 串　9. 拱式　10. 大齿轮　11. 万用表
12. 职工代表　13. 100 MΩ　14. 硅钢片　15. 300%
16. $C_1C_2/(C_1+C_2)$　17. $2\pi fL$　18. 手—脚　19. 人工呼吸
20. 着火源　21. 隔离法　22. 防消　23. 5S
24. PDCA　25. 生产要素　26. 质量保证　27. 程序和管理
28. 认可　29. 质量　30. 接地　31. 分拆装配(组装)
32. 完整的　33. 基准　34. 直流　35. 短路侦察器
36. 愈大　37. 塞尺　38. 3 mm　39. 20%～30%
40. 70%　41. 无关　42. 启动　43. 减小
44. 不平衡　45. 升高　46. 单层绕组　47. 分数槽绕组
48. 不能启动　49. 轴承发热　50. 浸漆烘干　51. 万用表法
52. 垫上绝缘材料　53. 转向架　54. 带挡圈的止推滚柱　55. 补偿绕组
56. 2　57. 自行闭合　58. 脂　59. 油
60. F　61. 5　62. 感应电动势中　63. 又能
64. 绕线　65. 电磁制动　66. 短距　67. 星形
68. 电容　69. △/Y　70. 同心　71. 过热
72. 自耦变压器　73. 增大　74. 1 000～1 500　75. 降
76. 单　77. 端箍　78. 技术检查(或工艺检查)
79. 不被他人伤害　80. 互换性　81. 不变费用　82. 工艺费用
83. 指针调零　84. 开路和短路　85. 螺纹千分尺　86. 0.001 mm
87. 因受冲击而损坏　88. 迅速　89. 金属部件　90. C(或 200)
91. 强迫冷却　92. 银焊和磷铜　93. 碳化焰　94. 中性
95. 反比　96. 单独电源　97. 调节速度　98. 基本不变
99. 更大　100. 工作特性　101. 机械　102. NS 间隔
103. 绝缘缺陷　104. 恒功率　105. 恒转矩　106. 电枢反应
107. 原来的 N 极　108. 换向片　109. 主极极靴上　110. 前移动
111. 刷架座　112. 换向片间电压　113. 几乎为零　114. 发热大
115. 1/3～1/2　116. H(或 180)　117. 椭圆形　118. 5%

119. 试切法　120. 切削速度　121. 铁芯长度尺寸　122. Al99.5
123. 热　124. 工艺基准　125. 同轴度　126. 变动量
127. 变动全量　128. 测量　129. 绝对值　130. 端部变形
131. 重合　132. 轴线　133. 动不平衡　134. 材料缺陷
135. 准静不平衡　136. 重心　137. 离心力　138. 振动
139. 对接焊接　140. 1 500　141. 最小偏心距　142. 80%
143. 75%　144. 130%　145. 105　146. 40
147. 2　148. 0.04　149. 15 s　150. 机械火花
151. 电弧　152. 电刷中性位不正　153. 电抗电势　154. 白或青蓝
155. 红或黄　156. 相序接反　157. 反向增大　158. 轻载或空载
159. 换向火花　160. 主磁场畸变　161. 5～7　162. 0.5%
163. 2.5%　164. 被测电阻　165. 整数　166. 转矩
167. 电压表　168. 72　169. 弧形　170. 58
171. 5 400　172. 三相引出线　173. ±10%　174. 120
175. 他复　176. 电刷装置　177. 磁场　178. 电磁转矩
179. 电流换向　180. 磁路　181. 124　182. 直流电势
183. 372　184. 梯形　185. 6　186. 10
187. 下轴瓦　188. 单向负偏差　189. 氩弧焊　190. 隔离密封
191. 职业危害　192. 预防为主　193. 中修　194. 调整法
195. 公差之和　196. 银铜梯排　197. 封闭环　198. 双头
199. 6　200. 双向连接

二、单项选择题

1. A　2. A　3. D　4. A　5. C　6. C　7. B　8. C　9. B
10. C　11. A　12. B　13. C　14. B　15. D　16. C　17. A　18. B
19. A　20. A　21. C　22. A　23. C　24. B　25. C　26. B　27. B
28. B　29. A　30. C　31. A　32. A　33. A　34. C　35. C　36. A
37. A　38. A　39. D　40. A　41. B　42. B　43. B　44. A　45. C
46. C　47. A　48. C　49. D　50. D　51. B　52. C　53. A　54. C
55. A　56. D　57. A　58. B　59. B　60. C　61. D　62. D　63. D
64. C　65. C　66. C　67. D　68. B　69. A　70. A　71. B　72. A
73. A　74. B　75. B　76. A　77. A　78. B　79. A　80. A　81. B
82. B　83. B　84. A　85. C　86. D　87. D　88. C　89. D　90. B
91. A　92. C　93. B　94. B　95. B　96. B　97. B　98. A　99. C
100. B　101. C　102. A　103. C　104. B　105. D　106. A　107. B　108. D
109. B　110. B　111. C　112. A　113. A　114. A　115. C　116. A　117. C
118. A　119. B　120. D　121. C　122. B　123. C　124. A　125. C　126. A
127. B　128. B　129. D　130. A　131. C　132. D　133. B　134. A　135. B
136. C　137. A　138. B　139. D　140. B　141. B　142. A　143. A　144. A

145. B	146. A	147. B	148. A	149. D	150. B	151. A	152. B	153. C
154. A	155. D	156. A	157. B	158. C	159. C	160. B	161. A	162. D
163. A	164. A	165. B	166. C	167. D	168. D	169. B	170. C	171. B
172. B	173. B	174. A	175. C	176. C	177. B	178. B	179. C	180. B
181. A	182. B	183. C	184. D	185. A	186. C	187. B	188. D	189. D
190. D	191. A	192. C	193. B	194. A	195. D	196. A	197. C	198. C
199. B	200. B							

三、多项选择题

1. ABCD	2. ABCD	3. ABCD	4. ABC	5. ACD	6. ABC	7. AB
8. ABCD	9. ABCD	10. ABD	11. ACD	12. BD	13. BD	14. ABCD
15. BCD	16. ABD	17. BCD	18. ABC	19. ABC	20. ABC	21. ABCD
22. BCD	23. ABCD	24. ABC	25. AD	26. AD	27. AD	28. ABCD
29. AD	30. ACD	31. BD	32. BD	33. ABC	34. ABCD	35. BC
36. AB	37. AB	38. AB	39. BC	40. CD	41. ABCD	42. BCD
43. ACD	44. BD	45. ACD	46. AB	47. ACD	48. AB	49. CD
50. AC	51. ABC	52. ABCD	53. BD	54. BD	55. CD	56. BD
57. ABC	58. BCD	59. ABCD	60. ABCD	61. BCD	62. ABD	63. ABCD
64. BC	65. ABCD	66. BD	67. ABCD	68. ABCD	69. AC	70. ABC
71. ABCD	72. ABCD	73. ACD	74. ABC	75. ACD	76. AB	77. ABCD
78. ABCD	79. ABCD	80. ABCD	81. CD	82. ABD	83. BCD	84. ABC
85. BCD	86. ABCD	87. ABCD	88. ABCD	89. ACD	90. AD	91. BD
92. ABCD	93. ABCD	94. BCD	95. AB	96. ABCD	97. ABCD	98. ABCD
99. ABCD	100. ABCD	101. ABCD	102. ABC	103. ABCD	104. ABCD	105. ABCD
106. ABCD	107. ABC	108. ABCD	109. AC	110. ABD	111. BC	112. ABCD
113. BD	114. AC	115. AC	116. AD	117. ABCD	118. AB	119. BC
120. BC	121. AD	122. ACD	123. AB	124. AD	125. BCD	126. ABD
127. BCD	128. ABCD	129. CD	130. ABD	131. ABC	132. CD	133. BCD
134. BC	135. ABD	136. ACD	137. CD	138. ABC	139. ACD	140. ABC
141. ABD	142. AC	143. BD	144. ABCD	145. BC	146. ABD	147. ABD
148. BC	149. BCD	150. AB	151. ABC	152. BCD	153. ACD	154. BC
155. ACD	156. ABCD	157. BCD	158. ABCD	159. CD	160. AB	161. ABCD
162. ACD	163. AB	164. BC	165. ABD	166. ABC	167. ABCD	168. BCD
169. BD	170. ABCD	171. BC	172. ABCD	173. ACD	174. AB	175. AD
176. CD	177. ACD	178. ABCD	179. ACD	180. BCD	181. ACD	182. ABD
183. ABD	184. CD	185. BD	186. AB	187. AB	188. ABCD	189. ABCD
190. ACD	191. ABCD	192. AB	193. BC	194. ABCD	195. ACD	

四、判断题

1.√　2.√　3.√　4.×　5.√　6.×　7.√　8.×　9.√
10.×　11.√　12.√　13.×　14.√　15.×　16.×　17.√　18.×
19.×　20.×　21.√　22.√　23.×　24.√　25.√　26.√　27.√
28.×　29.×　30.√　31.×　32.×　33.√　34.×　35.×　36.√
37.√　38.√　39.√　40.√　41.×　42.√　43.√　44.×　45.√
46.√　47.√　48.√　49.√　50.√　51.×　52.√　53.×　54.√
55.×　56.×　57.×　58.√　59.√　60.√　61.√　62.√　63.√
64.√　65.√　66.×　67.×　68.√　69.×　70.√　71.√　72.√
73.√　74.×　75.√　76.√　77.√　78.√　79.√　80.√　81.√
82.√　83.×　84.×　85.√　86.√　87.×　88.√　89.√　90.√
91.×　92.√　93.×　94.×　95.×　96.×　97.×　98.×　99.√
100.×　101.×　102.√　103.√　104.√　105.√　106.√　107.×　108.√
109.√　110.√　111.√　112.×　113.√　114.√　115.√　116.√　117.√
118.√　119.√　120.√　121.×　122.×　123.√　124.√　125.×　126.√
127.×　128.×　129.√　130.√　131.√　132.×　133.√　134.√　135.√
136.√　137.√　138.√　139.×　140.×　141.√　142.×　143.×　144.×
145.×　146.√　147.√　148.×　149.×　150.√　151.×　152.√　153.×
154.×　155.×　156.√　157.×　158.√　159.√　160.√　161.√　162.√
163.√　164.√　165.√　166.√　167.√　168.√　169.×　170.√　171.√
172.√　173.×　174.×　175.×　176.×　177.√　178.×　179.√　180.√
181.×　182.×　183.×　184.√　185.×　186.√　187.×　188.√　189.×
190.×　191.√　192.√　193.√　194.√　195.×　196.√　197.×　198.√
199.×　200.√

五、简答题

1. 答:规律是:主俯视图“长对正”;俯左视图“宽相等”;左主视图“高平齐”。(答出一个给2分,两个给4分,三个都答出给5分)

2. 答:正弦交流电的最大值、角频率、初相角即为交流电的三要素。(答出一个给2分,两个给4分,三个都答出给5分)

3. 答:在任意回路中,电动势的代数和恒等于各电阻上电压降的代数和(4分),其数学式为$\sum E=\sum IR$(1分)。

4. 答:单层绕组的主要优点:(1)铁芯槽内只嵌放一个线圈边,因而不需要层间绝缘,槽面积的利用率较高(1分);(2)嵌线方便,绕线及嵌线都比较省工(1分);(3)同一槽内的有效边导体都属于同一相,因此在槽内不会发生相间击穿的故障(1分)。单层绕组的缺点:(1)不易采用恰当的短距线圈来改善旋转磁势的波形,因而某些电磁性能较差(1分);(2)端部排列处于下层的一侧,其交叠变形较大,端部较厚不易整形(1分)。

5. 答:双叠绕组,是每个铁芯槽中的线圈边导体分为上、下两层,其线圈总是由某一槽内的上层导体(称为上层边)与另一槽内的下层导体(称为下层边)连接而成,各线圈的形状可以做得一样,相邻的线圈都是互相重叠的,所以这种绕组称为双叠绕组(1 分)。双叠绕组的主要特点如下:(1)采用双叠绕组时,每个铁芯槽内嵌放两只线圈的有效边,因而线圈的节距可以根据需要任意选择,并不造成嵌线的困难,通常选取短距线圈(1 分);(2)线圈端部排列整齐美观,因为在容量较大的电机中,构成线圈的导体较粗,倘若采用单层绕组,则端部排列的困难就成了工艺上的主要矛盾(1 分);(3)由于构成每相绕组的线圈数目较多,因而每相绕组可以组成较多的并联支路,这择可以避免采用过大截面积的电磁线来绕制线圈(1 分);(4)由于线圈总数目较多,因而嵌线较费工时,由于同一铁芯槽中上层和下层边可能不属于同一相,因而层间承受的电压较高,需要在其间安放层间绝缘并有可能发生相间短路的危险,这是双叠绕组的不足之处(1 分)。

6. 答:定子非传动端止口上抹上密封胶(1 分),在非传动端端盖进风孔对角装两个 M12 吊环螺钉(1 分),将端盖吊于定子处,对准止口(1 分),用端盖螺栓将端盖均匀压入止口(1 分),禁止锤击端盖,以防变形(1 分)。

7. 答:加工硬化是指随着变形的增加(1 分),金属强度、硬度提高(2 分),而塑性、韧性下降的现象(2 分)。

8. 答:主要包括电磁、化学、机械等三方面的原因(2 分)。改善换向性能的主要方法有装设换向极、恰当地移动电刷、装设补偿绕组以及换向器的维护与电刷的更换(3 分)。

9. 答:集电环表面轻微损伤:当集电环表面有斑点、刷痕或轻度磨损时,可先用细锉、油石等进行研磨,然后用 00 号砂布在集电环高速旋转时将其抛光,使集电环表面的粗糙度达到 R_a0.8~1.6 μm(2 分)。集电环表面严重损伤:如果集电环表面烧蚀、出现槽纹、凸凹不平等,或者损伤面积达环面积的 20%~30%且位于电刷摩擦面时,应将集电环放在车床上修理(1 分)。车集电环前应确定集电环表面损伤的最小厚度。车削时车刀应锋利,进刀量要小,每次进刀量控制在 0.1 mm 左右(1 分),加工后偏心度不能超过 0.03~0.05 mm。车好后先用 00 号砂布抛光,然后在 00 号砂布上涂一层凡士林油,在集电环高速旋转时再抛光一次,使集电环表面的粗糙度达 R_a3.2~4.6 μm(1 分)。

10. 答:(1)漆的黏度(1 分);(2)浸漆时工件的温度(1 分);(3)真空度(1 分);(4)浸漆时间(1 分);(5)烘干的温度和时间(1 分)。

11. 答:(1)并励绕组断路或极性错误(0.5 分);(2)复励电动机的串励绕组接反(0.5 分);(3)启动绕组接反(0.5 分);(4)刷架位置不对(0.5 分);(5)气隙不符合要求(0.5 分);(6)电源电压不符(0.5 分);(7)电枢绕组短路(0.5 分);(8)串励电动机轻载或空载(0.5 分);(9)励磁回路总电阻过大(0.5 分);(10)励磁绕组、启动电阻或高调速器接触不良或断路(0.5 分)。

12. 答:事故原因分析不清不放过;事故责任者和群众没有受到教育不放过;没有防范措施不放过。(答出一个给 2 分,两个给 4 分,三个都答出给 5 分)

13. 答:(1)动作要快而且准确(1 分);(2)切断电源时救人者必须安全操作(2 分);(3)注意防止触电者二次受伤(1 分);(4)夜间切断电源时应备有照明装置(如手电筒),以利于停电后的抢救工作(1 分)。

14. 答:当触电者既无呼吸又无心跳时,紧急救护时可同时采用人工呼吸法和胸外挤压法进行急救(2 分)。单人操作时,应先口对口(鼻)吹气两次,约 5 s 内完成,再做胸外挤压 15 次,约 10 s 完成,以后交替进行(2 分)。双人操作时,按人工呼吸法和胸外挤压法口诀进行(1 分)。

15. 答:电机采用三轴承结构(2 分),传动端用 NU 型绝缘圆柱滚子轴承(1 分),非传动端用一个 NU 型绝缘圆柱滚子轴承(1 分)和一个 QJ 型绝缘四点接触球轴承(1 分)。

16. 答:一般原因有:(1)电源电压太低,不能产生足够的扭矩来抵消电机空转所需的扭矩(1 分);(2)频率太低(2 分);(3)负载过大,即转差太大(2 分)。

17. 答:"1 级"电刷下无火花(2 分);"$1\frac{1}{4}$级"电刷边缘仅小部分有微弱点状火花,或有非放电性红色小火花(3 分)。

18. 答:监听运行中电动机滚动轴承的响声可用一把螺钉旋具,尖端抵在轴承外盖上,耳朵贴近螺钉旋具木柄,监听轴承的响声(1 分)。如滚动体在内、外圈中有隐约的滚动声,而且声音单调而均匀,则说明轴承良好,电机运行正常(2 分)。如果滚动体声音发哑,声调低沉则可能是润滑油脂太脏,有杂质侵入,故应更换润滑油脂,清洁轴承(2 分)。

19. 答:在电磁方面的原因一般有:(1)在带负载运行时,转速明显下降并发出低沉的吼声,是由于三相电流不平衡,负荷过重或单相运行(2.5 分);(2)若定子绕组发生短路故障,笼条断裂,电动机也会发出时高时低的"嗡嗡"声,机身有略微的振动等(2.5 分)。

20. 答:轴承温度可用温度计法或埋置检温计法以及红外线测温仪(直接测量)等方法进行测量(1 分)。测量时,应保证检温计与被测部位之间有良好的热传递(1 分),所有气隙应以导热涂料填充(1 分)。轴承的允许温度为:滑动轴承(出油温度不超过 65 ℃)为 80 ℃(1 分),滚动轴承(环境温度不超过 40 ℃时)为 95 ℃(1 分)。

21. 答:(1)电机发生异常情况,短时电压过高(2 分);(2)绝缘电阻太低,绝缘受到酸、碱等腐蚀性气体侵害(1 分),线圈不洁、过热、过潮、环境温度过低、绝缘老化等原因引起(2 分)。

22. 答:(1)安装不良;(2)电机转轴弯曲;(3)电机转子平衡不良。(答出一个给 2 分,两个给 4 分,三个都答出给 5 分)

23. 答:包括转动部件的校平衡、轴承装配以及电机的总装配和调整工作。(答出一个给 2 分,两个给 4 分,三个都答出给 5 分)

24. 答:工艺流程图由工序、事项和路径三部分组成(2 分)。画图时,工序由箭头表示工序的完成,箭尾表示工序的开始(1 分),事项由圆圈表示(1 分),路径是从起点开始顺箭头所指方向连续不断地到达终点的通道(1 分)。

25. 答:(1)解体前的检查;(2)解体;(3)吹扫和清洗;(4)检修过程;(5)电机的组装;(6)电机的试验;(7)搬运与存放。(缺一项扣 1 分,顺序错误一处扣 1 分,最多扣 5 分)

26. 答:电枢接地点的查找方法有:(1)耐压试验法;(2)试灯检查法;(3)测量换向片和轴间的压降;(4)测量换向片间的压降;(5)用示波器检查;(6)用"电机检查仪"检查。(缺一项扣 1 分,最多扣 5 分)

27. 答:在换向器上通入大小适当的直流电,将毫伏表依次测量相邻两换向片间的电压降(1 分)。如绕组情况正常,则测出的电压值基本一致(1 分);如某个线圈短路,则跨接该线圈的换向器片间的电压显著减小(1 分);如线圈接头与换向片焊接不良或开路,则该处的电压降明显增大(2 分)。

28. 答:电枢匝间短路的检查方法有:(1)测量换向片间压降(2 分);(2)中频机组检查匝间

短路(2分);(3)脉冲试验法(1分)。

29. 答:牵引电机在运行中由于电枢的转动和强迫风冷的作用,使电机内外产生压力差,内部为负压(2分),这样大气通过油封、轴承盖和轴的间隙将轴承室内的油脂或齿轮箱内的油窜入电机内,对磁极线圈和换向器表面造成污染(2分)。因此,在电机端盖上设有负压孔与轴承室相通,避免电机窜油(1分)。

30. 答:改变电枢电压调速(2分);改变电枢回路电阻调速(1分);改变励磁电流调速等(2分)。

31. 答:当牵引电动机的电压为恒定值时,电动机的转速、转矩和效率对电枢电流的关系曲线,称为牵引电动机的工作特性曲线(5分)。

32. 答:(1)定子铁芯内圆对两端止口中的连线的径向跳动(1分);(2)转子铁芯外圆对两端轴承挡的径向跳动(1分);(3)端盖轴承孔对止口的径向跳动(1分);(4)滚动轴承内圈对外圈的径向跳动(1分);(5)机座止口端面对两端止口中心连线的垂直度(1分)。因此,为了使电机气隙均匀度不超过允许值,必须控制上述形位误差在一定的范围内。

33. 答:清洁合格轴承在安装时注意加热温度不许超过120 ℃(1分),并保证:(1)轴承内圈与轴配合过盈量:换向器端0.030~0.060 mm,传动端0.035~0.065 mm(1分);(2)轴承外圈与端盖轴承室配合:换向器端最大间隙0.023 mm,最大过盈0.053 mm(1分),传动端最大间隙0.028 mm,最大过盈0.056 mm(1分);(3)轴承自由状态间隙:换向器端0.125~0.165 mm,传动端0.165~0.215 mm(1分)。

34. 答:造成三相异步电动机单相运行的原因很多,例如:熔断器一相熔断;电源线一相断线;电动机绕组引出线与接线端子之间有一相松脱;闸刀开关、断路器、接触器等开关的一相触头损坏等(列举三项即可得3分)。在这些原因当中以熔断器一相熔断的情况为最常见(2分)。

35. 答:电动机定子三相绕组按一定规律分布在定子铁芯圆周上(2分),每相绕组均有头、尾两端,若将绕组的头、尾接错,则通入平衡三相电流时,不但不能产生旋转磁场,反而损坏电机(2分),为了确定每相绕组头、尾的正确连接,必须进行检查试验(1分)。

36. 答:交流绕组的每极每相槽数是指每相绕组在每个磁极下所占的连续槽数(2分),可用公式$q=Z/(2mp)$计算(2分),式中Z为电机总槽数,m为电机相数,p为电机的极数(1分)。

37. 答:电源一相断开,电动机变为单相运行,电动机的启动转矩为零(2分)。因此,电动机停转后便不能重新启动(1分),由于电动机在负载运行时线电流一般为额定电流的80%左右,断相后的线电流将增大至额定电流的1.4倍左右(1分),如果不予以保护,欠相后电动机会因绕组过热而烧毁(1分)。

38. 答:三相异步电动机主要由定子、转子及端盖组成。(答出一个给2分,两个给4分,三个都答出给5分)

39. 答:电动机旋转方向由电磁转矩的方向决定(1分),而电磁转矩的方向又和旋转磁场的旋转方向一致(1分),所以,只要改变旋转磁场的旋转方向就能改变电动机的旋转方向(1分)。要改变旋转磁场的旋转方向,只要将电动机引线A、B、C中任意两根对调接至电源就可以了,这样旋转磁场的旋转方向就改变了(2分)。

40. 答:电机使用的每一种绝缘材料的极限耐热温度是一定的(1分),例如常用的F、H、C级绝缘材料的耐热极限温度相应为155 ℃、180 ℃、200 ℃。若电机温升超过绝缘材料允许温升,将使绝缘材料加速老化、变脆、机械强度变低、绝缘能力变差,最后绝缘被击穿直至烧毁电机,从而大大缩短了电机的使用寿命(2分)。电机允许温升是由制造厂根据电机所用绝缘材料等级来决定的(2分)。

41. 答:当电源频率一定,电动机端电压比额定电压低很多时,对电动机工作将产生以下影响:(1)电动机启动困难(1分)。电动机的启动转矩与电动机定子绕组端承受的电压平方成正比,即$M_q \propto U_1^2$,也就是说,电压即使减少一点,也将使电动机启动转矩减少很多,严重时将会因启动转矩过小,不足以克服电动机转矩,而使电动机启动不起来。(2)电动机过热(2分)。电压降低,磁通Φ减少,一方面引起激磁电流分量减少,另一方面又引起负载电流分量增加,当负载较轻时,激磁电流分量减少的数值大于负载电流分量增加的数值,故定子总电流还是减小,因此,轻负载时,特别是电动机已经是满负载运行,这时如电动机端电压过低,引起负载电流分量增大的数值大于激磁电流分量减少的数值,故定子总电流增加而且超过额定电流值,这样定子和转子绕组上功率损耗增加,发热量增大,时间一长,电动机将因过热而使绝缘材料老化,致使绕组损坏。

若电动机端电压过高于额定电压,电动机的激磁电流分量将急剧增加,因而定子总电流增加,同样引起电动机绕组过热(2分)。

42. 答:当很大的单相负载,例如电炉、干燥箱、电焊机等负载接到电源上,以及当电源发生故障时(如单相断线、线路接头处接触不良等)都可造成三相电压不平衡,即三相电压彼此大小不一样(1分)。三相电压不平衡会引起电动机定子、转子绕组电流额外增加,因而引起额外发热,同时使电动机电磁转矩减小,电动机电磁噪声增加,所以,在三相电压产生严重不平衡时,是禁止电动机运行的(1分)。

按照国家标准规定,电动机应在电源电压为实际对称系统中工作,但实际上三相电压之间差额往往超过国家标准规定,一般要求三相电压中任何一相电压与三相电压平均值之差不超过三相电压平均值的5%,即:$\frac{U_u - U_p}{U_\varphi} \cdot 100\% < 5\%$。式中,$U_\varphi$为任一相的相电压,$U_p = \frac{U_{\varphi A} + U_{\varphi B} + U_{\varphi C}}{3}$为三相平均相电压,$U_{\varphi A}$、$U_{\varphi B}$、$U_{\varphi C}$分别为A、B、C相的相电压(3分)。

43. 答:千分尺能度量0.01 mm精度的原因是:测轴螺纹、螺距为0.5 mm或1 mm,测轴回转一圈即前进0.5 mm或1 mm,测轴外面的活动套管圆周上刻有50格或100格,所以每转一格千分尺的测轴就前进0.5/50 mm或1/100 mm,这样两测量面就能量出0.01 mm(5分)。

44. 答:横焊电流比平焊电流小20%~30%(2.5分),仰焊电流比平焊电流小15%~20%(2.5分)。

45. 答:(1)本企业可能发生的事故类型(1分);(2)重大危险源危害程度、可能发生的事故及后果(2分);(3)重大危险源和事故隐患的预防措施及安全操作规定(1分);(4)重大危险源和事故隐患的应急处理措施(1分)。

46. 答:原理:由于过盈值使材料发生弹性变形(1分),在包容件和被包容件配合表面产生压力(1分),依靠此压力产生摩擦力来传递转矩和轴向力(3分)。

47. 答:(1)制造方面:对于铸铝转子,由于工艺质量关系所引起的内部缩孔、砂眼、夹层等,电动机经常运行,时间一久,转子导体就慢慢开裂;对于铜焊转子,则可能是在铜条和端环焊接处松脱而引起的(2.5 分)。(2)使用方面:如将一般使用的电动机用在特殊要求场合,经常启动、反转,因而通过转子导体中的电流过大,导体所受的电磁力也很大,时间一久,转子导体也会开裂(2.5 分)。

48. 答:$R=U_N/(1\ 000+P_N/100)$(MΩ)(5 分)。

49. 答:绕组接地是指嵌入铁芯槽内的绕组与铁芯或机壳间的绝缘受到损坏或破坏,使绕组的导线或相间、极间的连线及引出线与铁芯或机壳相碰,使导体内的电流泄露到铁芯或机壳上,铁芯或机壳是通地的,这样便造成了绕组接地故障(2 分)。发生接地故障,会使机壳带电,将引起人身触电伤亡事故,也会产生短路现象、烧毁绕组和造成控制电路失控,使电机无法工作(3 分)。

50. 答:电机冷态直流电阻检测采用伏安法(1 分)。即在绕组中送三组直流电流,分别测得三组电阻电压值,再根据欧姆定律计算出三组电阻值(2 分)。要求为取三次测量结果的算术平均值作为测量最终结果,且任何一个数值与算术平均值的相对误差不得大于 2%(2 分)。

51. 答:直流电机绕组温升由下式确定:$Q=\frac{R-R_0}{R_0}(235+t_0)+(t_0-t)$(3 分)。式中,$R$ 为试验结束时的绕组电阻值;R_0 为冷态时的绕组电阻值;t_0 为冷态时的绕组温度;t 为试验结束时的冷却空气温度(2 分)。

52. 答:引起直流电动机励磁绕组过热的原因及处理方法如下:(1)电机气隙过大,由于气隙过大,造成励磁电流过大,此时应拆开电机进行气隙调整(2 分);(2)如果是复励发电机,则可能串励绕组极性接反,常表现为带负载时电压明显降低,调整电压后,励磁电流又明显增大,使绕组过热,须将其极性改正(3 分)。

53. 答:吸收比 $R=R_{60}/R_{15}=4\ 000/2\ 000=2$(5 分)。

54. 答:因为异步电动机的旋转磁场方向是由三相绕组中电流的相序决定的(2 分),任意对调两相电源线,就会改变电流的相序,也即改变了旋转磁场的方向,转子方向亦即随之改变(3 分)。

55. 答:磁路基尔霍夫第一定律(又称基尔霍夫磁通定律)的含义是:磁路的任一节点所连各支路磁通的代数各等于零(2.5 分)。磁路基尔霍夫第二定律(又称基尔霍夫磁压定律)的含义是:磁路的任一回路中,各段磁位差(磁压)的代数和等于各磁通势(磁动势)的代数和(2.5 分)。

56. 答:影响切削力的因素有:(1)工件材料的硬度和强度(1 分);(2)切削用量(1 分);(3)刀具的材料和几何角度(2 分);(4)切削液(1 分)。

57. 答:(1)选择适宜的热处理工艺处理,使材料的切削性能得以改善,如低碳钢的正火、中碳钢的退火等(2 分);(2)选用较大的前角和正刃倾角,合适的副偏角或增加过渡刃,研磨背光副后角,有利于降低表面粗糙度(2 分);(3)选择合适的切削速度,防止积屑瘤(1 分)。

58. 答:当电动机在运行中发生人身触电事故、冒烟起火、剧烈振动、机械损坏、轴承剧烈发热、串轴冲击、扫膛、转速突降、温度迅速上升等现象时应立即停车,仔细检查,找出故障并予以排除(5 分)。

59. 答:三相交流异步电动机的出厂试验项目有:(1)各绕组绝缘电阻测定(0.5 分);(2)各绕组冷态直流电阻测量(0.5 分);(3)空载电流和空载损耗测量(1 分);(4)短路电流及损耗测定(1 分);(5)定子绕组匝间耐压试验(1 分);(6)定子绕组相互间及对机壳耐压试验(1 分)。

60. 答:试验方法:将劈相机电动相绕组连接牵引变压器的辅助绕组,电源电压调整为 301 V(1 分),在发电相和电动第二相之间并联一个 0.55 Ω、200 A 的启动电阻(2 分)。试验内容:通电后,检测其启动电流、电压及启动时间,要求不得超过试验大纲规定的限值(2 分)。

61. 答:劈相机绕组匝间通以其最高电压(460 V)的 130%单相线电压,空载运行 5 min,要求不得出现匝间击穿现象(5 分)。

62. 答:交流异步劈相机空载试验时,将劈相机接三相交流电源,通电后电机转速逐渐达到额定值,电压到达 380 V 后,断开其发电相绕组,即达到了劈相机空载运行条件(2 分)。分别在电动相绕组 U_{12} 为 380 V 和 460 V 时,检测其他二相的线电压 U_{23} 及 U_{31},空载电流及空载损耗要求不得超过试验大纲规定的限值(3 分)。

63. 答:短路试验的内容和方法为:在电动机定子绕组中通三相交流电压 100 V,转子用专用止轮器固定,不得转动,然后迅速检测电动机各相绕组的短路电流及短路损耗,要求所测值应符合试验大纲规定的限值(5 分)。

64. 答:(1)机械摩擦(包括定子、转子扫膛)(0.5 分);(2)单个运行,可断电再合闸,如不能启动,则可能有一相断电(0.5 分);(3)滚动轴承缺油或损坏(1 分);(4)电动机接线错误(0.5 分);(5)绕线转子异步电动机转子线圈断路(0.5 分);(6)轴伸弯曲(0.5 分);(7)转子或传动带轮不平衡(0.5 分);(8)联轴器松动(0.5 分);(9)安装基础一平或有缺陷(0.5 分)。

65. 答:电动机匝间耐压试验的内容及方法是:电机定子绕组通三相交流电,逐步升高电压到 380 V 后继续升压至 460 V,待转速稳定后开始计时,持续运行 5 min,考核绕组耐压情况,要求不得有击穿现象(5 分)。

66. 答:首先按检测精度要求选择检测仪表(如百分表)(1 分),再将检测仪表底座固定在电动机机座上(1 分),使仪表测量头垂直接触换向器表面,然后慢慢转动电枢一圈(1 分),百分表上显示的最大指示值与最小指示值之差即为换向器表面的跳动量,对牵引电机此值不得大于 0.04 mm(2 分)。

67. 答:直流牵引电动机空转试验是为了检验电动机的机械连接是否牢固,轴承温升是否正常,油封状况是否良好,转子轴向及径向窜动量是否正常(2 分)。试验时,首先应将电动机固定在试验台上,电动机串励通以直流电,逐步升高电动机电压,使电动机在最高允许转速下运行 30 min,监听转子声音,不得有异常现象(2 分);然后停机,反接励磁绕组,使电动机在最高转速下反向运行 30 min,停机后检查各项指标应满足试验大纲的要求(1 分)。

68. 答:感应法校正直流电动机中性位的方法是:将双向毫伏表的两测量表笔连接在电动机的两个正、负电刷上,然后在励磁绕组中送入不大于其额定值 10%的直流电流,在电流断电瞬间,毫伏表就会检测到电枢中的感应电势,当这个电势为 0 时,说明电刷就处在中性位了(4 分)。对牵引电动机,要求感应电势不得大于 5 mV(1 分)。

69. 答:牵引电动机温升试验一般采用双机互馈线路,即两台牵引电动机同时进行温升试验,其中一台作为电动机运行,另一台作为发电机运行(2 分)。首先将两个电机固定在试验平台上,电机轴用联轴器连接,牵引电动机按串励线路连线,通直流电并逐步升压到其小时定额值，然后开始计时，每隔一段时间，记录一次励磁绕组、附加绕组的电流、电压值，即可由温升计算公式得出绕组温升的变化曲线，对电枢绕组，则需要在电机运行 1 h 后立即停机，检测电枢在断电以后 5 min 内的温升变化曲线，反推出小时温升值。对不同绝缘等级的绕组，有不同的温升限值要求(3 分)。

70. 答：测定速率特性的目的是：对新造或修理的电动机，核定其速率特性与典型速度特性是否相符合(2 分)。内容和方法：电动机在接近工作温度时，按一定的电压、电流值运行，检测其速度值，将这一数值与标准值比较，不得超出规定的允许公差。对牵引电动机要求测定其正、反两个转向的速度进行比较(3 分)。

六、综 合 题

1. 答：如图 1 所示。(10分)

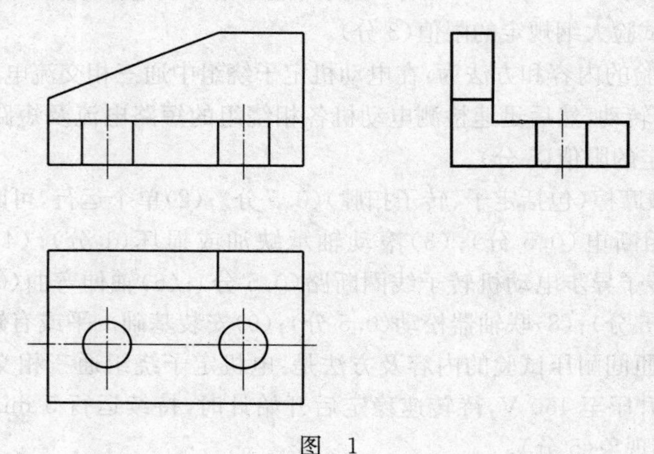

图 1

2. 答：如图 2 所示。(每个图 2.5 分，共 10 分)

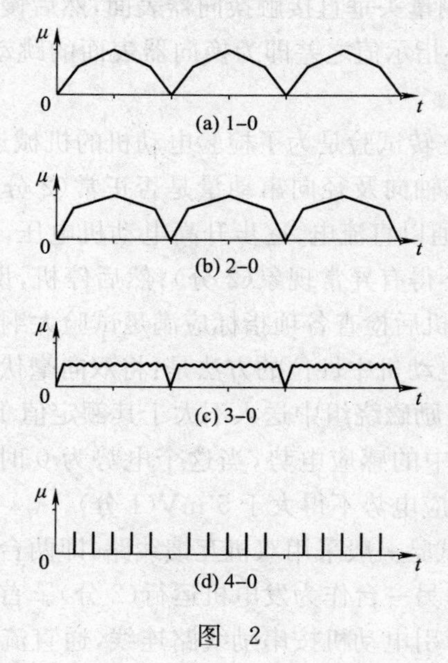

图 2

3. 答:如图 3 所示。(对一个得 3 分,两个得 6 分,全对得 10 分)

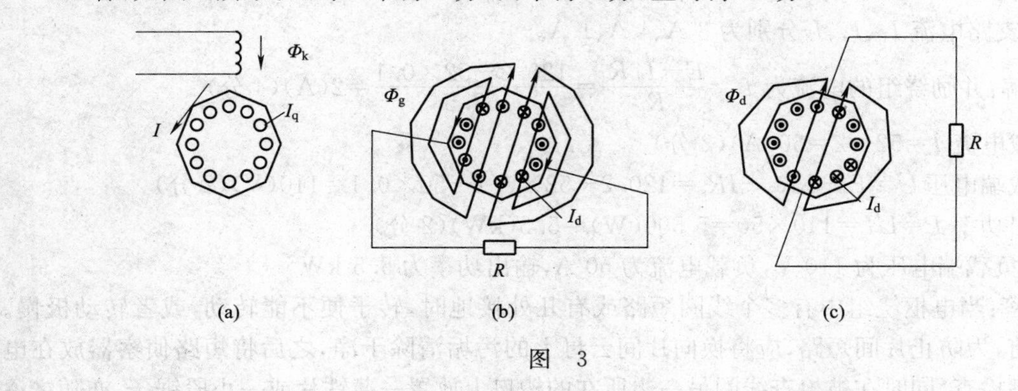

图 3

4. 答:如图 4 所示。(对一个得 3 分,两个得 6 分,全对得 10 分)

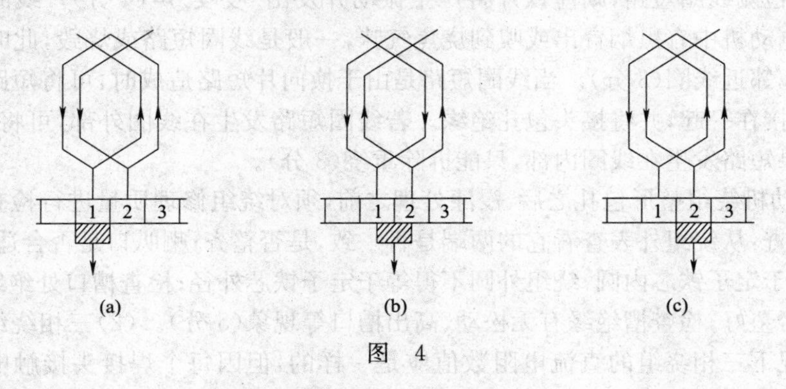

图 4

5. 答:如图 5 所示。(每个 5 分,共 10 分)

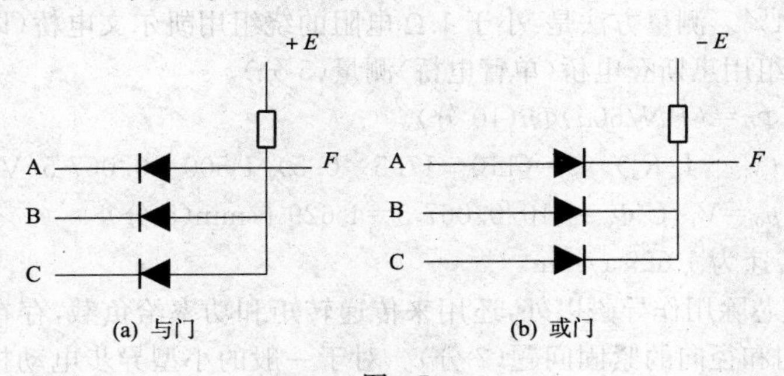

图 5

6. 解:由基尔霍夫第一定律得:

节点 A　$I_2=I_1+I_3$(1)(1 分)

由基尔霍夫第二定律得:

回路Ⅰ　$E_1=I_1R_1-I_3R_3$(2)(2 分)

回路Ⅱ　$E_2=I_2R_2+I_3R_3$(3)(2 分)

联立(1)、(2)、(3)得:　$I_2=I_1+I_3$

$5=3I_1-4I_3$

$12=2I_2+4I_3$

解得：$I_1=3(\mathrm{A})$(1分)，$I_2=4(\mathrm{A})$(2分)，$I_3=1(\mathrm{A})$(2分)

答：支路电流 I_1、I_2、I_3 分别为 3 A、4 A、1 A。

7. 解：并励绕组的电流为 $I_f=\dfrac{E-I_a R_a}{R_f}=\dfrac{120.2-52\times0.1}{57.5}=2(\mathrm{A})$(4分)

负载电流 $I=52-2=50(\mathrm{A})$(2分)

负载端电压 $U=E-I_aR_a-IR_s=120.2-52\times0.1-50\times0.1=110(\mathrm{V})$(2分)

输出功率 $P=UI=110\times50=5\ 500(\mathrm{W})=5.5(\mathrm{kW})$(2分)

答：负载端电压为 110 V，负载电流为 50 A，输出功率为 5.5 kW。

8. 答：当电枢绕组中有多个线圈短路或有几处接地时，转子便不能转动，或者转动极慢。在检查前，为防止片间短路，应将换向片间云母上的污垢清除干净，之后将短路侦察器放在电枢上逐槽检查，同时在被检查线圈另一边所在的槽口上放置一薄铁片或一小段锯条，亦随之逐槽移动。若被检测线圈短路，则薄铁片将产生振动并发出"吱吱"声(4分)。线圈短路时会产生高热，如果电动机中有黑烟冒出或嗅到烧焦气味，一般是线圈短路或烧毁，此时应立即切断电源，以防损坏邻近线圈(3分)。当线圈短路是由于换向片短路造成时，可将短路的换向片上的两根导线焊接在一起，并将接头包扎绝缘。若线圈短路发生在线圈外部，可将短路处分开，包扎绝缘；如果短路发生在线圈内部，只能拆除重绕(3分)。

9. 答：电动机绕组整形包扎之后、浸漆处理之前，须对绕组修理质量进行检查。检查项目有：(1)外表检查：从绕组外表查看它的两端是否一致，是否整齐；喇叭口是否合适，要求绕组端部内圆不能小于定子铁芯内圆，绕组外圆不得等于定子铁芯外径；检查槽口处绝缘纸是否有破裂、隔相纸是否垫好；检查槽绝缘有无松动、高出槽口等现象(5分)。(2)三相绕组直流电阻的测定：正常情况下三相绕组的直流电阻数值应是一样的，但因每个焊接头接触电阻可能不一样，故三相绕组的直流电阻值可能有差异。一般要求三相电阻平均值与任一个电阻之差不得超过平均电阻的±4%。测量方法是：小于 1 Ω 电阻的绕组用凯尔文电桥(即双臂电桥)测量；大于 1 Ω 电阻的绕组用惠斯登电桥(单臂电桥)测量(5分)。

10. 答：$E_a=C_e\Phi n=(PN/60a)\Phi n$(10分)。

11. 解：$C_e\Phi_e=(V_e-I_{se}R_s)/n_e=(110-17.5\times0.5)/1\ 500=0.067\ 5(\mathrm{V\cdot min})/\mathrm{r}$(5分)

理想空载转速 $n_0=V_e/C_e\Phi_e=110/0.067\ 5=1\ 629\ \mathrm{r/min}$(5分)

答：理想空载转速为 1 629 r/min。

12. 答：转子铁芯除用作导磁以外，还用来传递转矩和功率给负载，存在着转子铁芯和转轴之间的轴向、周向和径向的紧固问题(2分)。对于一般的小型异步电动机，采用滚花配合、热套配合或键槽配合等三种配合方式(2分)。滚花配合传递转矩能力不大，常用于小型电动机中，后两种传递转矩能力较大(1分)。因而在实际工作中，有时碰到由于转轴压入转子铁芯中配合不紧密，出现配合面和槽键松动等现象，使铁芯与转轴位置之间有相对移动，这时电动机在启动或运行中会出现不正常的响声，振动很厉害，并往往会从空气间隙中冒出火花和烟雾，电动机温度也很快升高，严重时，电动机停止转动，发现这种现象时应及时检修(5分)。

13. 答：铁芯是电动机中磁通经过的地方，主要是作导磁用的，铁芯一般用 0.5 mm 厚的 D21 型号硅钢片压叠而成，用在大中型电动机铁芯中的硅钢片表面涂有绝缘漆或进行氧化处理，使它的片与片之间互相绝缘，以减小铁芯中的涡流损耗，整个铁芯用压装的方法使它固定在电动机的机座内(1分)。铁芯常见的故障是铁齿端沿轴向朝外胀开而松驰，这是由于铁芯两侧压圈(或压片)的压紧力不够,或拆修绕组时从槽中拉扯导线用力过大所造成的,如不及时修理,运行中会从某一部分发出嘶嘶的噪声和振动,也会磨坏槽绝缘和线圈绝缘,修理方法是用两块钢板制成的圆盘压在铁芯的两端,用双头螺丝夹紧,使其恢复原状,压力可按铁芯面积每平方厘米 20 kg 选用,或者用小榔头轻轻地敲打齿端,使其恢复原形,定子和转子的铁芯不得有超过总表面 5%的裂缝和凹陷(碰伤、卷边),沿槽的长度方向,槽线的偏差不应超过槽宽的 20%,否则应对铁芯加以修理(3 分)。有时电动机的铁芯局部发热,除了绕组故障外,也可能由于硅钢片上有各种毛刺和凹陷,使某几片硅钢片相互接通(短路)在定子交变磁通作用下,会产生较大的局部短路环流(即涡流),在这些地方可用锐利的细锯或细锉等把毛刺去掉,并把凹陷修平,再用蘸有煤油的刷子把硅钢片表面刷净,等干燥后再涂刷一层绝缘漆,对于铁芯中个别冲片的齿端出现的歪斜也应当矫正,以免嵌线时割坏线圈绝缘(2 分)。当铁芯局部(主要是齿部)烧坏和熔化时,如果损坏的面积不大,并且没有蔓延到铁芯深处时,可以把故障处的线圈自槽中取出,用刮刀或磨石等将烧坏部分一面熔融的金属和毛刺除去吹净,再涂一层绝缘就行了,应当注意即使烧成一个小孔洞也不应该用导电或导磁的金属充填,以免造成硅钢片的局部短路而发热,毁及铁芯和线圈(2 分)。偶尔遇到电动机绕组和铁芯整个过热而无其他明显原因,可能是由于运转中或烧拆绕组时铁芯长期过热,从而铁芯变质而整个损坏,可以根据空载运转时的功率与在绕组电阻上的损耗功率之差来大致地估计铁芯损坏的程度,如果求得的这个功率数值很大,则可断定铁芯已损坏变质了,这时应重换铁芯,如果是因为硅钢片之间短路发热,可将铁芯拆开,硅钢片两面涂绝缘漆后重新装配(1 分)。此外,由于定子铁芯压入机座时配合不紧密,铁芯两端用作轴向紧固的弧形键与机座间的焊接处脱焊或定位螺丝松动等原因,电动机在启动或运转时,铁芯也会发出不正常的响声,并产生振动,严重的会使电动机绕组的引出线扯断或绝缘撕裂,造成短路故障,发现这种故障情况应及时修理,修理方法是机械上另加定位螺丝将铁芯固定,或用电焊将铁芯与机座焊牢(1 分)。

14. 答:(1)轴承室的尺寸精度、圆柱度、光洁度(2 分);(2)止口的尺寸精度、圆柱度、光洁度(2 分);(3)轴承室与止口的同轴度(2 分);(4)端面对轴心线的圆跳动(2 分);(5)端盖的深度(2 分)。

15. 答:如图 6 所示。(主视图 4 分,俯视图和左视图各 3 分)

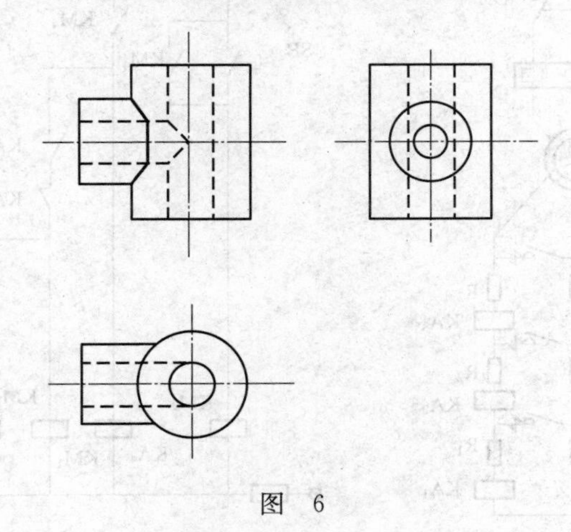

图 6

16. 答：如图 7 所示。(10 分)

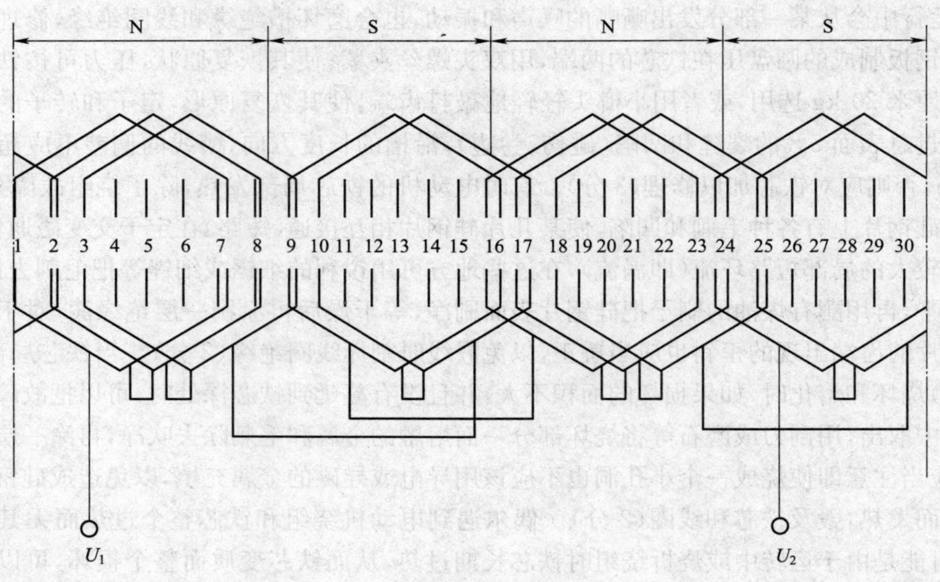

图 7

17. 答：(1)精选原料，保持清洁，消除有害杂质(2 分)；(2)使整个绝缘有一个致密的整体结构，用合理浸渍或其他方法彻底根除绝缘中的孔隙和气泡(3 分)；(3)改善电场分布，使其尽量趋于均匀，合理的选择绝缘材料和绝缘结构，以使各部分合理地承担电场强度的作用，防止局部放电引起的击穿(3 分)；(4)改善绝缘所处的环境条件，可采用浇注和表面涂封等保护措施，以增强散热，减少振动以及保护主绝缘不受潮气、臭氧和其他有害气体直接接触等(2 分)。

18. 答：绕线式异步电动机转子绕组串电阻启动控制线路原理图如图 8 所示。(10 分)

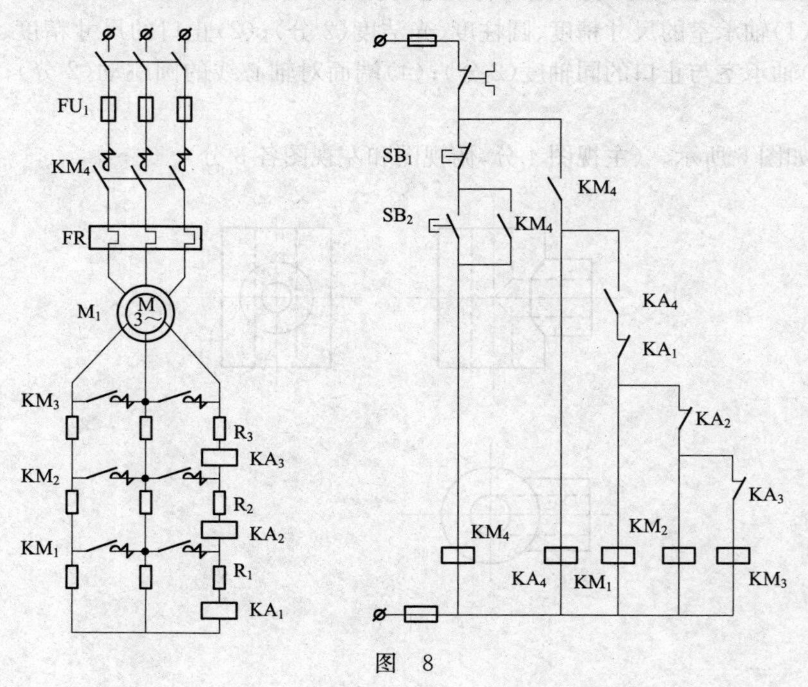

图 8

19. 答:交流烧穿法的接线图如图 9 所示。(10 分)

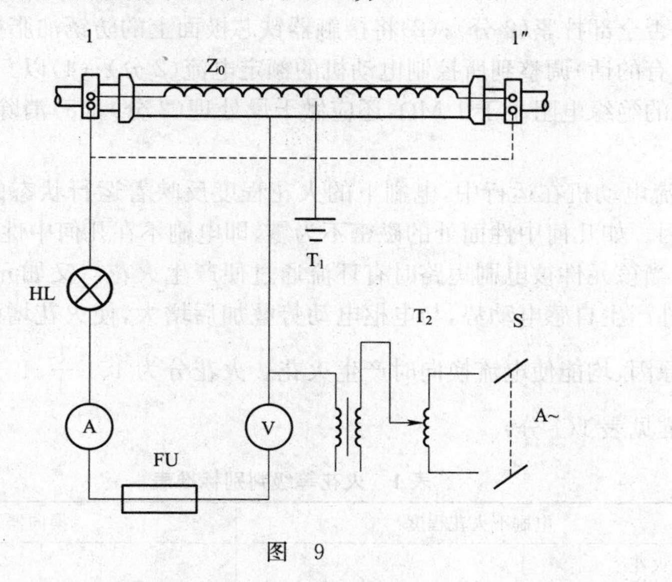

图　9

20. 答:故障相确定之后,在故障相首端与定子铁芯间加一(36 V)交流低电压,电流将经由故障相绕组首端、末端接地部分绕组、故障点、定子铁芯所构成的闭合回路,而故障点以后的绕组中将无电流流过,可用如图 10 所示(3 分)开口变压器的绕组两端串接一只微安表,用开口变压器跨接在槽的上面,并沿轴向移动,并逐槽测试。当全槽均有感应电动势产生,微安表有指示时,表明接地点不在该槽内;当开口变压器的在某槽移动,且在 D 点微安表指示消失(或明显减少)时,则表明 D 点就是指地点(7 分)。

21. 答:短路侦察器检查鼠笼式异步电动机转子断条位置的试验接线如图 11 所示(3 分),在侦察器励磁绕组中通入 36 V 的交流电压,使侦察器沿转子圆周逐槽滑动,如导条完好,则电流表指示出正常的短路电流,若移动某槽时电流明显下降,则表明该槽导条断裂(7 分)。

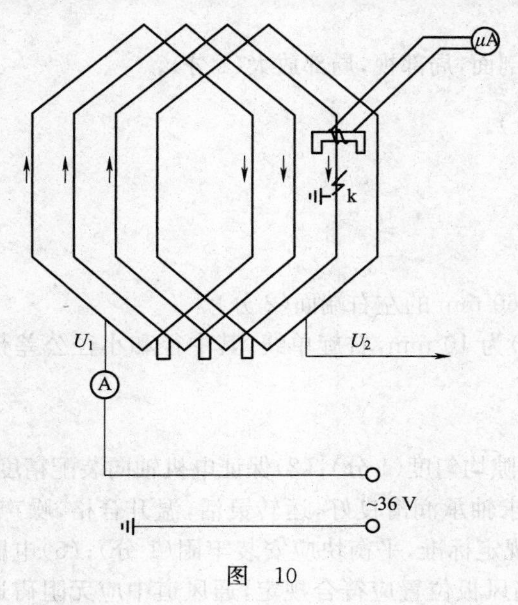

图　10

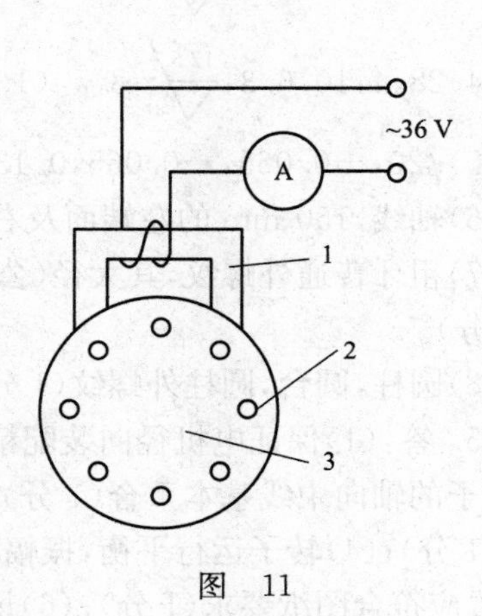

图　11

22. 答：在安装启动器之前应做好下列工作：(1)打开外壳(如果有外壳)，检查内部接线是否正确，螺钉是否全部拧紧(2 分)；(2)将接触器铁芯极面上的防锈油脂擦拭干净(2 分)；(3)把热继电器(如果有的话)调整到所控制电动机的额定电流(2 分)；(4)以 500 V 兆欧计检查绝缘电阻，若各部位的绝缘电阻小于 1 MΩ，还应做干燥处理(2 分)；(5)消除外壳内外的灰尘及杂物(2 分)。

23. 答：直流电动机在运行中，电刷下的火花程度反映着运行状态的好坏，依据火花可以判断其产生原因。如几何中性面处的磁密不为零，即电刷不在几何中性线上，元件经过此处产生感应电动势，当该元件被电刷短路时有环流通过便产生火花。又如元件换向时电流方向发生变化导致元件产生自感电动势，与电枢电动势叠加后增大，使火花增强。还有机械方面、工作环境方面的原因，均能使电流换向时产生火花。火花分为 1、$1\frac{1}{4}$、$1\frac{1}{2}$、2、3 五个等级，各等级火花判别标准见表 1(1 分)。

表 1　火花等级判别标准表

火花等级	电刷下火花程度	换向器及电刷状态
1	无火花	换向器表面没有黑痕，电刷上没有灼痕
$1\frac{1}{4}$	仅有微弱的点状火花或非放电性的红色小火花	
$1\frac{1}{2}$	有轻微的火花	换向器表面有黑痕，用汽油可擦去。电刷上有轻微的灼痕
2	大部分或全部电刷有较强烈的火花	换向器表面有黑痕，用汽油擦不掉，电刷上有灼痕。若火花出现时间短，换向器表面不会有灼痕，电刷亦不会被烧焦或损坏
3	电刷的整个边缘均有强烈火花	换向器表面有严重黑痕，电刷上有灼痕。短时运行换向器就会出现灼痕，电刷烧焦或损坏

(等级 1 得 1 分，其他每个等级 2 分)

24. 答：(1)传动轴，45 号钢(1 分)。

(2)5，加工位置，局部，键槽的长和深度剖面，局部视，局部放大(1 分)。

(3)倒角，1×45°，$\stackrel{12.5}{\surd}$，局部放大图(1 分)。

(4)28，4，10，6.3，$\stackrel{12.5}{\surd}$，$8^{0}_{0.030}$(1 分)。

(5)ϕ20，+0.065，−0.065，0.13(1 分)。

(6)轴线，150 mm 的左端面及右端面、160 mm 的左右端面(2 分)。

(7)粗牙普通外螺纹，其大径(公称直径)为 10 mm，右旋单线，其中径和小径公差带均为 6h(2 分)。

(8)圆柱，圆台，圆柱外螺纹(1 分)。

25. 答：(1)保证电机径向装配精度和气隙均匀度(1 分)；(2)保证电机轴向装配精度，要求定、转子的轴向中线基本重合(1 分)；(3)要求轴承润滑良好，运转灵活，温升合格，噪声小，振动小(1 分)；(4)转子运行平衡，振幅不超过规定标准，平衡块应安装牢固(1 分)；(5)电刷压力和位置应符合图纸要求(1 分)；(6)风扇及挡风板位置应符合规定，通风道中应无阻碍通风或振动发声的杂物(1 分);(7)绕组应接线正确、绝缘良好、无擦碰损伤(1 分);(8)机座及端盖的止口接触面应无碰伤(1 分);(9)换向器、集电环及电刷工作表面应无油污、脏物,接触可靠(1 分);(10)电机内部应无其他杂物(0.5 分);(11)电机的所有固定连接应符合图样要求(0.5 分)。

26. 解:$n=(1-S)n_N=(1-0.04)\times 1\,500=1\,440$(r/min)(10 分)

答:该电动机转速为 1 440 r/min。

27. 解:$n_N=60f/P=60\times 50/1=3\,000$(r/min)(5 分)

$S=1-n/n_N=1-2\,940/3\,000=0.02$(5 分)

答:电动机转差率为 0.02。

28. 解:由原来的 75 A 扩大到 150 A,为扩大 2 倍量程,则分流电阻:

$R=r/(n-1)=1\times 10\ /(2-1)=10(\Omega)$(10 分)

答:应并联 10 Ω 的分流电阻。

29. 解:$R=\dfrac{U_N}{1\,000+\dfrac{P_N}{100}}=\dfrac{1\,500}{1\,000+\dfrac{700}{100}}=1.49(\text{M}\Omega)$(10 分)

答:该电动机热态绝缘电阻最小允许值为 1.49 MΩ。

30. 解:电流表扩大量程的办法为并联分流电阻 R_f,设原表内阻 R_0,量程为 I_0,则有:

$\dfrac{R_0}{R_f}=\dfrac{I_f}{I_0}=\dfrac{I-I_0}{I_0}=\dfrac{10\,000-100}{100}=99$(5 分)

$R_f=R_0/99=1\,000/99=10.1\ \Omega$(5 分)

答:电流表应并联一个 10.1 Ω 的分流电阻,即可将量程扩大到 10 mA。

31. 解:扩大电压表量程的办法为串联倍率器 r_c,则有:

$\dfrac{r_0}{r_c}=\dfrac{U_0}{U_c}=\dfrac{U_0}{U-U_0}=\dfrac{250}{1\,000-250}=1/3$(5 分)

$r_c=r_0/(1/3)=3r_0=3\times 250\,000=750\,000(\Omega)$(5 分)

答:改装办法是串联倍率器,倍率器电阻值应为 750 000 Ω。

32. 解:因为旋转磁场的转速即为转子的同步转速,故有:

$n_1=60\ \dfrac{f}{P}=60\times\dfrac{50}{2}=1\,500$(r/min)(5 分)

由电机转差率公式 $S=\dfrac{n_1-n_2}{n_1}$可得:

$n_2=n_1(1-S)=1\,500\times(1-0.04)=1\,440$(r/min)(5 分)

答:定子旋转磁场的转速为 1 500 r/min,转子额定转速为 1 440 r/min。

33. 解:$n_1=1\,500$(r/min)(2 分)

$P=\dfrac{60f}{n_1}=\dfrac{60\times 50}{1\,500}=2$(对)(4 分)

$S=\dfrac{n_1-n_n}{n_1}=\dfrac{1\,500-1\,440}{1\,500}=0.04$(4 分)

答:同步转速为 1 500 r/min,极对数为 2,转差率为 0.04。

34. 解:(1)$I_N=\dfrac{P_N}{\sqrt{3}U_N\cos\varphi_N}=\dfrac{14\times 10^3}{\sqrt{3}\times 380\times 0.89}=23.9$(A)(4 分)

(2)$I_Y=\frac{I_{st}}{3}=\frac{6.5\times 23.9}{3}=51.78$(A)(3 分)

$M_Y=M_{st}/3=1.6M_N/3=0.53M_N$(3 分)

答:(1)额定电流为 23.9 A;(2)启动电流为 51.78 A,启动转矩为额定转矩的 0.53 倍。

35. 解:(1)$C=\frac{P}{WU^2}(\tan\varphi_1-\tan\varphi_2)=\frac{10\times 10^3}{314\times 220^2}(1.33-0.33)=658(\mu F)$(4 分)

(2)未并联电容前:$I_1=P/U\cos\varphi_1=10\times 10^3/(220\times 0.6)=75.75$(A)(3 分)

并联电容后:$I_2=P/U\cos\varphi_2=10\times 10^3/(220\times 0.9)=47.8$(A)(3 分)

答:欲将功率因数提高到 0.9,需要并联 658 μF 的电容器,并联前电流为 75.75 A,并联后电流为 47.8 A。

常用电机检修工(初级工)技能操作考核框架

一、框架说明

1. 依据《国家职业标准》注,以及中国北车确定的“岗位个性服从于职业共性”的原则,提出常用电机检修工(初级工)技能操作考核框架(以下简称:技能考核框架)。

2. 本职业等级技能操作考核评分采用百分制。即:满分为 100 分,60 分为及格,低于 60 分为不及格。

3. 实施“技能考核框架”时,考核制件(活动)命题可以选用本企业的加工件(活动项目),也可以结合实际另外组织命题。

4. 实施“技能考核框架”时,考核的时间和场地条件等应依据《国家职业标准》,并结合企业实际确定。

5. 实施“技能考核框架”时,其“职业功能”的分类按以下要求确定:

(1)“电机检修”属于本职业等级技能操作的核心职业活动,其“项目代码”为“E”。

(2)“工艺准备”、“电机试验数据分析”、“工装设备的维护保养”属于本职业等级技能操作的辅助性活动,其“项目代码”分别为“D”和“F”。

6. 实施“技能考核框架”时,其“鉴定项目”和“选考数量”按以下要求确定:

(1)按照《国家职业标准》有关技能操作鉴定比重的要求,本职业等级技能操作考核制件的“鉴定项目”应按“D”+“E”+“F”组合,其考核配分比例相应为:“D”占 20 分,“E”占 70 分,“F”占 10 分。

(2)依据中国北车确定的“核心职业活动选取 2/3,并向上取整”的规定,在“E”类鉴定项目——“电机检修”的全部 6 项中,至少选取 4 项。

(3)依据中国北车确定的“其余‘鉴定项目’的数量可以任选”的规定,“D”和“F”类鉴定项目——“工艺准备”、“工装设备的维护保养”中,至少分别选取 1 项。

(4)依据中国北车确定的“确定‘选考数量’时,所涉及‘鉴定要素’的数量占比,应不低于对应‘鉴定项目’范围内‘鉴定要素’总数的 60%,并向上取整”的规定,考核制件的鉴定要素“选考数量”应按以下要求确定:

①在“D”类“鉴定项目”中,在已选定的至少 1 个鉴定项目中,至少选取已选鉴定项目所对应的全部鉴定要素的 60%项,并向上保留整数。

②在“E”类“鉴定项目”中,在已选定的至少 4 个鉴定项目所包含的全部鉴定要素中,至少选取总数的 60%项,并向上保留整数。

③在“F”类“鉴定项目”中,在已选定的至少 1 个鉴定项目中,至少选取已选鉴定项目所对应的全部鉴定要素的 60%项,并向上保留整数。

举例分析:

按照上述“第 6 条”要求,若命题时按最少数量选取,即:在“D”类鉴定项目中的选取了

“检查电机现状”1项，在“E”类鉴定项目中选取了“绕组检修”、“加工、制作与检修其他零部件”、“电机组装”、“电机试验”4项，在“F”类鉴定项目中分别选取了“工装的维护保养”1项，则：

此考核制件所涉及的“鉴定项目”总数为6项，具体包括：“检查电机现状”、“绕组检修”、“加工、制作与检修其他零部件”、“电机组装”、“电机试验”、“工装的维护保养”；

此考核制件所涉及的鉴定要素“选考数量”相应为25项，具体包括：“检查电机现状”鉴定项目包含的全部7个鉴定要素中的5项，“绕组检修”、“加工、制作与检修其他零部件”、“电机组装”、“电机试验”4个鉴定项目包括的全部30个鉴定要素中的18项，“工装的维护保养”鉴定项目包含的全部3个鉴定要素中的2项。

7. 本职业等级技能操作需要两人及以上共同作业的，可由鉴定组织机构根据“必要、辅助”的原则，结合实际情况确定协助人员的数量。在整个操作过程中，协助人员只能起必要、简单的辅助作用。否则，每违反一次，至少扣减应考者的技能考核总成绩10分，直至取消其考试资格。

8. 实施“技能考核框架”时，应同时对应考者在质量、安全、工艺纪律、文明生产等方面行为进行考核。对于在技能操作考核过程中出现的违章作业现象，每违反一项（次）至少扣减技能考核总成绩10分，直至取消其考试资格。

注：按照中国北车规定，各《职业技能操作考核框架》的编制依据现行的《国家职业标准》或现行的《行业职业标准》或现行的《中国北车职业标准》的顺序执行。

二、常用电机检修工（初级工）技能操作鉴定要素细目表

职业功能	鉴定项目				鉴定要素		
	项目代码	名称	鉴定比重(%)	选考方式	要素代码	名称	重要程度
工艺准备	D	检查电机现状	20	任选	001	咨询电机运行的异常现象	Y
					002	能读懂电机技术手册	Y
					003	能测量绝缘电阻并做记录	Y
					004	能检查发现电机外观缺陷	Z
					005	能选择电机拆卸场所	X
					006	能清理现场环境	X
					007	能记录电机的铭牌数据	X
		领会图纸等技术资料			001	能看懂一般设备零部件的简图	X
					002	能查阅电机的主要技术数据	X
					003	熟悉电机工艺要求及标准	X
		电机检修前的工具准备			001	常用电工工具的正确使用	X
					002	常用机械修理工具的正确使用	X
					003	能正确使用与保养绕线机	X
					004	能正确使用与保养耐压设备	Y

续上表

职业功能	鉴定项目				鉴定要素		
	项目代码	名　称	鉴定比重(%)	选考方式	要素代码	名　称	重要程度
电机检修	E	电机的拆解	70	至少选择4项	001	能正确清扫电机外表	X
					002	能参与抽出电机转子	X
					003	能清洗定子内腔的杂物和尘污	X
		轴承检测			001	外观及尺寸的测定	Y
					002	自由状态下游隙的测定	Y
					003	正确识别轴承型号	X
					004	正确使用检测工具	Z
		绕组检修			001	能参与拆除损坏的绕组	X
					002	能嵌放线圈	X
					003	能进行槽楔的绑扎、整形	Y
					004	能焊接解裂的端头	Y
					005	能按要求连接绕组引出线	X
					006	能参与绕组浸渍与烘干	X
					007	能识别线圈规格	Y
					008	能参与绕组故障的检查	X
		加工、制作与检修其他零部件			001	能完成钳工划线	X
					002	能够完成钳工錾削、锉削等基本操作	Y
					003	能完成钻孔、铰孔、攻丝等基本操作	Z
					004	能按要求绕制线圈	Y
					005	能正确更换电刷	X
					006	能正确识别电刷牌号	X
					007	能进行出线盒的修理或更换	Y
					008	能进行接线板的修理或更换	Y
		电机组装			001	能参与轴承的装配	X
					002	能参与定子的装配	X
					003	能参与电枢及端盖的装配	X
					004	能参与刷架的装配	X
					005	能按要求注入合格牌号的轴承润滑脂	X
		电机试验			001	能判断电机内有无杂物、卡阻	X
					002	能测量绝缘电阻	X
					003	能测量绕组的直流电阻	Z
					004	能参与按图正确接线并检查	Z
					005	能参与按要求通电试验运转	X
					006	能正确使用轴承振动检测仪	X
					007	能参与修理电机绕组缺陷	X
					008	能转换电机转向	Y
					009	能参与电气试验并做记录	X

续上表

职业功能	鉴定项目				鉴定要素		
	项目代码	名　称	鉴定比重（%）	选考方式	要素代码	名　称	重要程度
工装设备的维护保养	F	工装的维护保养	10	任选	001	能正确选用工装	Y
					002	能正确使用工装	X
					003	能正确维护和保养工装	X
		设备的维护保养			001	熟悉设备操作规程	X
					002	能根据维护保养手册维护保养设备	X
					003	现场管理	Y

注：重要程度中X表示核心要素，Y表示一般要素，Z表示辅助要素。下同。

常用电机检修工(初级工)技能操作考核样题与分析

职业名称：

考核等级：

存档编号：

考核站名称：

鉴定责任人：

命题责任人：

主管负责人：

中国北车股份有限公司劳动工资部制

职业技能鉴定技能操作考核制件图示或内容

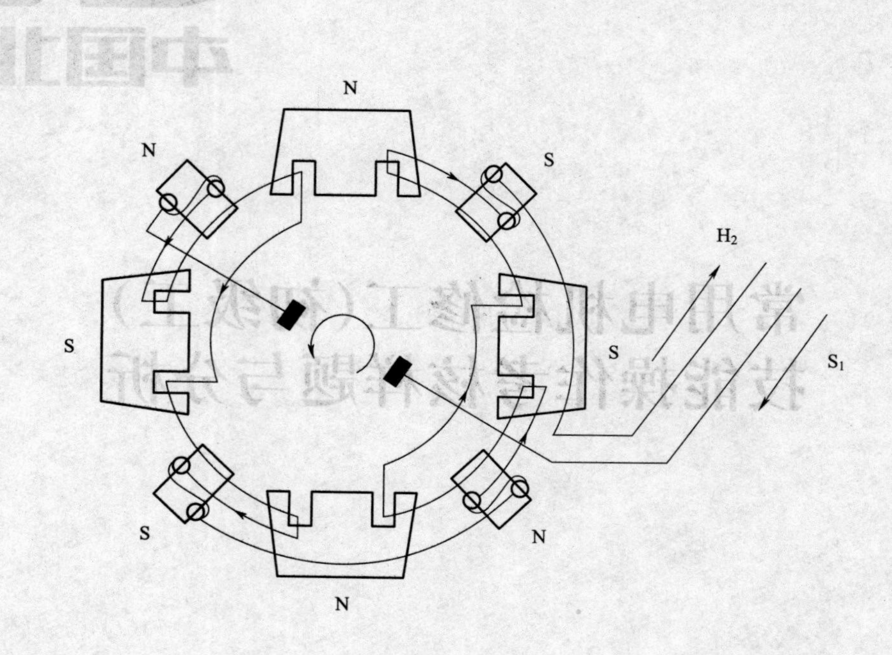

职业名称	常用电机检修工
考核等级	初级工
试题名称	牵引电机主极、换向极装配和调整
材质等信息：	

职业技能鉴定技能操作考核准备单

职业名称	常用电机检修工
考核等级	初级工
试题名称	牵引电机主极、换向极装配和调整

一、材料准备

序号	名　称	规　格	数量	备　注
1	牵引电机机座	ZQ800-1	1	
2	主极		4	
3	换向极		4	
4	紧固螺栓	M30×50	16	
5	紧固螺栓	M10×25	44	
6	前端箍环		1	
7	后端箍环		1	
8	其他材料		适量	

二、设备、工、量、卡具准备清单

序号	名　称	规　格	数量	备　注
1	套筒扳手		1	
2	内卡钳	0～500 mm	1	
3	深度尺	0～200 mm	1	
4	内径千分尺	600～700 mm	1	也可用专业止棒
5	专用工装胎具		1	

三、考场准备

1. 相应的公用设备、设备与器具的润滑与冷却等；
2. 相应的场地及安全防范措施；
3. 其他准备。

四、考核内容及要求

1. 考核内容

(1)领会图纸等技术资料；
(2)电机检修前的工具准备；
(3)能正确清扫电机外表并能清洗定子内腔的杂物和尘污；
(4)正确掌握牵引电机主极装配和调整的方法及步骤；
(5)正确掌握牵引电机换向极装配和调整的方法及步骤；
(6)正确掌握测量记录各气隙、空隙尺寸以及绝缘电阻的方法及步骤；

(7)工装设备的正确使用与维护保养；

(8)正确执行有关安全方面要求；

(9)按企业文明生产的规定，做到工作场地整洁。

2. 考核时限

(1)准备时间：30 min；

(2)操作时间：240 min。

3. 考核评分(表)

考核评分记录表

序号	考核内容及评分标准	具体鉴定要素分解	配分	扣分	实得分
1	领会图纸等技术资料，本项目按要素分解为4项，每违反一项按相应配分扣除	查阅零件图	3		
		查阅检查记录	2		
		熟悉电机定装工艺	2		
		熟悉电机大修规程相关要求	2		
2	电机检修前的工具准备，本项目按要素分解为7项，每违反一项按相应配分扣除	正确使用匝间脉冲耐压仪	3		
		正确使用万用表	2		
		正确使用主极止通棒	1		
		正确使用游标卡尺	1		
		正确使用风动扳手	1		
		正确使用工频耐压机	1		
		正确使用中频耐压机	1		
3	电机的拆解，本项目按要素分解为5项，每违反一项按相应配分扣除	正确使用砂轮	3		
		正确使用锉刀	3		
		正确使用高压风	3		
		正确使用有机溶剂	3		
		正确使用棉布或面纱	3		
4	绕组检修，本项目按要素分解为13项，每违反一项按相应配分扣除	正确使用平头錾	1		
		正确使用撬棍	2		
		正确使用电工刀	2		
		正确使用绝缘材料	1		
		正确使用打板	2		
		能识别磁极绕组接线头类别	1		
		按要求明确焊接位置及尺寸要求	2		
		能识别各电机型号的磁极绕组	2		
		能正确检测磁极绕组的匝间绝缘及对地绝缘	2		
		能嵌放磁极线圈	2		
		能正确使用嵌放工具	1		
		能正确使用铜焊设备	2		
		掌握焊接基本方法	1		

续上表

序号	考核内容及评分标准	具体鉴定要素分解	配分	扣分	实得分
5	加工、制作与检修其他零部件，本项目按要素分解为7项，每违反一项按相应配分扣除	能正确使用丝锥攻丝	2		
		能正确选用丝锥规格	2		
		能正确使用扁錾	2		
		能正确使用锉刀	2		
		能正确使用高度游标卡尺	2		
		能正确使用划针	2		
		能正确更换接线板	2		
6	电机试验，本项目按要素分解为5项，每违反一项按相应配分扣除	能紧固接线螺栓	3		
		能区分电源线	4		
		能判断机座内有无杂物	3		
		能正确使用1 000 V兆欧表	4		
		能参与绝缘修补	4		
7	工装的维护保养，本项目按要素分解为4项，每违反一项按相应配分扣除	能识别吊索工具	1		
		能识别定装的专用工具	3		
		能正确使用吊索工具	1		
		能正确使用定装的专用工具	3		
8	设备的维护保养，本项目按要素分解为3项，每违反一项按相应配分扣除	能掌握设备安全操作方法	3		
		产品应规范摆放	1		
		完工后，应清理现场，保持整洁	1		
9	考核时限	每超时10 min扣5分	不限		
10	工艺纪律	依据企业有关工艺纪律管理规定执行，每违反一次扣10分	不限		
11	劳动保护	依据企业有关劳动保护管理规定执行，每违反一次扣10分	不限		
12	文明生产	依据企业有关文明生产管理规定执行，每违反一次扣10分	不限		
13	安全生产	依据企业有关安全生产管理规定执行，每违反一次扣10分，有重大安全事故，取消成绩	不限		
合计			100		

评分细则：

(1)装配步骤不正确扣2～3分，一次方法不正确扣2分。

(2)装配过程中不得损伤线圈等部件，每损伤零部件一次扣5分；

(3)正确使用量具，测量数据准确，记录填写规范，每违反一次扣2～3分；

(4)按操作规程评定，每违反一次扣2～3分，发生较大事故，取消成绩。

职业技能鉴定技能考核制件(内容)分析

职业名称	常用电机检修工
考核等级	初级工
试题名称	牵引电机主极、换向极装配和调整
职业标准依据	国家职业标准

试题中鉴定项目及鉴定要素的分析与确定

分析事项 \ 鉴定项目分类	基本技能"D"	专业技能"E"	相关技能"F"	合计	数量与占比说明
鉴定项目总数	3	6	3	12	核心技能"E"满足鉴定项目占比高于2/3的要求
选取的鉴定项目数量	2	4	2	8	
选取的鉴定项目数量占比(%)	67	67	67	67	
对应选取鉴定项目所包含的鉴定要素总数	7	28	6	41	鉴定要素数量占比大于60%
选取的鉴定要素数量	5	17	4	26	
选取的鉴定要素数量占比(%)	71	61	67	63	

所选取鉴定项目及相应鉴定要素分解与说明

鉴定项目类别	鉴定项目名称	国家职业标准规定比重(%)	《框架》中鉴定要素名称	本命题中具体鉴定要素分解	配分	评分标准	考核难点说明
"D"	领会图纸等技术资料	20	能查阅电机的主要技术数据	查阅零件图	3	每错误1处扣1分	读懂零件图
				查阅检查记录	2	每错误1处扣1分	
			熟悉电机工艺要求及标准	熟悉电机定装工艺	2	每错误1处扣1分	正确装配主极
				熟悉电机大修规程相关要求	3	每错误1处扣1分	
	电机检修前的工具准备		常用电工工具的正确使用	正确使用匝间脉冲耐压仪	3	每错误1处扣1分	匝间脉冲耐压仪
				正确使用万用表	2	每错误1处扣1分	
			常用机械修理工具的正确使用	正确使用主极止通棒	1	每错误1处扣0.5分	正确使用主极止通棒
				正确使用游标卡尺	1	每错误1处扣0.5分	
				正确使用风动扳手	1	每错误1处扣0.5分	
			能正确使用与保养耐压设备	正确使用工频耐压机	1	每错误1处扣0.5分	
				正确使用中频耐压机	1	每错误1处扣0.5分	
"E"	电机的拆解	70	能正确清扫电机外表	正确使用砂轮	3	每错误1处扣1分	
				正确使用锉刀	3	每错误1处扣1分	
			能清洗定子内腔的杂物和尘污	正确使用高压风	3	每错误1处扣1分	
				正确使用有机溶剂	3	每错误1处扣1分	
				正确使用棉布或面纱	3	每错误1处扣1分	
	绕组检修		能参与拆除损坏的绕组	正确使用平头錾	1	每错误1处扣0.5分	
				正确使用撬棍	2	每错误1处扣0.5分	
				正确使用电工刀	2	每错误1处扣0.5分	

续上表

鉴定项目类别	鉴定项目名称	国家职业标准规定比重(%)	《框架》中鉴定要素名称	本命题中具体鉴定要素分解	配分	评分标准	考核难点说明
"E"	绕组检修	70	能进行槽楔的绑扎、整形	正确使用绝缘材料	1	每错误1处扣0.5分	不能损坏绝缘结构
				正确使用打板	2	每错误1处扣0.5分	
			能按要求连接绕组引出线	能识别磁极绕组接线头类别	3	每错误1处扣1分	
				按要求明确焊接位置及尺寸要求	2	每错误1处扣0.5分	
			能识别线圈规格	能识别各电机型号的磁极绕组	2	每错误1处扣1分	
			能参与绕组故障的检查	能正确检测磁极绕组的匝间绝缘及对地绝缘	4	每错误1处扣1分	
			能嵌放线圈	能嵌放磁极线圈	2	每错误1处扣0.5分	能嵌放磁极线圈
				能正确使用嵌放工具	1	每错误1处扣0.5分	
			能焊接解裂的端头	能正确使用铜焊设备	2	每错误1处扣0.5分	
				掌握焊接基本方法	1	每错误1处扣0.5分	
	加工、制作与检修其他零部件		能完成钻孔、铰孔、攻丝等基本操作	能正确使用丝锥攻丝	2	每错误1处扣1分	
				能正确选用丝锥规格	2	每错误1处扣1分	
			能够完成钳工錾削、锉削等基本操作	能正确使用扁錾	2	每错误1处扣1分	
				能正确使用锉刀	2	每错误1处扣1分	
				能正确使用高度游标卡尺	2	每错误1处扣1分	
			能完成钳工划线	能正确使用划针	2	每错误1处扣1分	
			能进行接线板的修理或更换	能正确更换接线板	2	每错误1处扣1分	
	电机试验		能参与按图正确接线并检查	能紧固接线螺栓	3	每错误1处扣1分	能参与按图正确接线并检查
				能区分电源线	3	每错误1处扣1分	
			能判断电机内有无杂物、卡阻	能判断机座内有无杂物	3	每错误1处扣1分	
			能测量绝缘电阻	能正确使用1 000 V兆欧表	3	每错误1处扣1分	
			能参与修理电机绕组缺陷	能参与绝缘修补	4	每错误1处扣1分	
"F"	工装的维护与保养	10	能正确选用工装	能识别吊索工具	1	每错误1处扣1分	
				能识别定装的专用工具	2	每错误1处扣1分	
			能正确使用工装	能正确使用吊索工具	1	每错误1处扣1分	
				能正确使用定装的专用工具	2	每错误1处扣1分	

续上表

<table>
<tr><th>鉴定项目类别</th><th>鉴定项目名称</th><th>国家职业标准规定比重(%)</th><th>《框架》中鉴定要素名称</th><th>本命题中具体鉴定要素分解</th><th>配分</th><th>评分标准</th><th>考核难点说明</th></tr>
<tr><td rowspan="3">“F”</td><td rowspan="3">设备的维护与保养</td><td rowspan="3">10</td><td>熟悉设备操作规程</td><td>能掌握设备安全操作方法</td><td>2</td><td>每错误1处扣1分</td><td rowspan="3"></td></tr>
<tr><td rowspan="2">现场管理</td><td>产品应规范摆放</td><td>1</td><td>每错误1处扣1分</td></tr>
<tr><td>完工后，应清理现场，保持整洁</td><td>1</td><td>每错误1处扣1分</td></tr>
<tr><td colspan="4" rowspan="6">质量、安全、工艺纪律、文明生产等综合考核项目</td><td>考核时限</td><td>不限</td><td>每超时10 min扣5分</td><td rowspan="6"></td></tr>
<tr><td>工艺纪律</td><td>不限</td><td>依据企业有关工艺纪律管理规定执行，每违反一次扣10分</td></tr>
<tr><td>劳动保护</td><td>不限</td><td>依据企业有关劳动保护管理规定执行，每违反一次扣10分</td></tr>
<tr><td>文明生产</td><td>不限</td><td>依据企业有关文明生产管理规定执行，每违反一次扣10分</td></tr>
<tr><td>安全生产</td><td>不限</td><td>依据企业有关安全生产管理规定执行，每违反一次扣10分，有重大安全事故，取消成绩</td></tr>
</table>

常用电机检修工（中级工）技能操作考核框架

一、框架说明

1. 依据《国家职业标准》注，以及中国北车确定的"岗位个性服从于职业共性"的原则，提出常用电机检修工（中级工）技能操作考核框架（以下简称：技能考核框架）。

2. 本职业等级技能操作考核评分采用百分制。即：满分为 100 分，60 分为及格，低于 60 分为不及格。

3. 实施"技能考核框架"时，考核制件（活动）命题可以选用本企业的加工件（活动项目），也可以结合实际另外组织命题。

4. 实施"技能考核框架"时，考核的时间和场地条件等应依据《国家职业标准》，并结合企业实际确定。

5. 实施"技能考核框架"时，其"职业功能"的分类按以下要求确定：

(1)"电机检修"属于本职业等级技能操作的核心职业活动，其"项目代码"为"E"。

(2)"工艺准备"、"工装设备的维护保养"属于本职业等级技能操作的辅助性活动，其"项目代码"分别为"D"和"F"。

6. 实施"技能考核框架"时，其"鉴定项目"和"选考数量"按以下要求确定：

(1)按照《国家职业标准》有关技能操作鉴定比重的要求，本职业等级技能操作考核制件的"鉴定项目"应按"D"＋"E"＋"F"组合，其考核配分比例相应为："D"占 20 分，"E"占 70 分，"F"占 10 分。

(2)依据中国北车确定的"核心职业活动选取 2/3，并向上取整"的规定，在"E"类鉴定项目——"电机检修"的全部 6 项中，至少选取 4 项。

(3)依据中国北车确定的"其余'鉴定项目'的数量可以任选"的规定，"D"和"F"类鉴定项目——"工艺准备"、"工装设备的维护保养"中，至少分别选取 1 项。

(4)依据中国北车确定的"确定'选考数量'时，所涉及'鉴定要素'的数量占比，应不低于对应'鉴定项目'范围内'鉴定要素'总数的 60%，并向上取整"的规定，考核制件的鉴定要素"选考数量"应按以下要求确定：

①在"D"类"鉴定项目"中，在已选定的至少 1 个鉴定项目中，至少选取已选鉴定项目所对应的全部鉴定要素的 60%项，并向上保留整数。

②在"E"类"鉴定项目"中，在已选定的至少 4 个鉴定项目所包含的全部鉴定要素中，至少选取总数的 60%项，并向上保留整数。

③在"F"类"鉴定项目"中，在已选定的至少 1 个鉴定项目中，至少选取已选鉴定项目所对应的全部鉴定要素的 60%项，并向上保留整数。

举例分析：

按照上述"第 6 条"要求，若命题时按最少数量选取，即：在"D"类鉴定项目中的选取了

"故障咨询与检查"1 项，在"E"类鉴定项目中选取了"绕组检修"、"加工、制作与检修其他零部件"、"电机组装"、"电机试验"4 项，在"F"类鉴定项目中分别选取了"设备的维护保养"1 项，则：

此考核制件所涉及的"鉴定项目"总数为 6 项，具体包括："故障咨询与检查"、"绕组检修"、"加工、制作与检修其他零部件"、"电机组装"、"电机试验"、"设备的维护保养"；

此考核制件所涉及的鉴定要素"选考数量"相应为 29 项，具体包括："故障咨询与检查"鉴定项目包含的全部 5 个鉴定要素中的 3 项，"绕组检修"、"加工、制作与检修其他零部件"、"电机组装"、"电机试验"4 个鉴定项目包括的全部 37 个鉴定要素中的 23 项，"设备的维护保养"鉴定项目包含的全部 4 个鉴定要素中的 3 项。

7. 本职业等级技能操作需要两人及以上共同作业的，可由鉴定组织机构根据"必要、辅助"的原则，结合实际情况确定协助人员的数量。在整个操作过程中，协助人员只能起必要、简单的辅助作用。否则，每违反一次，至少扣减应考者的技能考核总成绩 10 分，直至取消其考试资格。

8. 实施"技能考核框架"时，应同时对应考者在质量、安全、工艺纪律、文明生产等方面行为进行考核。对于在技能操作考核过程中出现的违章作业现象，每违反一项(次)至少扣减技能考核总成绩 10 分，直至取消其考试资格。

注：按照中国北车规定，各《职业技能操作考核框架》的编制依据现行的《国家职业标准》、或现行的《行业职业标准》或现行的《中国北车职业标准》的顺序执行。

二、常用电机检修工(中级工)技能操作鉴定要素细目表

职业功能	鉴定项目				鉴定要素		
	项目代码	名　称	鉴定比重(%)	选考方式	要素代码	名　称	重要程度
工艺准备	D	故障咨询与检查	20	任选	001	能正确检查电气主接线和控制设备	Y
					002	能及时处理发现的缺陷	Y
					003	能测量绝缘电阻并做记录	Y
					004	能测量绕组直流电阻并做记录	Z
					005	能进行电传动装置检查	X
		领会图纸等技术资料			001	能看懂一般电机装配图和安装图	X
					002	能找到故障电机的相关技术规定和标准	X
					003	能绘制常用工具和辅材的加工图、施工技术记录图	X
		电机检修前的工具准备			001	能正确使用常用工具和检修辅材	X
					002	能正确使用绝缘材料、清洗剂、漆、固化剂等	X
					003	能正确识别不同等级的绝缘材料	X
电机检修	E	电机的拆解	70	至少选择4项	001	确认解体前的状态	X
					002	能按照正确的步骤解体电机	X
					003	能正确填写解体记录	X
					004	能清洗定子内腔的杂物和尘污	X

续上表

职业功能	鉴定项目				鉴定要素		
	项目代码	名　　称	鉴定比重(%)	选考方式	要素代码	名　　称	重要程度
电机检修	E	铁芯与转轴的检修	70	至少选择4项	001	能进行铁芯扇张的修理	Y
					002	能进行铁芯松动的修理	Y
					003	能正确完成电枢转轴的整体更换	X
					004	能完成轴与铁芯松动的修理	Z
					005	能进行铁芯清理	X
		绕组检修			001	能拆除损坏的绕组	X
					002	能完成绕组的嵌线、绑扎、封楔、整形、检查、修理	X
					003	能进行槽楔的绑扎、整形	Y
					004	能正确测量绕组的技术数据并做详细记录	Y
					005	能进行绕组试验,查找接线错误并改正	X
					006	能完成绕组浸渍与烘干	X
					007	能识别线圈规格	Y
					008	能完成绕组故障的检查	X
		加工、制作与检修其他零部件			001	能完成钳工划线	X
					002	能完成钳工錾削、锉削等基本操作	Y
					003	能完成钻孔、铰孔、攻丝等基本操作	Z
					004	能按要求绕制线圈	Y
					005	能正确更换电刷	X
					006	能正确识别电刷牌号	Y
					007	能进行出线盒的修理或更换	Y
					008	能进行接线板的修理或更换	Z
		电机组装			001	能完成轴承的装配	X
					002	能正确掌握轴承润滑脂的使用量	X
					003	能正确检测装配后轴承的游隙	X
					004	能完成主极、换向极的装配	X
					005	能完成电枢及端盖的装配	X
					006	能检测刷盒与换向器面的间隙	X
					007	能检测电枢轴向窜动量	X
					008	能完成刷架的装配	X
					009	能正确测量刷盒在圆周面的等分度	X
					010	能完成刷架圈耐压试验	X
					011	能进行浸漆处理	X
		电机试验			001	能检查试验电源是否达标	X
					002	能测量绝缘电阻	X

续上表

职业功能	鉴定项目				鉴定要素		
	项目代码	名　　称	鉴定比重（%）	选考方式	要素代码	名　　称	重要程度
电机检修	E	电机试验	70	至少选择4项	003	能测量绕组的直流电阻	Z
					004	能按图正确接线并检查	Z
					005	能按要求通电试验运转	X
					006	能正确使用轴承振动检测仪	X
					007	能修理电机绕组缺陷	X
					008	能正确判断电机常见故障	Y
					009	能判断仪表指示有无异常	X
					010	能完成试验报告	X
工装设备的维护保养	F	工装的维护保养	10	任选	001	能正确使用工装	Y
					002	能判定工装的常见故障并做简易处理	X
					003	能正确维护和保养工装	X
		设备的维护保养			001	熟悉设备操作规程	X
					002	能根据维护保养手册维护保养设备	X
					003	能判定设备的常见故障并做简易处理	X
					004	现场管理	Y

常用电机检修工(中级工)技能操作考核样题与分析

职业名称：________________

考核等级：________________

存档编号：________________

考核站名称：________________

鉴定责任人：________________

命题责任人：________________

主管负责人：________________

中国北车股份有限公司劳动工资部制

职业技能鉴定技能操作考核制件图示或内容

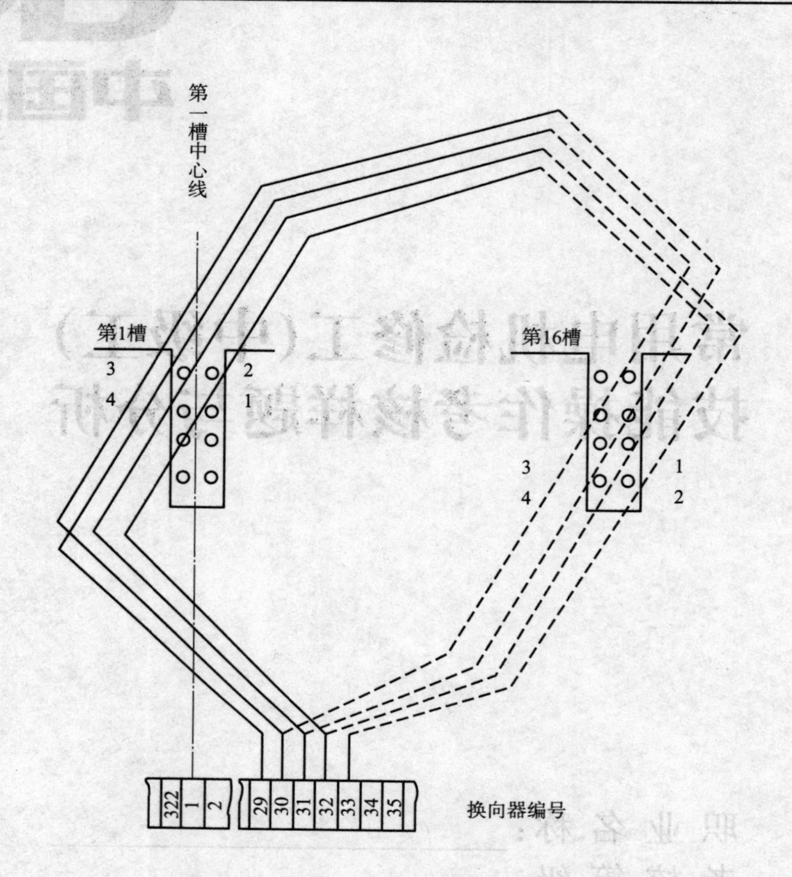

图 1 ZD105 电枢线圈嵌线示意图

职业名称	常用电机检修工
考核等级	中级工
试题名称	ZD105 电枢嵌线
材质等信息：	

职业技能鉴定技能操作考核制件图示或内容

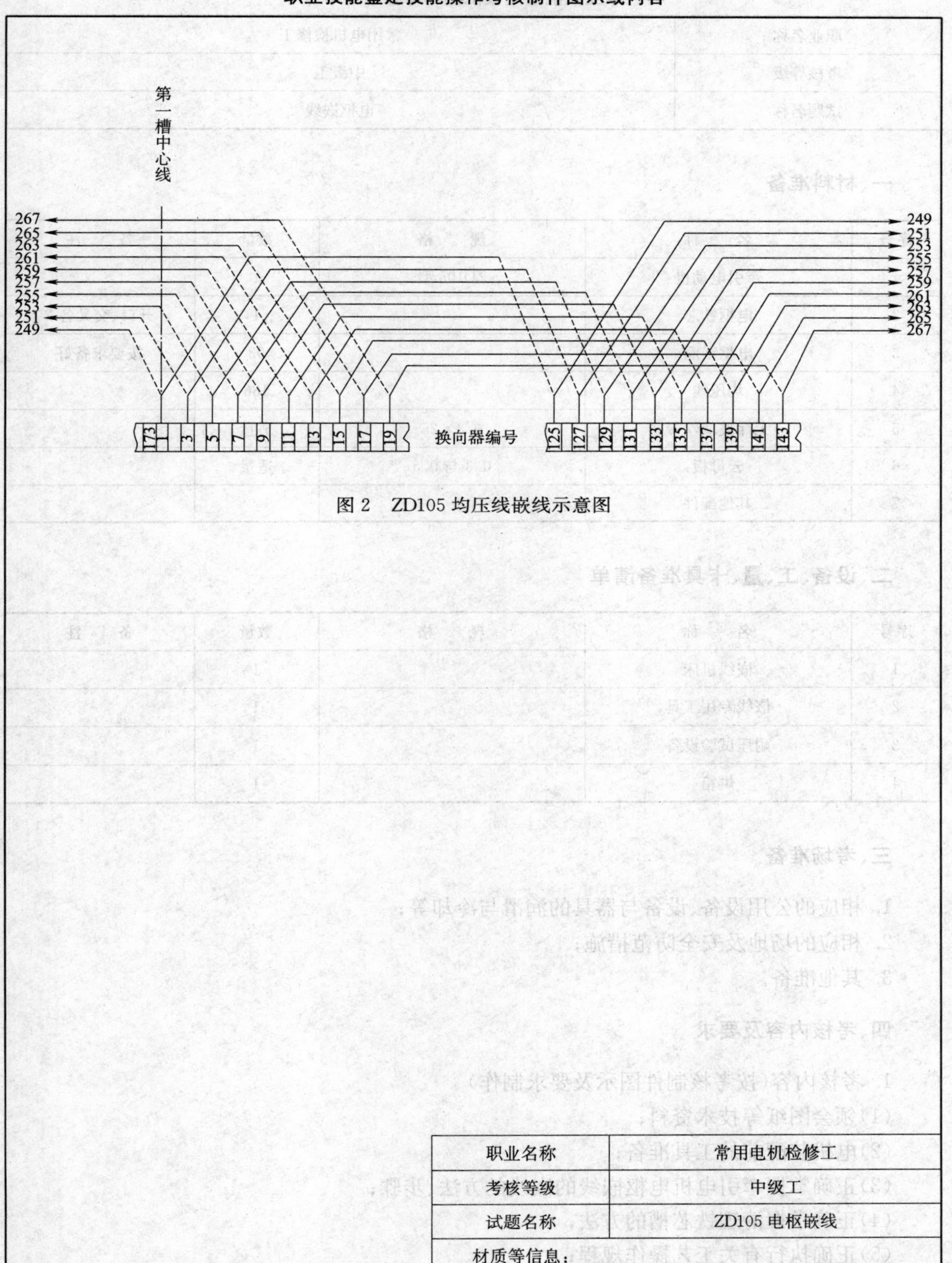

图 2 ZD105 均压线嵌线示意图

职业名称	常用电机检修工
考核等级	中级工
试题名称	ZD105 电枢嵌线
材质等信息:	

职业技能鉴定技能操作考核准备单

职业名称	常用电机检修工
考核等级	中级工
试题名称	电枢嵌线

一、材料准备

序号	名　　称	规　　格	数量	备　　注
1	牵引电动机	ZD105 型	1	
2	电枢铁芯		1	开口、交叉各 2
3	电枢线圈		93	按要求备好
4	均压线		186	
5	无纬玻璃丝带	0.3×25	适量	
6	云母板	0.3 与 0.5	适量	
7	其他配件			

二、设备、工、量、卡具准备清单

序号	名　　称	规　　格	数量	备　　注
1	嵌线机床		1	
2	嵌线专用工具		1	
3	耐压试验设备		1	
4	烘箱		1	

三、考场准备

1. 相应的公用设备、设备与器具的润滑与冷却等；
2. 相应的场地及安全防范措施；
3. 其他准备。

四、考核内容及要求

1. 考核内容(按考核制件图示及要求制作)

(1)领会图纸等技术资料；

(2)电机装配前的工具准备；

(3)正确掌握牵引电机电枢嵌线的嵌线的方法、步骤；

(4)正确掌握清理铁芯槽的方法；

(5)正确执行有关工艺操作规程；

(6)正确执行有关安全方面要求；

(7)按企业文明生产的规定,做到工作场地整洁。

2. 考核时限

(1)准备时间:30 min;

(2)操作时间:240 min。

3. 考核评分(表)

考核评分记录表

序号	考核内容及评分标准	具体鉴定要素分解	配分	扣分	实得分
1	故障咨询与检查,本项目按要素分解为4项,每违反一项按相应配分扣除	能及时处理常见电气故障	2		
		能及时处理电枢铁芯缺陷	3		
		能正确使用兆欧表	2		
		能正确填写原始记录	3		
2	领会图纸等技术资料,本项目按要素分解为5项,每违反一项按相应配分扣除	能正确领会大修规程	1		
		能正确领会工艺文件	2		
		能看懂一般部件的装配图	2		
		能正确使用绘图工具	2		
		能绘制常用工具的加工图	2		
3	铁芯与转轴的检修,本项目按要素分解为6项,每违反一项按相应配分扣除	能正确使用工具检查铁芯松动	2		
		能及时修理铁芯松动的缺陷	3		
		能正确选用工装	2		
		能正确操作油压机等设备	3		
		能正确选用量具	2		
		能正确操作加热设备	3		
4	绕组检修,本项目按要素分解为15项,每违反一项按相应配分扣除	正确使用平头錾	1		
		正确使用撬棍	1		
		正确使用电工刀	1		
		正确选用绝缘材料	1		
		正确使用专用工具	1		
		能正确掌握检查绕组的方法	2		
		能正确使用绑扎机	1		
		能正确识别绝缘材料	2		
		正确测量冷态绝缘电阻	1		
		规范填写原始记录	1		
		能够正确查找对地试验连接地线错误并改正	2		
		能够识别各电机型号的电枢线圈	1		
		能够识别各电机型号的均压线	2		
		能够正确查找电枢匝间短路故障	1		
		能够正确查找电枢接地故障	2		

续上表

序号	考核内容及评分标准	具体鉴定要素分解	配分	扣分	实得分
5	加工、制作与检修其他零部件，本项目按要素分解为4项，每违反一项按相应配分扣除	能正确使用锉刀清理铁芯槽内毛刺等	5		
		能够正确选用钻头与丝锥	2		
		能够正确掌握钻孔、攻丝等方法	3		
		能够正确对线圈进行整形、校正	5		
6	电机试验，本项目按要素分解为9项，每违反一项按相应配分扣除	能够正确对地试验连接地线	2		
		能够正确泄漏试验连接地线	2		
		电枢线圈外包绝缘破损	2		
		均压线外包绝缘破损	2		
		电枢匝间短路	2		
		电枢接地	3		
		中频试验仪表指示有无异常	2		
		工频试验仪表指示有无异常	2		
		正确填写电枢试验原始记录	3		
7	工装的维护保养，本项目按要素分解为4项，每违反一项按相应配分扣除	能处理嵌线机床转动不畅	1		
		能对电机专用吊具的故障进行处理	2		
		能对嵌线机床进行日常保养	1		
		对电机专用吊具进行定期检查	2		
8	设备的维护保养，本项目按要素分解为4项，每违反一项按相应配分扣除	熟悉组装过程中使用设备的操作规程	1		
		能判定绑扎机床故障并做处理	2		
		产品应规范摆放	1		
		完工后，应清理现场，保持整洁	1		
9	考核时限	每超时10 min扣5分	不限		
10	工艺纪律	依据企业有关工艺纪律管理规定执行，每违反一次扣10分	不限		
11	劳动保护	依据企业有关劳动保护管理规定执行，每违反一次扣10分	不限		
12	文明生产	依据企业有关文明生产管理规定执行，每违反一次扣10分	不限		
13	安全生产	依据企业有关安全生产管理规定执行，每违反一次扣10分，有重大安全事故，取消成绩	不限		
合计			100		

评分细则：

(1)装配步骤不正确扣2～3分，一次方法不正确扣2分；

(2)装配过程中不得损伤线圈等部件，每损伤零部件一次扣5分；

(3)正确使用量具，测量数据准确，记录填写规范，每违反一次扣2～3分；

(4)按操作规程评定，每违反一次扣2～3分，发生较大事故，取消成绩。

职业技能鉴定技能考核制件(内容)分析

职业名称	常用电机检修工
考核等级	中级工
试题名称	电枢嵌线
职业标准依据	国家职业标准

试题中鉴定项目及鉴定要素的分析与确定

分析事项 \ 鉴定项目分类	基本技能“D”	专业技能“E”	相关技能“F”	合计	数量与占比说明
鉴定项目总数	3	6	3	12	核心技能“E”满足鉴定项目占比高于2/3的要求
选取的鉴定项目数量	2	4	2	8	
选取的鉴定项目数量占比(%)	67	67	67	67	
对应选取鉴定项目所包含的鉴定要素总数	8	31	7	46	鉴定要素数量占比大于60%
选取的鉴定要素数量	5	19	5	29	
选取的鉴定要素数量占比(%)	63	61	71	63	

所选取鉴定项目及相应鉴定要素分解与说明

鉴定项目类别	鉴定项目名称	国家职业标准规定比重(%)	《框架》中鉴定要素名称	本命题中具体鉴定要素分解	配分	评分标准	考核难点说明
“D”	故障咨询与检查	20	能及时处理发现的缺陷	能及时处理常见电气故障	3	每错误1处扣1分	修补损坏的绝缘
				能及时处理电枢铁芯缺陷	3	每错误1处扣1分	
			能测量绝缘电阻并做记录	能正确使用兆欧表	2	每错误1处扣1分	
				能正确填写原始记录	3	每错误1处扣1分	
	领会图纸等技术资料		能找到故障电机的相关技术规定和标准	能正确领会大修规程	1	每错误1处扣0.5分	
				能正确领会工艺文件	2	每错误1处扣1分	
			能看懂一般电机装配图和安装图	能看懂一般部件的装配图	2	每错误1处扣1分	
				能正确使用绘图工具	2	每错误1处扣1分	
			能绘制常用工具和辅材的加工图、施工技术记录图	能绘制常用工具的加工图	2	每错误1处扣1分	
“E”	铁芯与转轴的检修	70	能进行铁芯松动的修理	能正确使用工具检查铁芯松动	2	每错误1处扣1分	修理铁芯松动的缺陷
				能及时修理铁芯松动的缺陷	3	每错误1处扣1分	
			能正确完成电枢转轴的整体更换	能正确选用工装	2	每错误1处扣1分	保持铁芯完好
				能正确操作油压机等设备	3	每错误1处扣1分	
			能进行铁芯清理	能正确选用工装	2	每错误1处扣1分	
				能熟练掌握清槽方法	3	每错误1处扣1分	

续上表

鉴定项目类别	鉴定项目名称	国家职业标准规定比重（%）	《框架》中鉴定要素名称	本命题中具体鉴定要素分解	配分	评分标准	考核难点说明
"E"	绕组检修	70	能拆除损坏的绕组	正确使用平头錾	1	每错误1处扣0.5分	
				正确使用撬棍	1	每错误1处扣0.5分	
				正确使用电工刀	1	每错误1处扣0.5分	
			能完成绕组的嵌线、绑扎、封楔、整形、检查、修理	正确选用绝缘材料	1	每错误1处扣0.5分	保持线圈绝缘完好
				正确使用专用工具	1	每错误1处扣0.5分	
				能正确掌握检查绕组的方法	2	每错误1处扣1分	
			能进行槽楔的绑扎、整形	能正确使用绑扎机	1	每错误1处扣0.5分	
				能正确识别绝缘材料	2	每错误1处扣1分	
			能正确测量绕组的技术数据并做详细记录	正确测量冷态绝缘电阻	1	每错误1处扣0.5分	
				规范填写原始记录	1	每错误1处扣0.5分	
			能进行绕组试验，查找接线错误并改正	能够正确查找对地试验连接地线错误并改正	2	每错误1处扣1分	正确使用试验设备
			能识别线圈规格	能够识别各电机型号的电枢线圈	1	每错误1处扣0.5分	
				能够识别各电机型号的均压线	2	每错误1处扣1分	
			能完成绕组故障的检查	能够正确查找电枢匝间短路故障	1	每错误1处扣0.5分	
				能够正确查找电枢接地故障	2	每错误1处扣1分	
	加工、制作与检修其他零部件		能完成钳工錾削、锉削等基本操作	能正确使用锉刀清理铁芯槽内毛刺等	5	每错误1处扣1分	
			能完成钻孔、铰孔、攻丝等基本操作	能够正确选用钻头与丝锥	2	每错误1处扣1分	
				能够正确掌握钻孔、攻丝等方法	3	每错误1处扣1分	
			能按要求绕制线圈	能够正确对线圈进行整形、校正	5	每错误1处扣1分	
	电机试验		能按图正确接线并检查	能够正确对地试验连接地线	2	每错误1处扣1分	
				能够正确泄漏试验连接地线	2	每错误1处扣1分	
			能修理电机绕组缺陷	电枢线圈外包绝缘破损	2	每错误1处扣1分	绝缘修补
				均压线外包绝缘破损	2	每错误1处扣1分	
			能正确判断电机常见故障	电枢匝间短路	2	每错误1处扣1分	查找故障点
				电枢接地	2	每错误1处扣1分	

续上表

鉴定项目类别	鉴定项目名称	国家职业标准规定比重(%)	《框架》中鉴定要素名称	本命题中具体鉴定要素分解	配分	评分标准	考核难点说明
"E"	电机试验	70	能检查试验电源是否达标	能检查试验电源是否达标	1	错误不得分	
			能判断仪表指示有无异常	中频试验仪表指示有无异常	2	每错误1处扣1分	
				工频试验仪表指示有无异常	2	每错误1处扣1分	
			能完成试验报告	正确填写电枢试验原始记录	3	每错误1处扣1分	
"F"	工装的维护保养	10	能判定工装的常见故障并做简易处理	能处理嵌线机床转动不畅	1	每错误1处扣0.5分	
				能对电机专用吊具的故障进行处理	1	每错误1处扣0.5分	
			能正确维护和保养工装	能对嵌线机床进行日常保养	1	每错误1处扣0.5分	
				对电机专用吊具进行定期检查	2	每错误1处扣1分	
	设备的维护保养		熟悉设备操作规程	熟悉组装过程中使用设备的操作规程	1	每错误1处扣0.5分	
			能判定设备的常见故障并做简易处理	能判定绑扎机床故障并做处理	2	每错误1处扣1分	
			现场管理	产品应规范摆放	1	每错误1处扣0.5分	
				完工后,应清理现场,保持整洁	1	每错误1处扣0.5分	
质量、安全、工艺纪律、文明生产等综合考核项目				考核时限	不限	每超时10 min扣5分	
				工艺纪律	不限	依据企业有关工艺纪律管理规定执行,每违反一次扣10分	
				劳动保护	不限	依据企业有关劳动保护管理规定执行,每违反一次扣10分	
				文明生产	不限	依据企业有关文明生产管理规定执行,每违反一次扣10分	
				安全生产	不限	依据企业有关安全生产管理规定执行,每违反一次扣10分,有重大安全事故,取消成绩	

常用电机检修工(高级工)技能操作考核框架

一、框架说明

1. 依据《国家职业标准》注，以及中国北车确定的“岗位个性服从于职业共性”的原则，提出常用电机检修工(高级工)技能操作考核框架(以下简称：技能考核框架)。

2. 本职业等级技能操作考核评分采用百分制。即：满分为 100 分，60 分为及格，低于 60 分为不及格。

3. 实施“技能考核框架”时，考核制件(活动)命题可以选用本企业的加工件(活动项目)，也可以结合实际另外组织命题。

4. 实施“技能考核框架”时，考核的时间和场地条件等应依据《国家职业标准》，并结合企业实际确定。

5. 实施“技能考核框架”时，其“职业功能”的分类按以下要求确定：

(1)“电机检修”属于本职业等级技能操作的核心职业活动，其“项目代码”为“E”。

(2)“工艺准备”、“工装设备的维护保养”属于本职业等级技能操作的辅助性活动，其“项目代码”分别为“D”和“F”。

6. 实施“技能考核框架”时，其“鉴定项目”和“选考数量”按以下要求确定：

(1)按照《国家职业标准》有关技能操作鉴定比重的要求，本职业等级技能操作考核制件的“鉴定项目”应按“D”+“E”+“F”组合，其考核配分比例相应为：“D”占 20 分，“E”占 70 分，“F”占 10 分。

(2)依据中国北车确定的“核心职业活动选取 2/3，并向上取整”的规定，在“E”类鉴定项目——“电机检修”的全部 5 项中，至少选取 3 项。

(3)依据中国北车确定的“其余‘鉴定项目’的数量可以任选”的规定，“D”和“F”类鉴定项目——“工艺准备”、“工装设备的维护保养”中，至少分别选取 1 项。

(4)依据中国北车确定的“确定‘选考数量’时，所涉及‘鉴定要素’的数量占比，应不低于对应‘鉴定项目’范围内‘鉴定要素’总数的 60%，并向上取整”的规定，考核制件的鉴定要素“选考数量”应按以下要求确定：

①在“D”类“鉴定项目”中，在已选定的至少 1 个鉴定项目中，至少选取已选鉴定项目所对应的全部鉴定要素的 60%项，并向上保留整数。

②在“E”类“鉴定项目”中，在已选定的至少 3 个鉴定项目所包含的全部鉴定要素中，至少选取总数的 60%项，并向上保留整数。

③在“F”类“鉴定项目”中，在已选定的至少 1 个鉴定项目中，至少选取已选鉴定项目所对应的全部鉴定要素的 60%项，并向上保留整数。

举例分析：

按照上述“第 6 条”要求，若命题时按最少数量选取，即：在“D”类鉴定项目中的选取了“故障咨询及初步分析”1项，在“E”类鉴定项目中选取了“电机修理”、“加工、制作与检修其他零部件”、“平衡校验”3项，在“F”类鉴定项目中分别选取了“设备的维护保养”1项，则：

此考核制件所涉及的“鉴定项目”总数为5项，具体包括：“故障咨询及初步分析”、“电机修理”、“加工、制作与检修其他零部件”、“平衡校验”、“设备的维护保养”；

此考核制件所涉及的鉴定要素“选考数量”相应为13项，具体包括：“故障咨询及初步分析”鉴定项目包含的全部5个鉴定要素中的3项，“电机修理”、“加工、制作与检修其他零部件”、“平衡校验”等3个鉴定项目包括的全部11个鉴定要素中的7项，“设备的维护保养”鉴定项目包含的全部4个鉴定要素中的3项。

7. 本职业等级技能操作需要两人及以上共同作业的，可由鉴定组织机构根据“必要、辅助”的原则，结合实际情况确定协助人员的数量。在整个操作过程中，协助人员只能起必要、简单的辅助作用。否则，每违反一次，至少扣减应考者的技能考核总成绩10分，直至取消其考试资格。

8. 实施“技能考核框架”时，应同时对应考者在质量、安全、工艺纪律等方面行为进行考核。对于在技能操作考核过程中出现的违章作业现象，每违反一项(次)至少扣减技能考核总成绩10分，直至取消其考试资格。

注：按照中国北车规定，各《职业技能操作考核框架》的编制依据现行的《国家职业标准》或现行的《行业职业标准》或现行的《中国北车职业标准》的顺序执行。

二、常用电机检修工(高级工)技能操作鉴定要素细目表

职业功能	鉴定项目				鉴定要素		
	项目代码	名　称	鉴定比重(%)	选考方式	要素代码	名　称	重要程度
工艺准备	D	故障咨询及初步分析	20	任选	001	能正确检查排除常见电气故障	Y
					002	能正确检查排除常见机械故障	Y
					003	能指导操作人员进行检修	Y
					004	能指导操作人员记录询问情况与原始数据	Z
					005	能比对异常与现存记录，分析故障初步原因	X
		领会图纸等技术资料与工作要求			001	能看懂较复杂的电机控制系统与电气传动系统图	X
					002	能正确领会工厂的技术文件及部颁大修规程、标准	X
					003	能绘制较复杂的部件装配图	X
		电机检修前的具体措施与方案			001	能指导操作人员正确使用常用工具和检修辅材	X
					002	能正确掌握专用电机的结构及检修特点	X
					003	能正确识别不同等级的绝缘材料性能	X
					004	能参与编制本职业施工组织措施和工艺、技术、安全措施	Y
					005	能按图样编制本职业施工项目的工、料预算	Y
					006	能正确使用、维护、保养精密仪器	Z
					007	能正确进行电、气焊的普通手工操作	X

续上表

职业功能	项目代码	鉴定项目名称	鉴定比重（%）	选考方式	要素代码	鉴定要素名称	重要程度
电机检修	E	电机的拆解与故障判断	70	至少选择3项	001	能组织大型电机的拆解	X
					002	能正确找出绕组的故障部位	X
					003	能正确检测铁芯内部故障	X
					004	能及时查明电机的机械故障	Y
		电机修理			001	能检查绕组的修理质量	Y
					002	能检查电机的检修质量	Y
					003	能修理变形的端盖	X
					004	能修复机座和端盖的止口	X
					005	能正确测量绕组的技术数据并做分析	Y
		加工、制作与检修其他零部件			001	能制定电机主要配件的检修方案	X
					002	能够完成比较复杂的零配件装配	Y
					003	能够完成电机轴锥面的研修	Z
		平衡校验			001	能计算电机允许的不平衡度	X
					002	能正确进行静平衡校验	X
					003	能正确进行动平衡校验	X
		电机试验			001	能制定电机试验方案	X
					002	能正确准备测量仪器与仪表	X
					003	能指导电气试验并检查接线	Z
					004	能及时消除缺陷	Z
					005	能组织大型电机的电气试验	X
					006	能分析试验结果	X
					007	能及时发现常见的检修质量缺陷	X
工装设备的维护保养	F	工装的维护保养	20	任选	001	能制定专用工装的方案	Y
					002	能分析工装的常见故障并做处理	X
					003	能正确维护和保养工装	X
		设备的维护保养			001	熟悉设备操作规程	X
					002	能根据维护保养手册维护保养设备	X
					003	能分析判定设备的故障并做处理	X
					004	现场管理	Y

常用电机检修工(高级工)技能操作考核样题与分析

职 业 名 称：________________

考 核 等 级：________________

存 档 编 号：________________

考核站名称：________________

鉴定责任人：________________

命题责任人：________________

主管负责人：________________

中国北车股份有限公司劳动工资部制

职业技能鉴定技能操作考核制件图示或内容

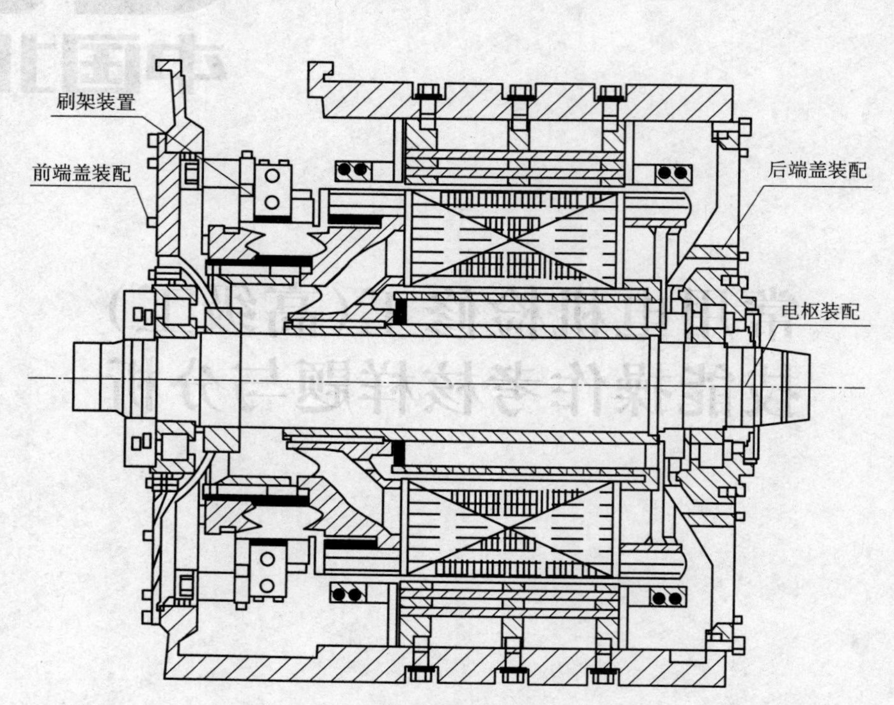

图 1　电机总装配图(ZD105,ZQ800-1)

职业名称	常用电机检修工
考核等级	高级工
试题名称	牵引电机的装配
材质等信息:	

职业技能鉴定技能操作考核准备单

职业名称	常用电机检修工
考核等级	高级工
试题名称	牵引电机的装配

一、材料准备

序号	名　　称	型　　号	数量	备　　注
1	定子	ZQ800-1	1	
2	电枢	ZQ800-1	1	
3	前端盖	ZQ800-1	1	
4	前端轴承	ZQ800-1	1	
5	前端刷架装置	ZQ800-1	1	
6	后端盖	ZQ800-1	1	
7	后端轴承	ZQ800-1	1	
8	其他配件	ZQ800-1	1	

二、设备、工、量、卡具准备清单

序号	名　　称	规　　格	数量	备　　注
1	深度游标卡尺	300 mm	1	
2	套筒扳手一套		1	
3	电机翻转台		1	
4	感应加热器	BGJ-2	1	
5	专用工装及胎具		1	
6	天车及吊具	10 t	1	

三、考场准备

1. 相应的公用设备、设备与器具的润滑与冷却等；
2. 相应的场地及安全防范措施；
3. 其他准备。

四、考核内容及要求

1. 考核内容

(1)领会图纸等技术资料；
(2)电机装配前的工具准备；
(3)正确掌握定子与后端盖组装的方法、步骤；
(4)正确掌握装配刷架装置及前端盖的方法、步骤；
(5)正确掌握调整刷盒距换向器表面距离，研磨电刷并接好连接线的方法、步骤；

(6)正确掌握测量电枢轴向窜动量的方法;

(7)正确掌握套装外油封的方法;

(8)工装设备的正确使用与维护保养;

(9)正确执行有关工艺操作规程;

(10)正确执行有关安全方面要求;

(11)按企业文明生产的规定,做到工作场地整洁。

2. 考核时限

(1)准备时间:20 min;

(2)操作时间:240 min。

3. 考核评分(表)

考核评分记录表

序号	考核内容及评分标准	具体鉴定要素分解	配分	扣分	实得分
1	故障咨询及初步分析,本项目按要素分解为7项,每违反一项按相应配分扣除	能正确使用兆欧表	2		
		能分析处理常见电气故障	3		
		能正确使用游标卡尺	3		
		能正确使用游标千分尺	3		
		能分析处理常见机械故障	3		
		能指导操作人员填写原始记录数据	2		
		能够根据原始记录数据判定电机是否转动灵活	3		
2	领会图纸等技术资料与工作要求,本项目按要素分解为4项,每违反一项按相应配分扣除	能正确领会大修规程	3		
		能正确领会工艺文件	3		
		能绘制一般部件的装配图	3		
		能正确使用绘图工具	2		
3	电机修理,本项目按要素分解为5项,每违反一项按相应配分扣除	能检查外包绝缘是否完好	5		
		用扭矩扳手检查紧固螺栓是否松动	2		
		对照工艺检查连线是否正确	3		
		能正确使用兆欧表测量冷态绝缘电阻	2		
		根据绕组的测量数据进行判定是否合格	3		
4	加工、制作与检修其他零部件,本项目按要素分解为4项,每违反一项按相应配分扣除	能制定电气配件的检修方案	3		
		能制定机械配件的检修方案	4		
		能够完成轴承与其他部件的装配	3		
		能够完成刷架与其他部件的装配	4		
5	电机试验,本项目按要素分解为12项,每违反一项按相应配分扣除	能制定定子试验方案	2		
		能制定电枢试验方案	2		
		能制定刷架试验方案	2		
		能正确准备使用兆欧表	2		
		能正确使用远红外测温计	2		
		能正确使用端盖电磁感应加热器	2		

续上表

序号	考核内容及评分标准	具体鉴定要素分解	配分	扣分	实得分
5	电机试验，本项目按要素分解为12项，每违反一项按相应配分扣除	能及时消除换向器表面的划痕	2		
		能及时修补破损的连线绝缘	2		
		能及时修补机械配件的外表面缺陷	2		
		能根据检测数据判定电机装配是否合格	4		
		能及时发现轴承的装配游隙不合格	2		
		能及时发现电枢轴向窜动量不合格	2		
6	工装的维护保养，本项目按要素分解为4项，每违反一项按相应配分扣除	能处理组装翻转台转动不畅	2		
		能对电机专用吊具的故障进行处理	2		
		能对组装翻转台进行日常保养	1		
		对电机专用吊具进行定期检查	2		
7	设备的维护保养，本项目按要素分解为4项，每违反一项按相应配分扣除	熟悉组装过程中使用设备的操作规程	2		
		能判定电磁感应加热器故障并做处理	2		
		产品应规范摆放	2		
		完工后，应清理现场，保持整洁	2		
8	考核时限	每超时10 min扣5分	不限		
9	工艺纪律	依据企业有关工艺纪律管理规定执行，每违反一次扣10分	不限		
10	劳动保护	依据企业有关劳动保护管理规定执行，每违反一次扣10分	不限		
11	文明生产	依据企业有关文明生产管理规定执行，每违反一次扣10分	不限		
12	安全生产	依据企业有关安全生产管理规定执行，每违反一次扣10分，有重大安全事故，取消成绩	不限		
合计			100		

评分细则：

(1)装配步骤不正确扣2～3分，一次方法不正确扣2分；

(2)装配过程中不得损伤线圈等部件，每损伤零部件一次扣5分；

(3)正确使用量具测量数据准确，记录填写规范，每违反一次扣2～3分；

(4)按操作规程评定，每违反一次扣2～3分，发生较大事故，取消成绩。

职业技能鉴定技能考核制件(内容)分析

职业名称	常用电机检修工
考核等级	高级工
试题名称	牵引电机的装配
职业标准依据	国家职业标准

试题中鉴定项目及鉴定要素的分析与确定

鉴定项目分类 / 分析事项	基本技能“D”	专业技能“E”	相关技能“F”	合计	数量与占比说明
鉴定项目总数	3	5	2	10	核心技能“E”满足鉴定项目占比高于2/3的要求
选取的鉴定项目数量	2	3	2	7	
选取的鉴定项目数量占比(%)	70	60	100	70	
对应选取鉴定项目所包含的鉴定要素总数	8	15	7	30	鉴定要素数量占比大于60%
选取的鉴定要素数量	5	10	5	20	
选取的鉴定要素数量占比(%)	63	67	72	67	

所选取鉴定项目及相应鉴定要素分解与说明

鉴定项目类别	鉴定项目名称	国家职业标准规定比重(%)	《框架》中鉴定要素名称	本命题中具体鉴定要素分解	配分	评分标准	考核难点说明
“D”	故障咨询及初步分析	20	能正确检查排除常见电气故障	能正确使用兆欧表	1	错误不得分	故障点的发现及分析
				能分析处理常见电气故障	2	每错误1处扣1分	
			能正确检查排除常见机械故障	能正确使用游标卡尺	1	错误不得分	
				能正确使用游标千分尺	1	错误不得分	
				能分析处理常见机械故障	2	每错误1处扣1分	
			能指导操作人员记录询问情况与原始数据	能指导操作人员填写原始记录数据	2	每错误1处扣1分	
				能够根据原始记录数据判定电机是否转动灵活	3	每错误1处扣1分	
	领会图纸等技术资料与工作要求		能正确领会工厂的技术文件及部颁大修规程、标准	能正确领会大修规程	2	每错误1处扣1分	
				能正确领会工艺文件	2	每错误1处扣1分	
			能绘制较复杂的部件装配图	能绘制一般部件的装配图	2	每错误1处扣1分	
				能正确使用绘图工具	2	每错误1处扣1分	
“E”	电机修理	70	能检查绕组的修理质量	能检查外包绝缘是否完好	5	每错误1处扣1分	
			能检查电机的检修质量	用扭矩扳手检查紧固螺栓是否松动	2	每错误1处扣1分	
				对照工艺检查连线是否正确	5	每错误1处扣1分	连线连接正确

续上表

鉴定项目类别	鉴定项目名称	国家职业标准规定比重(%)	《框架》中鉴定要素名称	本命题中具体鉴定要素分解	配分	评分标准	考核难点说明
"E"	电机修理	70	能正确测量绕组的技术数据并做分析	能正确使用兆欧表测量冷态绝缘电阻	2	每错误1处扣1分	
				根据绕组的测量数据进行判定是否合格	3	每错误1处扣1分	
			能制定电机主要配件的检修方案	能制定电气配件的检修方案	5	每错误1处扣1分	
				能制定机械配件的检修方案	4	每错误1处扣1分	
	加工、制作与检修其他零部件		能够完成比较复杂的零配件装配	能够完成轴承与其他部件的装配	5	每错误1处扣1分	轴承装配前后游隙符合要求
				能够完成刷架与其他部件的装配	4	每错误1处扣1分	
			能制定电机试验方案	能制定定子试验方案	4	每错误1处扣1分	
				能制定电枢试验方案	4	每错误1处扣1分	
				能制定刷架试验方案	4	每错误1处扣1分	
	电机试验		能正确准备测量仪器与仪表	能正确准备使用兆欧表	2	每错误1处扣1分	
				能正确使用远红外测温计	2	每错误1处扣1分	
				能正确使用端盖电磁感应加热器	2	每错误1处扣1分	
			能及时消除缺陷	能及时消除换向器表面的划痕	2	每错误1处扣1分	
				能及时修补破损的连线绝缘	5	每错误1处扣1分	
				能及时修补机械配件的外表面缺陷	2	每错误1处扣1分	
			能分析试验结果	能根据检测数据判定电机装配是否合格	4	每错误1处扣1分	试验数据分析
			能及时发现常见的检修质量缺陷	能及时发现轴承的装配游隙不合格	2	每错误1处扣1分	电枢轴向窜动量的检测数据分析
				能及时发现电枢轴向窜动量不合格	2	每错误1处扣1分	
"F"	工装的维护保养	10	能分析工装的常见故障并做处理	能处理组装翻转台转动不畅	2	每错误1处扣1分	
				能对电机专用吊具的故障进行处理	1	每错误1处扣0.5分	

续上表

鉴定项目类别	鉴定项目名称	国家职业标准规定比重(%)	《框架》中鉴定要素名称	本命题中具体鉴定要素分解	配分	评分标准	考核难点说明
"F"	工装的维护保养	10	能正确维护和保养工装	能对组装翻转台进行日常保养	1	每错误1处扣0.5分	
				对电机专用吊具进行定期检查	1	每错误1处扣0.5分	
	设备的维护保养		熟悉设备操作规程	熟悉组装过程中使用设备的操作规程	1	错误扣1分	
			能分析判定设备的故障并做处理	能判定电磁感应加热器故障并做处理	2	每错误1处扣1分	
			现场管理	产品应规范摆放	1	错误扣1分	
				完工后,应清理现场,保持整洁	1	错误扣1分	
质量、安全、工艺纪律、文明生产等综合考核项目				考核时限	不限	每超时10 min扣5分	
				工艺纪律	不限	依据企业有关工艺纪律管理规定执行,每违反一次扣10分	
				劳动保护	不限	依据企业有关劳动保护管理规定执行,每违反一次扣10分	
				文明生产	不限	依据企业有关文明生产管理规定执行,每违反一次扣10分	
				安全生产	不限	依据企业有关安全生产管理规定执行,每违反一次扣10分,有重大安全事故,取消成绩	

参考文献

[1] 中华人民共和国劳动和社会保障部. 常用电机检修工:国家职业标准[M]. 北京:中国电力出版社,2001.

[2] 张曙光. HX_{D3}型电力机车[M]. 北京:中国铁道出版社,2009.

[3] 金续曾. 新编电机故障快速诊断修理手册[M]. 北京:中国水利水电出版社,2013.

[4] 徐彬. 钳工技能鉴定考核试题库(第2版,机械工业职业技能鉴定考核试题库)[M]. 北京:机械工业出版社,2014.

[5] 刘森. 车工职业技能鉴定考试题解[M]. 北京:金盾出版社,2009.

[6] 邵奇惠. 电工技能鉴定考核试题库[M]. 北京:机械工业出版社,2000.

[7] 机械工业职业技能鉴定考核试题库编委会. 维修电工技能鉴定考核试题库(第2版,机械工业职业技能鉴定考核试题库)[M]. 北京:机械工业出版社,2014.

[8] 机械工业职业技能鉴定指导中心. 电焊工技能鉴定考核试题库[M]. 北京:机械工业出版社,2005.

[9] 胡家富. 铣工技能鉴定考核试题库(第2版)[M]. 北京:机械工业出版社,2014.